戰爭中的殺人心理

了解戰爭中的士兵心態，找出影響人類殺戮行爲的各種力量

On Killing:
The Psychological Cost of Learning to Kill in War and Society

戴夫．葛司曼 Dave Grossman／著
霍大／譯

遠流出版公司

目次

第七部 越戰的殺人：我們對子弟兵做了什麼？

第八部 美國的殺人：我們對孩子做了什麼？

修訂版序

自從本書於一九九五年出版後，書中揭櫫的基本觀念不斷地得到專家證實與支持。九一一事件之後，聯邦調查局與聯邦緝毒局訓練學院，以及全國許多執法單位都將本書列為必讀書目。美國海軍陸戰隊參與伊拉克、阿富汗與全球許多其他重大戰爭時，也將本書列入「指揮官指定書單」中。此外，西點軍校、美國空軍士官學校以及其他許多軍事院校也將本書列入必讀書單。

戰爭是殘酷的，也沒有重來一次的機會，只有最好和最有價值的戰術、戰略以及觀念能通過考驗，沒用的很快就會遭到淘汰。自以為是以及不切實際的理論，經常會成為戰爭的第一批犧牲品。

而本書歷經國內外大小戰役，日復一日接受嚴酷的戰場考驗後，終於通過了最後測試：無數奉國家徵召上戰場殺敵的戰士都一讀再讀本書。

我能夠在這些傑出的男女戰士最需要我的時候，略盡棉薄之力。這是我一輩子最感光榮的一刻。但如果你是第一次上戰場，即將接受戰火洗禮的年輕戰士或執法人員、如果你是因殺戮經驗所苦的退伍軍人（或退伍軍人的伴侶），或者，你只是好奇……你絕對找不到討論這個主題的學術著作或任何其他形式的作品。

本書就是你的解決方案。

一百多年前，阿登·杜·皮克（Ardant du Picq）在《作戰研究》（*Battle Studies*）一書中，綜合古戰史與訪談法國軍官所得的資料，並以此為基礎，描繪出大部分戰士在戰時不作為的傾向。而二次大戰時，美國在歐洲戰區的軍史官、陸軍准將 S.L.A. 馬歇爾（S.L.A. Marshall）在《砲火下的人》（*Men Against Fire*）中，記載了他對戰時軍人射擊率的一些重要觀察。約翰．基根（John Keegan）在他一九七六的壓卷之作《作戰的面貌》（*Face of Battle*）中，再一次完全討論戰爭的本質。理查．荷姆斯（Richard Holmes）的《戰爭行為》（*Acts of War*）則是另一部探討戰爭本質的關鍵作品。但是，殺戮與戰爭的關係，就像性行為與伴侶間的關係一樣。這個類比一體適用於以上所有研究。我列舉的每一本著作，討論的都是行為造成的結果（也就是戰爭），而本書討論的是行為本身，也就是殺戮。

上述作者細究戰爭形成的一般原則與本質，寫出這麼多學術著作，卻沒有一個人探討殺戮行為的具體性質，例如：殺戮的親密感以及心理衝擊、殺戮行為發生的各個階段、殺戮行為的社會和心理意涵及其影響，以及殺戮行為導致的障礙（包括陽痿和著迷）。本書是矯正這種研究方向的初步嘗試，並且得到一個關於人性本質的新結論：我們可以放心，雖然暴力與戰爭在人類歷史中綿延不絕，但殺戮並非人類的天性。

保險栓的確存在

本書要證明的是，大多數二戰老兵服役時不願殺人。我開始寫作本書時，曾經擔心他們覺得這本書冒犯了他們，但我很高興我多慮了。數以千計讀過本書的老兵中，沒有一個人跟我爭辯這個研究結果。

事實上，二戰老兵的反應不斷證實了我的觀點。例如，一位二戰加拿大砲兵前進觀測官安德森（R.C. Anderson）寫信告訴我：

我可以證實，很多步兵從來沒有開過一槍。我以前常常開他們玩笑，說我們的廿五磅砲發射的砲彈，比他們射出去的步槍子彈還他媽的多。

有次在一個地方……我們的側翼遭遇來自橄欖樹林的敵火。每個人都急著找掩護，那時我剛好不必用無線電通聯，所以，我隨手抓起一把布倫（輕機槍），打光了好幾個彈匣的子彈後，這支槍的主人爬過來，罵了幾句髒話說：「你隨便打打沒關係，他媽的你又不必擦槍。」他真的很生氣。

我每次在退伍軍人團體發表演講時，一定會收到一種反應，來自賓夕法尼亞州雷丁市的退役上校阿爾伯特．布朗的話可為此中代表。他在二戰時曾任步兵排排長與連長。他的觀察是：「班長和排士官都得在火線上跑來跑去踹人，士兵才會開槍射擊。要是我們能讓一班中有兩到三個兵開火，就算不錯了。」

關於 S.L.A. 馬歇爾關於二戰射擊率的研究，最近出現爭議。一小群學者認為，馬歇爾的研究有捏造竄改的嫌疑。他的方法學也許沒有達到現代的學術標準，但是，當某種科學方法受到學界質疑時，解決之道在於觀察這種科學方法達成的結論能否以其他方法複製。就馬歇爾的研究而言，已知的每一個平行學術研究都成功複製他的基本結論。阿登．杜．皮克的訪談和研究古戰史的結論；荷姆斯和基根寫過無數無效射擊的案例；荷姆斯評估過福克蘭群島戰爭時，阿根廷軍隊的射擊率；派帝．格里菲斯（Paddy Griffith）以數據說明拿破崙時代與美國內戰時期部隊的超低殺傷率；英國陸軍以雷射技術複製歷史戰役所得的結果；聯邦調查局對一九五〇至一九六〇年代執法人員的不開槍率研究，以及其他無數個人親身經歷與耳聞的敘述，都證實馬歇爾的結論：即在歷史上，大部分戰鬥員在能殺敵、也應殺敵的關鍵時刻，卻發現自己是「良心拒戰者」。此外，李大衛（David Lee）在其傑作《近距離接觸》（*Up Close and Personal*）中，蒐集了非常多的二戰個人回憶與研究成果，證明了第一批接受馬歇爾提倡之實境訓練的菁英部隊，射擊率比一般部隊高出很多。

美國「訓練與準則指揮部」（TRADOC）出版過一本歷史專題研究《SLAM，馬歇爾對美國陸軍的影響》（*SLAM, the Influence of S. L. A. Marshall on the United States Army*）。這本代表美國軍方的權威資料強烈支持馬歇爾的觀察結果。二戰即將結束時，美國陸軍中帶領我們度過這場歷史上最可怕戰爭的資深幹部比例已經相當高，而馬歇爾的觀點廣為這些幹部所接受。在韓戰與越戰時期，戰場上的戰士也高度尊敬馬歇爾。他也不斷應邀訪問、進行訓練與研究。

難道這些軍事幹部都錯了嗎？難道少數人發現「真相」之前，馬歇爾愚弄了全世界嗎？也許，馬歇爾的一戰經歷，在幾個小地方有加油添醋的嫌疑。比如說，他自道有戰地委任的經歷，其實，他在一戰結束後才從軍官訓練班（OCS）畢業（但是，他可能在受訓前就奉派擔任軍官工作）。他還說他曾在步兵單位服務，其實他是在工兵部隊服役。但是，將工兵部隊拆成分遣隊，編配給第一線步兵部隊是當時常見的作法。指責馬歇爾的研究方法不符合嚴格的現代標準，並不代表他說謊。讓我們祈禱，在我們死後，我們畢生的心血可以得到更好的待遇。

馬歇爾的基本論點是，要是實施更真實的訓練，作戰時美國戰士的射擊率就可以提高。現代軍事訓練中，將圓形靶改為模擬真實的作戰情境，就是受到馬歇爾研究的刺激。他可以說是這種改革的先鋒。我們可以不同意他促成的改革讓士兵取得了多少優勢，或這種模擬真實情境的訓練又提高了多少射擊率。但是，現在已經沒有人走回頭路，還對著圓形靶射擊了。每一位現代士兵或警員，當他們朝著人形剪影、與真人一模一樣的目標或訓練模擬系統播放的影片射擊時，都應該記得並感謝馬歇爾的貢獻。

時至今日，支持擬真射擊訓練成效良好的科學資料，已經對一個聯邦巡迴法庭的判決產生影響。這個判決（Tuttle v. Oklahoma，一九八四年，美國第十巡迴法庭）說：執法單位進行武器訓練時，必須引進擬真訓練課程，包含壓力訓練、臨場判斷訓練、以及開槍或不開槍訓練，才能達到法律的最低標準。也就是說，執法單位的射擊訓練教官，要是上課時準備的殺傷性威脅目標不夠清楚、真實，可能都有違法之虞。為此，我們必須再次感謝馬歇爾。

毫無疑問，馬歇爾是無辜的。就像莎士比亞在《哈姆雷特》中說的：「大人物死後，有令人懷念半年的希望。」

拿掉保險栓

越戰期間的高射擊率引起的爭議，還比二戰期間低射擊率的爭議稍高一些。越戰的高射擊率，源自於運用「制約」訓練，賦予現代士兵執行殺戮行為的能力。本書數以千計的讀者與聽眾中，有兩位打過越戰的資深軍官質疑R.W.葛倫（R.W. Glenn）的研究，即美軍在越戰的射擊率是百分之九十五。他們兩人表示，他們帶領的部隊中，部分後排士兵根本很少開槍。但是，當他們知道馬歇爾與葛倫的研究是以「你看到敵人嗎？」以及「你開槍了嗎？」這兩個訪談題目為基礎時，他們就沒有意見了。原因是，在越南叢林的作戰環境中，戰鬥員多半處於完全孤立的狀態，甚至有同袍就在附近，他們也不知道。但是，那些確實看到敵人的戰鬥員，射擊率就非常高。

根據荷姆斯研究英軍在福克蘭群島戰役射擊率得到的結論，以及聯邦調查局研究該局從一九六〇年代後期引進現代訓練方法的資料，都指出射擊率的確能夠透過現代訓練與制約技術提高。此外，研究人員運用正式與非正式方法，複製馬歇爾與葛倫的調查，所得的初步資料也顯示此一趨勢。

暴力病毒傳遍世界

媒體傳播暴力是街頭暴力猖獗的原因之一。這點，其實不是新鮮事。美國精神學會與美國醫學會都曾明確指出媒體暴力與社會暴力的關聯。美國精神病學學會在一九九二年發布的報告「大世界、小銀幕」中下的結論是：「不必再就此問題進行科學辯論了。」美國醫學會、美國心理學會、美國小兒科學會、美國幼兒與青少年精神病學學會，在二〇〇〇年七月於參眾兩院舉行的跨黨派聯合聽證會中，發布了一份共同聲明，聲明中指出：

> 一千多個研究都一面倒地指出，在部分兒童身上可以發現媒體暴力與攻擊性行為的因果關係。公共衛生專家基於卅多年的研究，得到的結論是，攻擊性的態度、價值觀與行為都會在觀看娛樂性暴力之後更明顯，兒童尤其如此。這種影響既廣泛又長久。此外，觀看媒體暴力的時間過長，也會造成對真實世界的暴力行為去敏感的效果。
>
> 許多初期研究也指出，互動電子媒體（也就是暴力電玩）帶來的負面影響，也許比電視、電影或音樂帶來的影響更嚴重。

一千份紮實的學術研究證明，如果孩童成長過程中接觸到媒體暴力，很可能就因此學習到暴力行為。史丹福大學醫學院已經引進了一個名為「聰明」（SMART）的課程。該課程顯示，如果我們在孩童成長時期，不讓他們接觸媒體暴力，校園暴力與霸凌問題就得以減半，肥胖比例也可以降低，學業成績也可以以兩位數成長。

對於媒體暴力與社會暴力的因果爭議，本書的貢獻是，闡明媒體暴力與互動電玩導致街頭暴力的方式與原因，以及其複製軍人與執法人員透過制約技術，獲得殺戮能力的過程……不同的是，軍人與執法人員有保險栓，媒體暴力與互動電玩沒有。

要了解「暴力病毒」，一定要先評估問題的嚴重性：雖然殺人致死的比例因為醫療科技進步而降低，雖然因暴力犯罪入獄的人數在成長，雖然人口老化降低了暴力犯罪的比例，但是，暴力犯罪事件卻一直增加。

不只美國有這種問題，這是全球現象。在加拿大，斯堪地那維亞、澳洲、紐西蘭、新加坡、日本與全歐洲，攻擊事件快速成長。而在醫療技術不發達，致死率因而無法降低的國家如印度，殺人罪的比例更急速攀升。全球都在面對一樣的問題：暴力猖獗。

「後天暴力免疫不足」

人生氣或害怕時，會停止使用前腦（也就是人類的心智）思考，轉而使用中腦（也就是與動物心智沒兩樣的地方）思考。這時候，他們真的是「嚇得魂飛魄散」。唯一可能影響中腦、也是唯一能影響狗的事情是：古典制約與操作型制約。

訓練消防隊員與民航機飛行員應付緊急情況，也是使用同樣的方法：他們要（在著火的房子或飛行模擬器裡面）面對與真實狀況一模一樣的刺激，然後訓練他們做出完全正確的反應。刺激—反應、刺激—反應、刺激—反應。一旦這些人遭遇危機，雖然嚇得魂飛魄散，卻還是可以做出適當反應，挽救生命。

可能遭遇緊急情況的人，都可以利用這一套方法，從參加消防演練的學童到飛行員，不一而足。這樣做的原因是，人們受到驚嚇時，這種方法有效。我們不「告訴」學生，萬一發生火災時，他們應該做什麼；相反地，我們要「制約」他們。一旦真的發生火災，學童驚惶失措時，還是能正確應變。同樣地，媒體暴力也在制約孩童，一旦他們害怕或生氣，他們的反應就是：殺戮。

這個過程，就像要經過雙重過濾，才能執行殺戮行為一樣。第一個過濾器是前腦。說服前腦「拿把槍解決」的因素很多：貧窮、毒品、幫派、老大、政治、和從媒體學習到的社會暴力。對於來自破碎家庭、正在尋找榜樣的人，這種效果更會放大。但傳統上，害怕、生氣的人都會遭遇來自中腦的阻力。除了反社會人格者（根據定義，這種人沒有阻力），其他絕大部分的狀況，都不足以戰勝中腦裡面的保險栓。但只要受過制約訓練、能夠戰勝中腦保險栓，一旦接收到社會互動與前腦理性隨機提供的因素，造成他們在錯誤的時間處於錯誤的位置，這些人就變成活動定時炸彈、一個假的反社會人格者。

我們也可以借用愛滋病作為比喻，用來理解上述過程。愛滋病不會殺人，它只是破壞免疫系統，因此，患者更容易因為其他因素而死亡。同樣地，媒體暴力的制約效果使得中腦的「暴力免疫系統」出現「後天不足」，免疫系統因而弱化，更容易受到刺激暴力行為的因素影響，例如貧困、歧視、吸毒（這些因素可以提供強烈的犯罪動機，以實現真正的或認知的需要），或槍支和幫派（這些因素提供了行使暴力行為的工具與「支援結構」）

結果，美國培養了一整個世代免疫不足的公民。阿肯色州瓊斯郡的一所初中、科羅拉多州的柯倫拜高中、以及維吉尼亞科技學院等三所學校發生的殺人事件，就是這樣發生的。

各國政府也許都想要保護免疫不足的公民，但沒有一個國家成功。除非各國停止感染他們的下一代，否則，他們永遠無法真正控制暴力犯罪。

「關掉不就得了」

關心媒體暴力的人士經常出現的反應是：「我們有適當的控管機制。」他們指的是所謂的「關掉開關：不喜歡媒體暴力？關掉不就得了？

不幸的是，這完全不是解決問題的正確手段。當今社會，家庭結構正在崩解，就算完整的家庭，也因為沈重的經濟和社會壓力，逼得母親不得不出外工作。單親家庭、破碎家庭、鑰匙兒童，家長疏於照顧等現象愈來愈常見。或甚至，父母親也許付出了龐大心力保護自己的孩子，但是如果隔壁住的是個殺手，就算盡力保護也不見得有用。

「關掉」解決方案最糟糕的地方是，就算它沒有種族歧視的意圖，造成的種族歧視效果可說昭然若揭，而且影響深遠。原因在於，美國的黑人「文化」或「國族」，就是電子媒體賦予殺戮能力首當其衝的對象。貧窮、毒品、幫派、槍枝與歧視，使得暴力行為更常在黑人群體裡出現。這些因素都能通過第一道過濾機制，接著，他們馬上注意到第二道、也就是位於中腦的過濾機制，其實根本不存在。

布朗森．詹姆斯（Bronson James）是德州的廣播節目主持人，同時也是位黑人。我上過他的節目。

他的比喻是，就像幾百年來，白人以酒精摧毀了美國印地安人的文化，將媒體暴力輸送給黑人，也是在摧毀黑人文化。印地安人較易受到酒精的影響，自有其文化和遺傳的因素，但我們大量供給酒精飲料給他們，就是摧毀他們文明的重要關鍵。

今日媒體暴力大量輸送到貧民區，同樣也是種族滅絕。在貧民區出現媒體暴力，就和在滿座的戲院裡故意大喊「起火了！」一樣，都是不道德的行為。其結果是，謀殺是黑人男性青少年死亡的頭號原因，而美國廿到卅歲的黑人中，有百分之廿五不是在坐牢，就是在緩刑或假釋。

如果這不是種族屠殺，是什麼？

如果中上層美國白人子女有這麼高的謀殺和坐牢比例，我打賭，我們早就採取了積極作為阻止這種現象擴大，這就是「關掉」解決方案帶有嚴重種族歧視的原因。

發展心理學的一般共識是，人必須能夠控制性慾望與攻擊慾望（也就是佛洛依德說的「生存本能」與「死亡本能」），才算真正成年。同樣地，要是全人類都能夠控制這兩種慾望，就代表人類已經成熟。近年來，人類對於性學的研究成果相當豐碩，本書則創造了「殺戮學」，並且全力探索這門學問。

除了恐怖組織或恐怖主義國家使用大規模毀滅性武器展開攻擊，人類面對的另一個主要生存威脅，就是電子媒體讓我們更暴力，造成人類文明急速衰敗。在全世界孤注一擲，發起對抗暴力病毒散播的戰爭時，本書可以發揮扭轉乾坤的功能，讓這場戰爭朝正確方向前進。

我希望本書能扮演這種角色，我也希望本書能解答各位讀者的疑惑。

序

殺戮與科學

要是我們還在自己殺豬，大約就是在每一年的這個時候了。伍碧岡湖最後自己動手殺豬的人，應該是羅利．哈克史泰格與尤麗絲．哈克史泰格夫婦。他們養豬，到了秋天天氣轉涼、肉品不會壞掉的時候就動手。我還小的時候跟堂哥和叔叔去他們那邊看過一次。我叔叔還要幫忙羅利殺豬。

現在，如果要殺畜取肉，送到冷凍工廠就可以了；只要付錢，就有工廠的人幫忙殺豬。如果自己動手，會有一陣子對豬肉沒胃口，因為殺豬的時候，豬一副不在乎的樣子，抓著牠、把牠拖到其他豬只進不出的地方，牠們也無所謂。

對小孩來說，看殺豬可是件大事。可以看到活的動物，還有動物身體裡面的東西。我以為我會覺得很噁心，但沒有。相反地，我還很著迷，一直往前靠，想看得更清楚。

我還記得，我跟堂哥看了殺豬以後很興奮，兩人跑到豬圈，撿起地上的小石頭朝著那些豬丟過去，看著牠們又跑、又跳、又叫。突然有一隻大手搭在我的肩膀上，用力把我轉過來，我叔叔的臉離我只有三吋。他說：「要是我再看到你們拿石頭丟豬，我就會把你們打到站不起來。聽清楚了嗎？」我們兩個都說聽清楚了。

我那個時候知道，叔叔發脾氣一定跟殺豬有關。殺豬是個儀式，既然是儀式，就有一套規矩要遵守。殺豬不僅要快，而且要莊重。不能開玩笑，不能聊天。殺豬的時候，不論男女，都知道自己負責的工作是什麼；而且，一定要尊重那些以後會進我們肚子的動物。我跟堂哥朝著豬丟石頭的行為，違反了殺豬的儀式與規矩。

殺豬是各家殺各家的，羅利家是最後一家。他有一年出了個意外，下刀的時候滑了手，那隻受傷的豬因此跑掉了，一直到跑過院子才倒下來。從此羅利就沒有養過豬。這個意外讓他覺得他不配養豬。

不過，這些都是過去式了。現在伍碧岡湖的小孩再也看不到殺豬場面了。

這是個很震撼的經驗。生與死就在一線之間。

一條生命，由人類養大、變成自己的豬、靠土地生存、住在土地與上帝之間，就這樣沒了，不僅從世界上消失，還從記憶中消失。

——賈理森．基勒（Garrison Keillor），《殺豬》

歷史上，死亡與殺戮總是在人類周遭發生。親人或死於疾病，或年紀到了在家中自然死亡。要是他們死亡的地點離家不遠，屍體就會送回家，由家人準備安葬事宜。

在《心田深處》這部電影中，莎莉．菲爾德演一位廿世紀初一個小棉花農場的主人。片中有一幕是她的丈夫遭到槍殺、屍體運回家後，她就像數百年來無數的妻子一樣，進行一個儀式：憐愛地清洗沒有穿衣服的軀體，流淚滿面，準備下葬。

在那個世界，每個家庭都要宰殺、清理自己養的家畜。殺戮是生活的一部分，死亡也是生活的一部分。即便如此，宰殺的過程少見殘酷。人們了解殺戮在生活中的角色，知道那些動物的死亡是為了延續人類的生存，所以尊重牠們的角色。美洲印地安人殺了鹿之後，會要求鹿的靈魂寬恕，美國農民也尊重被宰殺的豬的尊嚴。

就像賈理森．基勒在《殺豬》中描寫的一樣，在廿世紀下半葉之前，宰殺動物一直是大多數人日常生活與季節性生活中的重要儀式。雖然進入廿世紀時城市已經興起，但大部分人類，即使他們住在當時最先進的工業社會中，仍然過著鄉村生活。家庭主婦晚餐想吃雞肉，就得到屋外親手擰斷雞脖子，或者要她的孩子做這件事。對目睹日常和季節性殺戮的孩子來說，殺戮是嚴肅、麻煩、有點無聊的事，也是每個人生活中必須做的一件事。

當時沒有冷藏技術，屠宰場、太平間或醫院也不多。處於這種古老的生活環境，從生到死的生命週期中，死亡和殺戮總是在眼前，也許實質參與，也或許是無趣地在旁看著，但沒有人會否認，這是日常生活中非常重要、必要、以及家家戶戶都在做的事情。

然而，只經過了幾個世代，一切都變了。屠宰場和冷凍技術隔絕了人類和必須親手宰殺動物的生活方式、現代醫學能夠治好的疾病愈來愈多、人類在青壯年時期死亡的機率愈來愈低、養老院、醫院和太平間接手處理老年人的死亡、我們的孩子從小到大，不曾真正知道食物從何而來。突然間，西方文明似乎決定了，殺戮這件事——不管殺的是什麼——是見不得光的、是私密、神祕、恐怖、和骯髒的，必須慢慢消失。

這種改變造成的影響，從微不足道到稀奇古怪不一而足。就像維多利亞時期的人會把傢俱的腳用布遮住，現代人會將捕鼠器加上蓋子，遮掩殺戮的結果。以動物進行醫學研究的實驗室遭到破壞，拯救人命的研究被動物權人士摧毀。這些活躍人士一方面坐享社會創造的醫學果實，也就是幾百年來以動物做研究的成果，一方面卻侮蔑這些研究人員。洛杉磯動物權團體「動物最後的機會」負責人克里斯·德羅斯（Chris DeRose）說：「就算死一隻老鼠可以治好所有的疾病，我的立場也不會改變。一條命就是一條命，生命是平等的。」

任何殺戮行為都會冒犯這種新的敏感情緒。穿著毛皮或皮革大衣的人會受到言語或肢體攻擊。這種新社會秩序稱呼肉食者為「種族歧視」（或物種歧視）與「謀殺者」。一位動物權領導人英格麗·紐柯克（Ingrid Newkirk）說：「一隻老鼠、一頭豬、一個男孩，都一樣。」她接受華盛頓郵報訪問時，還把殺雞比擬成納粹屠殺猶太人：「六百萬人死於集中營，但今年就有六十億隻肉雞死在屠宰場。」

但是，我們的社會壓抑殺戮，卻同時著迷於暴力、殘酷死亡與肢解人體。大眾對電影暴力情節的胃口大開，尤其是那些血液四濺的電影如《閃靈殺手》、《追殺比爾》、《奪魂鋸》、《十三號星期五》、《月光光心慌慌》、《德州電鋸殺人狂》，把傑森和弗萊迪[1]視為「英雄」崇拜，「百萬人死亡」[2]和「槍與玫瑰」這種名字的樂團大受歡迎，以及謀殺與暴力犯罪率急遽升高。這些都是壓抑暴力又癡迷暴力產生的奇怪、病態分裂現象。

性與死亡是人類生活中自然和必要的現象。沒有性的社會，一代過完就會消失，沒有殺戮的社會，一代過完也會消失。美國每一個主要城市每年都必須殺死幾百萬隻老鼠，否則這城市就無法居住；穀倉與穀物分銷中心每年也必須殺死數百萬隻老鼠，否則，美國就不可能成為世界穀倉，甚至連自己都養不活，全世界就會有數以百萬人挨餓。

維多利亞時代上流社會的某些習慣，對當今社會並非沒有價值與優點，也幾乎沒有人提倡回到共處一室的睡眠方式。同樣地，現代社會中，對於殺戮行為非常在意的人士，一般而言，都是溫和又真誠的人，而且，在許多方面，他們代表人類這個物種最理想的一面。一旦我們全面思考他們關心的問題，也會發現他們的理念不是沒有潛在的價值。但是，隨著科技讓我們擁有屠殺、消滅所有物種（包括我們自己）的能力，我們不僅必須學習克制和自律，也必須記住，死亡在生命自然秩序中的地位。

一旦自然過程（如性、死亡和殺戮）不在人們眼前發生，整個社會似乎就會否定或扭曲它們的存在。當人類不必面對某種現實，我們反而會陷入本來要逃避的離奇夢境，那個由我們的幻想變身而成的夢境。當我們愈陷愈深，進入這些幻想織成的誘惑之網時，這個夢境就可能變成危害社會的惡夢。

就算我們今天從性壓抑的惡夢中甦醒，但可以發現我們的社會已經陷入一個視而不見的新惡夢，

1 Jason & Freddy。《十三號星期五》電影系列的最後一集主角。

2 Megadeth。成立於洛杉磯的金屬搖滾樂團，megadeth 為 megadeath 誤拼、將錯就錯的結果。

也就是暴力和恐懼。本書的目的，就是透過客觀的科學方法，解析殺戮的過程。

因此，本書研究的對象是敵意、是暴力、是殺戮。具體來說，是以科學方法，研究西方戰爭中的殺戮行為、有哪些心理與社會因素促成人類在戰場上殺戮，以及殺戮行為要付出的代價。

薛爾頓．畢德韋（Sheldon Bidwell）曾說，這種研究，究其本質，「基礎相當不穩固，因為軍人和科學家的交往，還處在調情階段。」但我不僅願意冒著認真交往的危險與後果，並且還要試著來一段軍人、科學家和歷史學家的對話。

我曾經執行一個五年計畫，結合以上所提的各種學說與理論，研究過去視為禁忌的戰爭殺戮行為。本書則更深入研究此一禁忌，並希望能對下述要點多所增益：

- 證明人類抗拒殺戮同類的本能的確存在，而且抗拒的力道相當大。我還會闡釋幾百年來各國軍隊為了克服這種抗拒心理而發展出的心理控制機制。
- 暴行在戰爭中扮演的角色，以及各國軍隊因為暴行獲得殺戮的能力、同時也糾纏在暴行中無法自拔的過程。
- 人類執行殺戮行為時的感受、戰時執行殺戮行為前後各階段的標準反應，以及殺戮行為要付出的心理代價。
- 現代軍隊為了要制約士兵克服抗拒殺戮的心理，開發與應用的一些技術，以及這些技術成效卓著的原因。

• 美軍在越戰時具備執行殺戮行為的心理能力，遠超過歷史上任何時期、任何地方的原因。我還會描述越戰美軍返鄉時，不僅沒有得到必要的心理淨化儀式，甚至還受到西方社會前所未見的譴責與指控。我還會指出，正因為我們如此對待三百萬越戰退伍軍人，他們與家屬以及美國社會都付出慘烈的代價。

• 最後、也許也是最重要的一點是，我相信，我們的社會已經處處裂痕，再加上媒體暴力與互動電玩遊戲一視同仁地透過制約的心理機制，賦予全美國兒童殺戮能力。這種賦能的過程與軍隊制約士兵並賦能的過程相當類似，唯一不同的是前者沒有保險栓。正因為我們如此對待下一代，我們正在付出可怕的代價。

個人雜感

我是個服役廿四年的老兵。我曾在第八十二空降師擔任士官、第九師（高科技先導驗證師）排長、參謀軍官、第七（輕裝）步兵師連長。我是合格的傘兵與陸軍遊騎兵。我曾在北極凍土、中美洲叢林、北約總部、華沙公約組織、無數山區與沙漠地帶服役。我曾在諸多軍事院校受訓並結業，從美國陸軍第十八傘兵軍士官班到英國陸軍參謀學院等不一而足。我大學主修歷史，並以「最高榮譽」（summa cum laude）成績畢業；研究所主修心理學，申請進入「國際教育榮譽學會」（Kappa Delta Pi）獲准。我很榮幸曾與一九六四至一九六八年間擔任越戰美軍最高指揮官的魏摩蘭上將在「美國越戰退伍軍人聯盟」全國領導幹部會議中擔任共同主講人；我並在「美國越戰退伍軍人」協會第六屆全國會議中擔任專題主講人。我曾在多個學校工作，從初中心理輔導員、西點軍校的心理學教授，再到阿肯色州州立大學軍事科學系的軍事科學教授並兼任系主任。

雖然我有這麼多學經歷，但我從沒有在作戰時殺過人。要是我身上也背負著許多痛苦情緒，也許我就沒辦法冷靜客觀地進行研究。但是，我為了撰寫本書訪談的每一位人士都在戰場上殺過人。

很多時候，他們與我分享的故事，從來沒有跟其他人說過。我擔任心理輔導員時學到一件事，此後我都把它當成人性真理：隱瞞創傷事件，可能導致嚴重傷害。分享創傷有助於從別的角度看事情；相反地，創傷一直放在心裡，套一句我的心理學學生的說法：「創傷就會從裡到外，活活地把你吃掉。」此外，撥開這些讓情緒翻攪的創傷、洗淨，也有很高的治療價值。心理諮商的精義是「分享痛苦就是割離痛苦」，諮商期間分享的痛苦的確不少。

本書的最終目標是要找出影響殺戮行為的各種力量，但我進行研究的主要動機，是要戳破殺戮的禁忌；我接觸過的退伍軍人，以及無數像他們一樣的人，都因為這層禁忌而無法分享他們的痛苦。另外，我也想運用戳破禁忌的過程獲得的知識，先了解戰爭形成的機制，再了解社會上暴力犯罪的原因。如果我成功達成這兩個使命，都要歸功於幫忙我、同意接受我訪談的諸多人士。

本書初稿多年來一直在越戰退伍軍人圈中傳閱，不少老兵都細心提供編輯與內容方面的建議。也有許多老兵讀完後，再與他們的妻子分享，那些妻子又與其他人的妻子分享，這些妻子又與她們的先生分享。很多時候，這些退伍軍人主動聯繫我，告訴我他們透過本書了解並分享作戰的真實面貌。他們從痛苦中了解，從了解中得到治癒生命創傷的力量。或許，也可以治癒正遭到暴力吞蝕的國家。

本書記載的是崇高、勇敢人士的故事。他們付出信任，說出自己的戰場經驗，希望對人類知識有所貢獻。其中不少人在戰場上殺過人，但他們殺人是為了挽救自己以及同袍的生命。我對他們及其同袍的推崇和喜愛（唯一的例外當然是「殺人與暴行」這一部）完全出自肺腑，可惜我的禿筆拙文，很難道盡感激之情。

本書沒有以婉轉的詞彙取代「殺人者」與「受害者」，相反地，本書盡量以明確、客觀的態度使用這兩個詞彙。如果讀者覺得這兩個詞彙顯示了我的道德判斷，或我有意針貶某人，在此，我必須明確否認。

一代又一代的美國人，為了讓我們享有自由，忍受了巨大的身心創傷、見證了戰爭的恐怖。本書引述的戰士追隨華盛頓總統的理想，效法阿拉莫之役的克洛齊特與崔維斯，或是糾正了奴隸制度的嚴重錯誤、或是阻止了希特勒的邪惡屠戮。他們響應國家號召，無視要付出的代價。我成年時期都在軍旅中度過，力量雖薄，但很自豪不辱這些戰士犧牲奉獻建立的標準。所以，我不會傷害或醜化他們的回憶與榮譽。麥克阿瑟將軍說得好：「無論戰爭多麼恐怖，響應號召、為國犧牲生命的軍人，是最高貴的一群人。」

本書的精華是由戰士的訪談構成，他們了解戰爭的本質，他們與「伊里亞德」描述的英雄一樣偉大。但是，等到你讀完他們的故事之後，關於戰士與戰爭的英勇神話卻會應聲而破。戰場上的士兵明白，作戰時，總會發生其他人或死或傷，只剩他必須盡一己之力作戰、受苦、死亡，才能彌補政客的錯誤，履行「人民的意志」。

麥克阿瑟將軍曾說：「軍人比其他人更祈求和平，因為他們要承受戰爭最深的傷痛，身上也會留著戰爭最深的疤痕」。這些戰士親口道出的話、他們講述的「一把骨灰、一嘴泥土，在雨中、在寒冷中的傷、殘、盲」故事，是有智慧的。我們必須仔細聆聽才能得到他們的智慧。

我不譴責在合法戰爭中殺人的軍人，同樣地，我也不會批評在戰場上不殺人的軍人。這種人很多。事實上，我在本書中會以證據顯示，許多歷史戰役中，大多數第一線的軍人其實沒有開槍。我要是站在他們身邊，身為軍人，一定會對他們疏忽使命、對不起國家與同袍感到失望。但我身為了解他們的沈重負擔、以及付出的代價的人，也為他們感到驕傲，因為他們代表了人類高貴的特質。

討論殺戮這個主題，一定會讓大部分健康的人惴惴不安，一些特定的主題和領域也一定會讓人排斥和反感。因為，這些都是我們寧可不要面對的事情。但普魯士軍事理論家卡爾·馮·克勞塞維茨警告我們：「要是因為這些事情太恐怖、讓我們覺得不舒服而拒絕思考，其實沒有意義，甚至對我們有害無益。」納粹死亡集中營倖存者布魯諾·貝特蘭則說，究其實，我們無法對付暴力的原因，在於我們不願正視暴力。我們不願承認我們迷戀「暴力的黑暗美」，我們寧願譴責並壓抑暴力行為，但不願正視、理解和控制它。

最後，如果我討論殺人者的痛苦時，卻沒有給予受害者承受的煎熬足夠篇幅，請容我在此道歉。受害者的痛苦與損失，永遠會在殺人者的靈魂中迴盪。這是殺人者最大的痛苦。

每個文化都有盲點。本書訪談的參戰老兵，就是在挑戰這些文化盲點。就像一位老兵對我說的，我們其實真是「學習性行為的處男處女。」但是，這些付出了高昂代價的老兵，的確能傳授我們一些寶貴經驗。我的研究目的，是了解戰時殺戮的心理狀態，以及探索那些響應國家號召、面對死亡、或是不願面對死亡，因而付出代價的人的情緒創傷與疤痕。

此時此刻，是我們最需要克服對殺戮的反感，理解——因為我們從來沒有嘗試理解——為什麼人類要打仗、要殺戮的時候。同樣重要的是，我們也需要理解為什麼有人不願意打仗、不願意殺戮。只有了解這個人類行為的最終問題，也是毀滅性的問題，我們才能得到影響這種行為，並且確保文明得以生存的希望。

第一部
殺人與抗拒殺人的本能

接著，我小心翼翼撐起身體，先讓上半身進入地道，再慢慢往前移動，直到肚子平貼地面為止。然後，我先鬆口氣，再把那支老爸送給我、在地道中使用的史密斯．威森點三八「短鼻子」手槍搭在手電筒邊。我打開手電筒開關，地道立即亮了起來。就在我前面、不到十五呎遠的地方，一個越共坐在地上，手上抓著一把飯放進嘴巴、膝蓋上還有一個飯包。我們兩個對看著，好像有一個世紀那麼久，但實際上可能只有幾秒鐘而已。

我們兩個誰也沒動一下，也許是誰也沒想到會有另一人在場，都嚇到了，也可能只是兩人都第一次碰到這種事、不知道該怎麼辦。總之，我們兩個都沒反應。

過了一會，他把飯包從膝蓋上拿下來，放到身旁地道邊的地上，然後轉身慢慢爬走。我先關掉手電筒，再朝著進來的那條低地道滑過去，慢慢回到地道入口。廿分鐘後，我們聽到消息說，另一個班在五百公尺外的一條地道殺了一個越共。

我從來不懷疑那個死掉的越共是誰。我到今天還很有把握，要是當年我和那個兵能夠在西貢喝啤酒言歡，會比季辛吉靠和談更早結束越戰。

——麥可．卡斯曼（Michael Kathman），《鐵三角區地道之鼠》（*Triangle Tunnel Rat*）

研究殺人的第一步，是了解：一般人會有抗拒殺戮同類的心理嗎？抗拒的程度多大？抗拒的本質又是什麼？本書第一部要處理的就是這些問題。

我為了研究這個問題，訪問了許多有戰場經驗的老兵。有一次我和一位怪脾氣的老士官聊起關於作戰創傷的心理學理論，他不屑地笑笑說：「那些傢伙根本不知道殺人是怎麼回事。他們就像一票想要知道做愛是什麼的處男，只能看看A片，幹不了其他的事情。但話說回來，殺人其實就像做愛，因為真正殺過人的人不會把這種事掛在嘴邊。」

研究作戰時的殺人行為，從某些方面來說很像研究性愛。殺人是一種張力十足的私密經驗，那種毀滅行為在心理上與做愛時的生殖行為幾乎沒有兩樣。對於沒有在戰場上殺過人的人來說，似乎只要透過好萊塢電影呈現的作戰場面與好萊塢得以立足的文化神話，就能了解殺人是怎麼回事，就像似乎只要觀看色情電影就能了解性行為的親密感是怎麼回事一樣。沒有性經驗的男女看了限制級電影後，也許當下就會知道愛要怎麼做，但是他們絕不可能從中了解性經驗產生的親密感與張力。

我們這個社會著迷殺人的程度與著迷性的程度也不相上下，可能對殺人的著迷還更多些，因為我們對性多多少少已經生厭了，而且有性經驗的人也不算少。許多小孩一看到我身上的勳章就會立刻問我：「你殺過人嗎？」或「你殺過多少人？」

他們這種好奇心從哪裡來的？羅伯特．海萊茵（Robert Heinlein）曾經寫道，生命的成就包含兩件事：「愛一個好女人與殺一個壞男人。」如果我們的社會對殺人有這麼大的興趣，又如果許多人將殺人等同於一種能夠顯示男性氣概的行為，就像有性經驗也代表一種男子氣概一樣，那麼，為什麼到現在都沒有針對這種毀滅行為出現專門、系統性的研究，而生殖行為卻有？

數百年來，的確有一些前輩替這個研究領域奠定了基礎。我在本書的第一部，會盡量討論他們每一位的研究成果，或許最好的起點是馬歇爾這位最重要、影響力最深遠的先驅研究者。

在二次大戰前，人們總是認為一般士兵作戰時會殺人的原因很單純：一是國家與指揮官告訴他們可以殺人、二是殺人是保護自己與同袍生命的必要手段；若他在殺人的那一刻卻下不了手，一般公認他的反應是驚惶失措，然後逃跑。

到了二次大戰，美國陸軍准將馬歇爾訪談一般士兵、詢問他們在戰鬥時的作為。他唯一得到的意外發現是，每一百名與敵人遭遇並交火的士兵中，平均只有十五到廿人「以手中武器參與戰鬥」。而且，不論戰事持續一天、兩天或三天，這個比例都不變。

馬歇爾是二次大戰時美國陸軍在太平洋戰區的軍史官，其後調任美國在歐洲戰區的主軍史官，手下有一批軍史官供其調度。這些軍史官在歐洲與太平洋戰場上，以個別與集體訪談的方式，訪問了四百多個步兵連中，剛結束與日軍或德軍作戰後撤的數千名官兵。軍史官整理出來的訪談結果相當一致：二次大戰時有實際作戰經驗的美軍步兵中，朝敵人射擊的比例只有百分之十五到百分之廿。但沒有開槍的士兵卻沒有逃跑或躲藏（許多案例顯示，他們甚至願意涉險拯救同袍、搬運彈藥或傳令），他們只是單純不朝敵人射擊，甚至面對日軍一波又一波進行攻擊時，他們還是不開槍。

原因是什麼？為什麼這些人不開槍？當我從歷史學者、心理學家與軍人的角度思考這個問題、同時研究作戰殺人的過程時，我才發現，大家對作戰殺人的了解，普遍忽略了一個可以回答這個問題與其他更多問題的主要因素。這個因素其實就是一個單純、顯而易見的事實：大部分人內心是強烈抗拒殺戮同類的，而且，這種抗拒心理強烈到許多戰場上的士兵還來不及克服就先陣亡了。

有些人認為，這不是眾所皆知嗎？他們會說：「殺人當然很難，我自己就絕對做不到。」但是，他們是錯的。因為只要接受適當的制約訓練（conditioning），再加上時空條件配合，任何人應該都能夠殺人，也能夠產生殺人的意願。這時候又會有人說：「作戰時只要遇到敵人要殺你的時候，你就會殺人。」這種想法更是大錯特錯。我們在本書第一部會看到，古往今來的大部分士兵在戰場上根本不願意殺敵，就算殺敵可以拯救自己或朋友的性命也一樣。

第一章　戰鬥或逃跑，虛張聲勢或臣服

我們的文化中有一個根深蒂固的觀念：想要避免衝突，只能選擇戰鬥或逃跑。我們的學校從未扭轉這種觀念。美國的傳統國防政策則將這個觀念提升到自然法則的高度。

——理查．海克勒（Richard Heckler），《追尋戰士精神》（*In Search of the Warrior Spirit*）

我們對戰場心理產生誤解的源頭之一，是誤將「戰鬥或逃跑」的模型用來解釋戰場壓力。「戰鬥或逃跑」模型指出，生物一旦面臨危險，身體就會啟動一連串生理與心理程序，幫助牠準備迎戰或逃跑。但是，「戰鬥或逃跑」二分法只適用於動物遭遇非同類生物威脅的情況。當我們觀察生物遭同類侵犯時會產生的反應，就能發現應該還要增加「虛張聲勢」與「臣服」兩個選項。就我所知，將動物界中同類生物間產生的反應模式（戰鬥、逃跑、虛張聲勢、臣服）應用在解釋人類戰爭行為上，是一項創舉。

同類生物發生衝突時，第一個決策點一般來說是決定要逃跑還是要虛張聲勢。受到威脅的狒狒或公雞一旦決定不退讓後，接下來面對敵意的反應，不是馬上衝過去攻擊對方的喉嚨，而是擺出一連串虛張聲勢的動作。這些動作看起來很嚇人，但其實幾乎毫無殺傷力。擺出這些姿態的目的，是讓對方以眼觀、以耳聽，認為自己是危險、可怕的敵人。

如果虛張聲勢無法讓同類對手放棄攻擊，就剩下戰鬥、逃跑與臣服三個選擇。但就算選擇戰鬥，也幾乎不會演變為你死我亡的結果。康拉德．勞倫茲（Konrad Lorenz）指出，食人魚與響尾蛇什麼東西都會咬，但是與同類相鬥時，食人魚只會甩尾互擊，響尾蛇則只用纏的方式攻擊對方。這種高度自制、不會致命的作戰過程進行到某一程度，一方就會被對同類敵手展現的兇猛與力量鎮住，這時牠的選擇就只有兩個：臣服或逃跑。常見的反應是臣服，這點出人意外。一般來說，臣服的表現方式或是卑躬屈膝、或是在勝利者面前露出自己身體的脆弱部位。這個反應依賴的本能知識是，牠們知道自己一旦投降，對手就不會殺戮或進一步傷害同類。虛張聲勢、裝模作樣打鬥、接著臣服的過程，是生物存活的關鍵。這個過程可以避免無意義的死亡，也確保年輕的雄性生物在成長過程中與一個又一個比牠更強壯、更有經驗的對手產生衝突時，能夠全身而退。虛張聲勢比不過對手，還可以選擇臣服，才能得到活著交配的機會，日後才能把基因傳給下一代。

牛津大學社會心理學家彼得．馬許（Peter Marsh）說，這種情形在紐約街頭黑幫、「所謂的野蠻部落與戰士」身上，以及幾乎全世界任何文化中都是如此。他們都有相同的「挑釁模式」，他們的虛張聲勢、裝模作樣打鬥與臣服，在在都以各種「照本宣科與高度儀式化」的方式表現。這些儀式將暴力限制，聚焦在比較不會造成傷害的虛張聲勢與炫耀，創造出來的是一種「完美的暴力假象」。挑釁？有。競爭？有。但發生真正的暴力行為嗎？其實只有「少之又少的一點點」。

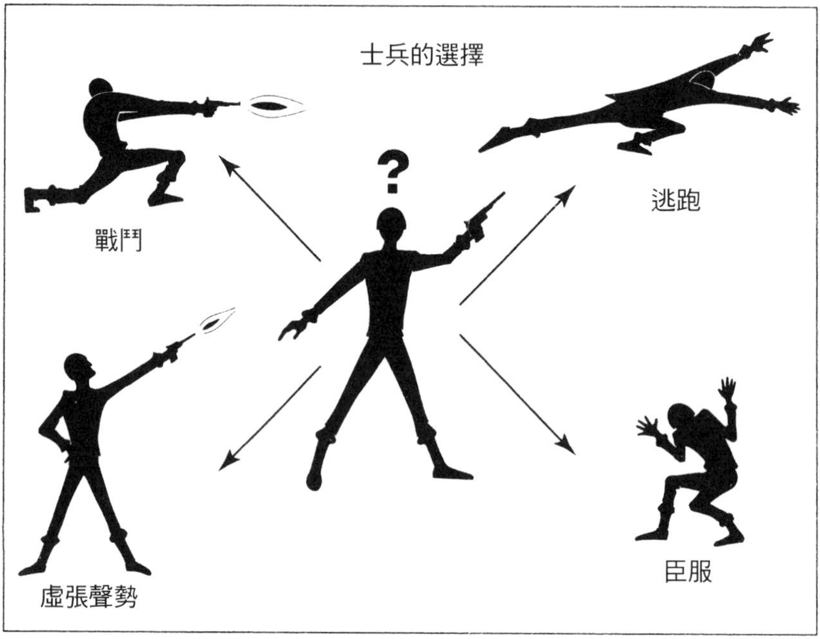
士兵的選擇
戰鬥
逃跑
虛張聲勢
臣服

關恩．戴爾（Gwynne Dyer）因此下了個結論：「偶爾總會出現一個只想把人劈成兩半的神經病」，但是大部分的衝突參與者，真正想取得的是「地位、炫耀、利益、與傷害控制」。綜觀歷史，曾與敵人近距離作戰的孩子（傳統上，多數社會送上戰場的都是孩子，或換個說法，都是男性青少年）與和平年代的孩子一樣，殺敵是他們最不得已的選擇。打仗與幫派鬥毆一樣，虛張聲勢才是遊戲規則。

下面這段關於「莽原之役」（Wilderness Campaign）的記載，出自派帝．格里菲斯（Paddy Griffith）的《南北戰爭作戰戰術》（*Battle Tactics of the Civil War*）一書。我們可以從中看到密林中的士兵以人聲虛張聲勢、並且達成目的的情形：

> 我們看不到喊叫的人在哪裡。一連的人如果喊叫的聲音夠大，聽起來就像一團的人那麼多。事後很多人提到，當時雙方都有一些部隊被「喊」到決定放棄陣地。

部隊被敵方喊出陣地，正是虛張聲勢最成功的例子。在這個例子中，放棄陣地的一方甚至沒到想要戰鬥，就決定要逃跑。

在戰鬥或逃跑模式外，再加上虛張聲勢與臣服兩個選項解釋遭遇攻擊的反應，可以更能理解許多戰場上發生的行為。人在害怕的時候，前腦（也就是控制心智活動的部分）停止運作，開始使用中腦（也就是人腦中與動物腦袋基本上沒有兩樣的部分）思考。而動物的思考是：誰能吼得最大聲、誰能把自己變得最盛氣凌人，就是贏家。

古希臘與羅馬的羽飾頭盔也是虛張聲勢的一種表現形式，因為戴著這種頭盔能讓人看起來更高，在敵人眼中就更兇猛。而雪亮的鎧甲則可以讓士兵看起來身形更雄偉、更耀眼。軍帽上綴以羽飾在近代史中以拿破崙時代最發達。當時的士兵穿著耀眼的制服、頭戴高聳但不舒服的平頂筒帽（shako）。這種帽子只有一種用途：讓士兵看起來、感覺起來變成一種更高大、更危險的生物。

除了服飾，士兵在戰場上也會發出類似兩隻動物對峙時、虛張聲勢的嘶吼聲。幾百年來，無數戰呼都曾經讓敵人膽寒。不論是希臘方陣的戰呼、俄羅斯步兵的「hurrah!」、蘇格蘭風笛的如哭如泣聲、或是南北戰爭時代的「反叛者之吼」（Rebel yell），都可以看出士兵的本能反應，一定是在肢體衝突還沒發生前，先想辦法以非暴力手段震懾敵人。士兵的戰呼除了可以在同袍間產生互相激勵的效果、還可以讓自己感覺很勇猛，同時也是一種蓋過敵方吼叫聲的有效方法。

《美國陸軍歷史系列》（*Army Historical Series*）記載了一則發生於韓戰期間，一支法國部隊參與「砥平里戰鬥」的遭遇。這個故事可以說是前述「莽原之役」的現代版。

> 中國士兵在法國部隊佔領的小山頭前約一百碼到兩百碼距離的地方集結，接著吹響哨子與號角，握著上刺刀的步槍展開衝鋒。法國人聽到聲音後，先拉響手動警報器。同時一個班的法國士兵朝中國兵衝過去，邊衝鋒邊朝前方與側翼投擲手榴彈，而且丟的距離很遠。當雙方部隊逼近不到廿碼時，中國兵忽然轉頭朝反方向跑走。這次遭遇前後不到一分鐘就結束了。

這又是一個小兵力靠著虛張聲勢就足以讓優勢數量的敵方部隊情急之下選擇逃跑的例子。

火藥發明以後，士兵可說得到了虛張聲勢的最佳工具。派帝．格里菲斯說：

（南北戰爭期間）部隊一旦開火，就停不下來，一直要打到彈藥用光或是不想打為止。這種事情經常發生。開槍不僅是一種非常正面的行為，也是一種能讓士兵紓解情緒的肢體動作，因此士兵的本能很快就佔了上風，把訓練的成果與指揮官疾言厲色的警告拋到腦後。

火藥製造聲響與虛張聲勢能力更強，立刻使它成為戰場上的新寵。要是殺戮效率是戰爭唯一要考慮的因素，那麼，拿破崙戰爭時期可能還在使用長弓作戰，因為長弓的射速與精準度比滑膛槍好太多了。但是，在戰場上一名嚇得半死、開始使用中腦思考的士兵，如果他是以會發出「繃、繃、繃」聲的長弓當武器，碰上同樣緊張、同樣開始使用中腦思考，卻以會發出「砰、砰」聲的滑膛槍當武器的敵軍，根本毫無勝算可言。

很明顯地，以滑膛槍或線膛槍射擊，能夠滿足士兵根深蒂固的、對虛張聲勢的需求。此外，若是我們知道這類武器的槍彈從敵人腦袋上方飛過的例子在歷史上屢見不鮮，以及這類武器命中率奇差無比這兩件事，我們就會知道這類武器甚至能夠達成士兵希望盡量不殺人、不傷人的需求。

阿登．杜．皮克（Ardant du Picq）是研究士兵為了應付了事而朝空氣開槍的先驅人士。他在一八六〇年代針對法國軍官進行的問卷調查，是早期關於戰爭本質的完整調查之一。一位法國軍官在問卷上很老實地說，「不少士兵在遠距離射擊時，根本打不到東西。」另一位軍官說，「我方部分士兵不瞄準就亂射擊的情形非常普遍。看起來他們想要麻痺自己、讓自己沉醉在開槍射擊的快感中，好度過當時那次危機的煎熬。」

派帝．格里菲斯也和皮克一樣，觀察到士兵作戰時都有一股急切開火的衝動，就算明知射擊根本無法傷害敵人也一樣（也許就是因為如此，他們才這麼急切地射擊）。格里菲斯寫道：

> 就算在「血腥巷」（Bloody Lane）、「梅利高地」（Marye's Heights）、「肯尼索」（Kennesaw）、「史巴索凡尼亞」（Spotsylvania）」與「冷港」（Cold Harbor）[3]等著名的「屠宰場」上，攻擊方不僅非常逼近防禦方，甚至能維持這麼短的距離好幾個小時，有時候甚至能維持好幾天。因此，南北戰爭時期的滑膛槍火力在遠距離並無法造成大量傷亡，就算是射擊密集隊形也一樣。滑膛槍在近距離的確能夠造成大量傷亡，也的確曾造成大量傷亡，但是殺傷速度不夠快。

格里菲斯估計，在拿破崙戰爭或南北戰爭時代，一支團級部隊（一般來說人數從兩百人至一千人不等）在平均卅碼（約廿七點四公尺）距離朝敵方一支沒有掩蔽的部隊以滑膛槍射擊，通常每分鐘造成的傷亡數只有一至兩人！當時兩軍交火「會一直拖著不結束，直到雙方疲憊不堪或天黑才停止。死傷人數攀高的原因是對峙太久，而不是雙方的火力都能一槍斃命。」

我們因此了解，拿破崙與南北戰爭時期，士兵射擊命中率非常低劣，到了難以置信的程度。但原因並非他們的武器失效。約翰．基根（John Keegan）與理查．荷姆斯（Richard Holmes）合著的《士兵》（*Soldiers*）一書中提到普魯士在一七〇〇年代後期進行的一個實驗：一個步兵營以滑膛槍朝一個一百呎寬、六呎高的目標（代表敵方部隊）射擊。距離二二五碼時的命中率為百分之廿五、距離一五〇碼時的命中率為百分之四十、距離七十五碼時的命中率為百分之六十。這個數字即為普魯士一個步兵營的潛在殺傷力，但真實殺傷力要等到了一七一七年的貝爾格勒戰爭（Battle of Belgrade）才得到驗證。當時，「兩個帝國的營級部隊一直等到敵方土耳其人前進至只有卅步遠時才開火，結果只有卅二個土耳其人中彈，帝國陣營立即遭到對方殲滅。」

有時候甚至還會發生完全沒有傷亡的情形。班傑明．麥金泰爾（Benjamin McIntyre）於一八六三年的一個夜晚，在維克斯堡（Vicksburg）目睹了一次沒有流血的戰鬥。他寫道：「很奇怪……一個連的士兵朝著不超過十五步遠、數量大約相當的敵方部隊不斷齊射，但是卻沒有任何人死傷。這是事實。」當然，黑火藥時代的滑膛槍，並非總是這麼百無一用，但是長時期的統計顯示，滑膛槍的每分鐘平均命中數大約只有一到兩人。

3 均為南北戰爭期間發生慘烈戰役的地點。

（當時火砲的殺傷力則完全是另一回事，這點與二戰時的機槍命中率是一樣的。在黑火藥時代的戰爭，火砲有時候甚至可以造成敵方百分之五十以上的傷亡。到了廿世紀，大部分的戰爭傷亡都是由火砲造成的。主因是火砲、機槍或其他多人操作武器都必須仰賴團隊合作。本書第四部「殺人的解析」將深入探討此一現象。）

前膛裝填的滑膛槍射速，依據操作者的技巧熟練程度與槍枝狀況差異，每分鐘從一至五發子彈不等。若以滑膛槍時代敵我平均作戰距離計算，潛在命中率超過百分之五十不成問題，因此，每分鐘殺傷數不應該只有一到兩人，而應該是數百人。各部隊的潛在殺傷數與實際殺傷數差距天南地北，問題出在士兵。原因很簡單：絕大部分士兵一旦面對的不是靶，而是活生生、跟他一樣還在呼吸的敵人，就會採取虛張聲勢模式，朝著敵人腦袋上方的空氣開槍。

理查．荷姆斯在其傑作《戰爭行為》（*Acts of War*）中，研究了多個歷史戰事中士兵命中率的問題。在一八九七年的「羅克渡口」（Rorkes Drift）戰役中，少數英軍被人數佔絕對優勢的祖魯族戰士包圍。英軍不停朝祖魯族人射擊，當時雙方距離之近，似乎不可能發生子彈打不中的情形，就算百分之五十的命中率都算低的。但是荷姆斯估計，事實上大約每十三發子彈才有一發命中。

一八七六年六月十六日的玫瑰花蕾溪（Rosebud Creek）作戰也發生類似的情形。庫魯克將軍（General Crook）的部隊射擊了兩萬五千發子彈，戰果是九十九名印地安人傷亡，平均射擊二五二發子彈命中一人。一八七〇年的「維桑布爾」（Wissembourg）戰役中，在強化工事裡面防守的法軍，朝著在開闊地前進的德軍射擊，總共發射了四萬八千發子彈，造成四〇四名德軍傷亡，平均發射一一九發子彈命中一人。其中部分（或可能是大部分）傷亡必定是火砲造成。扣除這個因素後，法軍的命中率更是低到難以置信。

在第一次世界大戰期間擔任排長的英國陸軍中尉喬治．盧佩爾（George Roupell）也碰過一模一樣的情形。他指出，要阻止自己排裡的士兵朝天空開槍只有一個辦法，就是抽出指揮刀、走下戰壕，「往那些兵的背敲下去，讓他們知道我來了，然後再告訴他們要瞄低一點。」越戰時也有同樣的現象，當時殺死一個敵人要花費五萬發以上的子彈。一位越戰期間在海軍陸戰隊第一師擔任醫護兵、經常在敵我火網下爬來爬去、救護傷患的道格拉斯．葛萊姆（Douglas Graham）回憶說：「有一件事情讓我覺得真是神奇，不知道有多少子彈從我頭上飛來飛去，卻一個人都打不到。」

原始部族作戰時，只重虛張聲勢卻不願戰鬥的情形非常明顯。理查．加百列（Richard Gabriel）指出，新幾內亞的原始部族擅長弓箭狩獵，命中率奇高，但他們與其他部族作戰時，會先取下箭羽，然後用這種射不準、無用的箭與敵人作戰。美國印地安人作戰時也一樣，他們認為作戰時以弓、棒或徒手觸擊敵人，比真正殺死對方更重要。

這種趨勢也得見於在西方作戰傳統的源頭。山姆．基恩（Sam Keen）提及哈佛大學教授亞瑟．諾克（Arthur Nock）老喜歡說希臘城邦間的戰爭「只比美式足球危險一點而已」。皮克也指出，亞歷山大大帝征戰經年，手下卻只有七百人因為刀劍傷而亡。敵人死亡數字遠遠高出己方，但是幾乎都是在戰鬥（當時的戰鬥不過是不流血的推來擠去而已）結束、轉身逃跑時而死。克勞塞維茲也曾提出同樣的看法。他注意到歷史上大部分的作戰死亡都是發生在一方戰勝、並開始追勦敵人之後。（我在本書

第三部「殺人與身體距離」中將會探討這個主題。）

現代軍隊的訓練，或稱制約訓練，可以克服虛張聲勢的傾向。事實上，一部戰爭史也可以視為是一部人類開發出各種賦能（enabling）及制約的機制，克服抗拒殺戮同類心理的歷史。許多案例顯示，缺乏訓練的游擊部隊作戰時一旦遭遇訓練有素的現代軍人，本能反應是運用虛張聲勢的心理機制（例如朝高處射擊），訓練有素的軍人因此獲得絕佳的戰場優勢。曾在羅德西亞作戰的傑克·湯普生（Jack Thompson）指出，他們演習的其中一個項目是模擬與無訓練的敵人作戰，要求遇敵時立即「卸下背包、衝入對方火力範圍……毫無例外。因為游擊隊員根本無法有效射擊，他們的子彈都太高了。所以我們能夠建立火力優勢，也幾乎不會有人陣亡。」

靠著訓練與殺戮賦能（killing enabling）產生的心理與技能優勢，依舊是現代戰爭時期決勝的關鍵因素。在英軍進攻福克蘭群島以及美軍一九八九年入侵巴拿馬這兩次戰爭中，攻擊方不僅大勝，而且與敵人的陣亡率差別甚大，原因之一就在於訓練品質的高下。在經年累月的阿富汗與伊拉克戰爭中，也出現同樣的現象。美國與北約部隊的絕佳火力優勢，使得敵方只能靠IED，也就是「簡易爆炸裝置」（過去俗稱詭雷）造成對方傷亡。

我在陸軍服役時，前前後後共有廿年靶場射擊經驗。我知道士兵為了要引起靶場教官的注意，一個方法就是朝著特別高的地方射擊。換句話說，故意脫靶是一種非常微妙的表達不服從的方式。我祖父約翰的親身經歷就是一個故意脫靶的好例子。他在一次世界大戰期間曾經受命擔任槍決行刑人員。而這位老兵最驕傲的的一件事，就是在行刑隊出任務時從沒殺過人。行刑的口令是：「預備、瞄準、發射」，只要一聽聞「瞄準」，槍口就要瞄到目標。但是他聽聞「瞄準」口令時，卻故意瞄偏一些，這樣等到聽到「發射」口令時，扣下扳機也打不到犯人。我祖父一輩子都在吹噓他能想出這點子，證明自己比陸軍那些傢伙聰明。當然，行刑時一定有其他人發射的子彈會打中犯人，但至少我祖父不會愧對良心。同樣地，歷史上一代又一代的軍人似乎也故意或本能地行使士兵脫靶權，打敗了自己的上級。

另一個士兵行使脫靶權的好例子，出自下面這位傭兵的記載。他當時在尼加拉瓜，隨同綽號「零號指揮官」的艾登．帕斯托拉（Eden Pastora）麾下的一支反抗軍部隊，伏擊一艘民用河港交通船。

> 蘇多在我們出發攻擊前，模仿帕斯托拉的長篇大論演講，給全隊的人來了這麼一段我永遠忘不了的講話：「Si mata una mujer, mata una piricuaco; si mata un niño, mata un piricuaco.」
>
> Piricuaco是罵人的字，意思是瘋狗。我們經常用這個字罵桑定的人。換句話說，蘇多這段話的意思是：「殺一個女的就是殺一隻桑定瘋狗，殺一個小孩就是殺一隻桑定瘋狗。」然後我們就出發去殺女人和小孩了。
>
> 這次任務我還是編入執行實際伏擊任務的十人小隊中。我們先清除射界。然後喘口氣休息一下，等著有女人、小孩、還有老天才知道還有哪些老百姓乘客的交通船到來。
>
> 我們每個人各自有各自的心思，沒人聊起這次的任務。蘇多在我們後面幾碼遠的密林裡

面，緊張地走來走去。

我們先聽到的是大型柴油引擎高速運轉的噗噗聲，整整兩分鐘以後才看到那艘七十呎長的交通船，這時我們也聽到開始射擊的訊號。我眼前一枚 RPG-7 火箭彈劃出一道弧形，掠過交通船飛進對岸的樹林中，M60 機槍這時也開火了。我一股腦把手上的 FAL 自動步槍廿發彈匣打個精光。我們這一隊人忙著把手上彈匣清空時，眼前的彈幕就像叢林中的蚊蟲群一樣厚，但是，沒有一顆子彈打到那艘滿載老百姓的交通船。

等到蘇多知道怎麼回事以後，就從樹林中跑出來，一邊用西班牙語大聲罵髒話，一邊用他手上的 AK 步槍對著那艘漸行漸遠的船開火。

沒錯，尼加拉瓜農民是一群壞透了的混蛋，而且打起仗來也非常強悍。但他們不會胡亂殺人。我收拾東西準備離開的時候，除了鬆了一口氣，也覺得驕傲，禁不住大笑起來。

——約翰博士（Dr. John），《獻身「民主革命同盟」的美國人》（*American in ARDE*）

請注意這種「脫靶陰謀」的本質。這些有開火責任、也受過射擊訓練的士兵，就像幾百年來數以百萬計的其他士兵一樣，一句話都沒有說，就運用了「士兵無能」這個簡單手腕。他們就像前面提到的槍決行刑隊員一樣，智取了那些命令他們執行的人，私下爽得很。

還有一個比虛張聲勢更不尋常、但同樣無可置疑的事實是，戰時有相當數量的士兵根本不朝著敵人腦袋上方的空氣開槍，相反地，他們根本不射擊。在動物界，有些動物一旦遇上決心與敵意比較強的對手，就決定消極「臣服」。他們不選擇逃跑、戰鬥、與虛張聲勢。從這個角度來說，決定不開槍的士兵與這些動物的行為非常相像。

我們先前討論過馬歇爾將軍對於二戰美軍射擊率只有百分之十五至百分之廿的觀察。他與戴爾都提出，現代戰場上各兵距離增加的「分散」（dispersion）現象可能是導致低射擊率的主要因素。的確，士兵在戰場上衡量要開槍還是不要開槍時，分散與否的確是決定因素之一。但馬歇爾也指出，敵人進逼時，有多名步槍兵共處的陣地，比較會發生的狀況是只有一人射擊，其他步槍兵則擔任傳令、搬運彈藥、照顧傷患、瞭望目標等「關鍵」工作。馬歇爾說得很明白，開槍的士兵大多數時候當然知道身邊圍著一群不開槍的同袍，但是這些消極士兵的不作為，似乎沒有影響開槍士兵的士氣。相反地，有不開槍同袍在場，反而更促使開槍單兵持續射擊。

戴爾則主張，其他參與二戰的各國部隊中，不開槍士兵比例必然也接近美軍。他說，如果「日軍或德軍願意開槍殺人的比例比較高，那麼，在兵力數量相當的基礎上比較，日軍或德軍產出的實際火力必定是美軍的三倍、四倍或五倍。但事實並非如此。」

馬歇爾的觀察不僅可以應用於二戰美軍，甚至可以應用在二戰其他各方部隊上，證據已經相當充分了。事實上，許多可靠資料都指出，人類就是不想殺戮同類，這種現象其實一直見諸古往今來的軍事史中。

英國「國防部作戰分析中心」（British Defense Operational Analysis Establishment）所屬的戰場研究部門於一九八六年公布了一份報告。這份報告蒐集了一百多份十九世紀與廿世紀戰爭的歷史文獻，然後以脈衝雷射武器模擬這些歷史戰爭中各參戰部隊的射擊情形，計算各部隊的命中率。分析目的之一是檢驗馬歇爾提出的不開槍士兵比例是否也出現在二戰前的各戰爭中。比較歷史資料與雷射模擬射擊的命中率結果（操作脈衝雷射模擬武器的人員沒有真的殺人，也不可能受到「敵人」威脅而傷亡）顯示，模擬射擊的命中率遠高於文獻記載的實際命中率。研究人員在報告結論中公開支持馬歇爾的發現，指出實際命中率遠低於雷射模擬射擊的命中率，主因就是「沒有意願作戰」。

其實我們並不需要靠雷射模擬射擊與戰場重現，才能知道許多士兵的確沒有意願作戰。他們沒有意願作戰的證據一直都在那兒，我們只是視而不見。

第二章　歷史上的不開槍士兵

南北戰爭時期的不開槍士兵

我們先在腦海裡面想像一下美國南北戰爭期間一位新兵的作息情形。無論他是南軍還是北軍，也不管他是自願還是徵召來的，一旦他進入部隊，訓練課目一定包含一些反覆做到痲痺的項目。就算是最菜的菜鳥，都要把握任何零碎的操課時間，不斷反覆練習裝填彈藥。而對老鳥來說、就算是入伍只有幾個星期的老鳥，裝填與射擊早已經成為不必思考就能完成的動作。

當時部隊指揮官腦中設想的作戰方式，是一長排一長排的士兵朝著敵人齊射，就像一部能夠連續發射子彈的機器一樣，他們的目標就是將所有士兵變成這部機器的一個個小齒輪。操練就是確保士兵上了戰場能各盡其責的主要方法。

操練觀念源自希臘以方陣隊形取得作戰勝利付出的慘痛代價，羅馬人將這個觀念更加精進。腓德烈大帝則將射擊操練轉化為一門科學，拿破崙進而將這門科學大規模推廣。

時至今日，我們則明白了操練具有制約、控制士兵行為的強大力量。葛倫．葛雷（J. Glenn Gray）在《戰士》（*The Warriors*）一書中指出，疲累過度、「進入迷茫狀態、喪失敏銳意識」的士兵，仍然可以「像軍事有機物身上的細胞一樣運作，執行所付任務。因為他已經早已自動化。」

約翰．麥斯特斯（John Masters）在《繞過曼德勒》（*The Road Past Mandalay*）一書中記載了一個二

戰期間機槍組的作戰故事，可以說是軍隊透過操練，成功培養出士兵制約反應的最有力證據。

我知道一號射手今年十七歲，因為我認識這個人。他的二號射手（助理射手）伏在左側，就在他旁邊，頭朝敵軍方向，手上拿著一個裝滿子彈的彈匣。只要一號射手一喊「換彈匣」，他就立刻會把手上的彈匣插入機槍。一號射手開始射擊，對面一把日本人的機槍也隨即回火，距離很近，一輪子彈正中一號射手的臉和脖子，他當場陣亡。但是，他不是死在機槍後面。他的身體已經在機槍右側，死前還舉起左手、做出要輕拍二號射手肩膀的姿勢，這是要他接手的手勢。二號射手因此不必將屍體推離機槍，因為射手位置已經空出來了。

「接手」手勢已經透過操練進入一號射手腦袋，其目的是確保他本人缺席時，這件重要武器也絕不會沒人操作。一號射手在此情況下擺出這個手勢，證明制約反應的力量，強大到可以讓腦袋中彈的士兵無法靠意識思考時，還能在嚥下最後一口氣前完成這個動作。

關恩．戴爾則一語中的。他說：「軍隊不要一般士兵思考，而是要他具備完成裝填並發射武器的自發能力，就算在作戰壓力下也一樣。因此，使用「制約」這個詞，可能比「訓練」更能精確描述這種行為。要達到制約效果，「的確需要數千小時的反覆操練」，並且「隨時配合身體刑，只要操練錯誤，就加以懲罰。」

南北戰爭期間的主要武器是前膛裝填、使用黑火藥的線膛槍。發射槍枝的動作是，取出紙做的彈藥包，用嘴撕開，將火藥倒入槍管，再放入彈頭，並確實填實。然後調整發火帽，壓擊錘，擊發。當時士兵是以立姿裝填彈藥，因為火藥必須靠重力才能進入槍管。也就是說，當時軍隊是站著打仗的。

隨著發火帽問世以及改用油紙包裝彈藥以後，一般來說武器就相當可靠，就算在潮濕氣候下作戰也不必擔心。油紙彈藥包可以讓火藥不會受潮，發火帽則確保每次扣下扳機的擊發率更高。除了因豪大雨導致藥包潮濕外，當時士兵武器不作用只有兩個原因。第一是先裝彈後裝藥（但因為士兵已經接受不知道多少次反覆裝填的操練，發生這種錯誤的機會非常低），第二是槍枝擊發次數過多，位於發火帽與槍管間的連通道可能會阻塞，但是這種故障很容易排除。

另一個小問題是二次裝填。戰況激烈時，可能發生士兵不確定槍管內是否還存有尚未擊發的彈藥，因此，裝填兩份彈藥是常有的事情，但發生這種情形並非代表這把槍就不能操作了。當時槍械工廠與部隊常以各種不同的彈藥份量裝填槍管，甚至填滿整隻槍管，然後測試是否能順利射擊。扣下扳機後，只要最底部的發射藥能夠燃燒，就可以把槍管內其他所有彈藥推出去。

這類槍枝射擊既快速又精準。前一章提到普魯士軍隊使用前膛裝填光膛槍，分別在二二五碼、一五〇碼、與七十五碼距離，朝一個一百呎寬、六呎高的目標射擊，命中率分別是百分之廿五、百分之四十與百分之六十。而南北戰爭期間的士兵，一般來說每分鐘可以發射四到五發子彈，他們用前膛裝填線膛槍進行射擊訓練或打獵時，命中率應該不會低於那些普魯士士兵。因此，一個由兩百人組成的作戰隊形，在七十五碼距離射擊，第一波射擊最多應該能命中一二〇名敵方士兵。如果每分鐘發射四發子彈，這個部隊在開戰第一分鐘應該就可以造成四八〇名敵方士兵傷亡。

南北戰爭士兵是當時全世界訓練與裝備最精良的部隊，這點毫無疑義。接著，作戰的那一天來了，操練、行軍了這麼久，就為了這一刻，終於來了。然而，也就在這一天，他們腦袋裡所有對戰爭先入為主的想法與錯覺，就要瓦解。

一長排士兵舉槍齊射的場面在開戰初始可能還真可以維持。如果指揮官能維持部隊秩序、作戰地形也不至於太破碎，一時三刻可能還可以看到雙方維持隊形、並展開一波波射擊。即使如此，不對勁的事情還是發生了，而且是可怕、嚇人的不對勁。雙方部隊遭遇的距離一般來說是卅碼，但預想一分鐘內數百名敵人倒下的場景沒有出現，實際上每分鐘只有一到兩人中彈。預想只要一波子彈呼嘯而去，對方部隊就會渙散的場景也沒有發生，實際上雙方士兵一直站著朝敵方射擊好幾個小時才結束。

一長排士兵舉槍齊射的場面早晚會消失（多半很快就消失）。混亂、煙霧、槍響、傷員哀號，都讓這一個個齒輪變成一個個以本能動作的人。有人繼續裝填彈藥、有人傳遞下一波射擊的槍枝、有人照顧傷患、有人大聲下達命令、有幾個人逃跑、有人在煙霧瀰漫中失神亂走、位於較低地勢的人，就順便躲起來了。當然，也有人，很少、很少的人還在開槍射擊。

許多歷史紀錄都指出，大部分前膛裝填槍時代的士兵，就像二次大戰的士兵一樣，作戰時多半都在忙著執行其他任務。舉例來說，格里菲斯的書中引述一段一位南北戰爭老兵對「安提坦會戰」（Battle of Antietam）的記載，栩栩如生的回憶足以推翻當時的戰爭是一長排士兵站著朝敵人射擊的景象：「麻煩來了。士兵與軍官擠成一團。有人在撕彈藥包、有人在裝填、傳遞槍枝或射擊、有人中彈倒地，也有人往後跑進玉米田（躲起來）。」

這幅作戰圖像此後在歷史上不斷出現。我們在馬歇爾那本研究二戰的著作以及上述這則南北戰爭的記載中，都看到只有少數士兵對著敵人射擊，其他人或是在蒐集、整理彈藥、裝填武器、傳遞下一波射擊的槍枝，不然就是躲起來、藏到沒人找得到的地方。

部分士兵在戰場上自願替願意對敵人開槍的士兵裝填槍枝，或幫忙做其他事情，似乎是通則而非特例。格里菲斯蒐集的許多報告中，也有關於南北戰爭中實際開槍、並接受同袍幫忙的士兵的記載。記載中顯示，這些士兵的射擊數目從一百發到兩百發都有，甚至有人射擊了四百發子彈，相當驚人。那個時代一名士兵的標準彈藥攜行量是四十發子彈，而且使用的武器如果射擊四十發以後不清潔，就會難用到等於是廢品一樣。因此，多出來的實際射擊彈藥份量以及使用的槍枝數量，必定取自那些比較不積極開槍士兵的彈藥，改換射擊的槍枝必定也是由他們協助裝填。

除了朝敵人頭上的空氣開槍、或是幫忙願意射擊的同袍裝填彈藥外，還有一個選項。杜．皮克的說法顯示他對此瞭然於心。他說：「一個士兵倒地，然後不見了，誰知道他是被子彈打中，還是被恐懼打倒？」當代最重要的軍事心理學家理查．加百列說：「在類似滑鐵盧或色當（Sedan）那種規模的戰爭中，只要倒地，然後躺在泥地中，就能夠不開槍或攻擊前進。害怕戰火的士兵不可能不把握這個機會。」的確，這個誘惑一定很大，而且很多人一定也接受了這個誘惑。

因此，戰場上士兵的選擇很明顯有三種：一，朝敵人腦袋上方的天空開槍（虛張聲勢）。二，在部隊前進時落隊（一種逃跑方式）。以及，三，替願意開槍的同袍裝填彈藥與提供其他協助（一種有限的戰鬥方式），這種方式在戰場上也廣為接受。除了這三種選擇，也有證據顯示，在黑火藥戰爭的年代，數以千計的士兵以假裝開槍或模擬開槍的消極方式，臣服於敵人與自己的指揮官。證明士兵疑似假裝開槍的最佳指標，就是南北戰爭一場又一場的戰鬥結束後，戰場上總是可以找到多次裝填卻未擊發的槍枝。

遺棄武器的兩難

《南北戰爭文物蒐藏家百科》（*Civil War Collector's Encyclopedia*）的作者F. A. 羅德（F. A. Lord）指出，蓋茲堡戰役結束後，在戰場上找到兩萬七千五百七十四支前膛裝填槍。其中接近百分之九十（兩萬四千支）是裝填但未擊發的槍。其中又有一萬兩千支槍多次裝填，這些多次裝填的槍枝中又有六千支裝填了三到十次，甚至有一支槍的裝填了廿三次。為什麼作戰結束後能在戰場上找到這麼多已裝填、未擊發的武器？又為什麼至少一萬兩千名士兵作戰時會錯誤裝填自己的武器？

在黑火藥戰爭時期，一支已裝填、未擊發的槍枝可以說是珍貴資產。在那個作戰型態是站立、面對面、近距離的時代，作戰時用於裝填槍枝的時間應該愈短愈好才對。但實際情形是，戰場上超過百分之九十五的時間用於裝填槍枝，用於射擊的時間不到百分之五。如果大部分的士兵真的很想盡快、並且盡量有效率地殺死敵人，那麼百分之九十五的士兵倒地時，手上應該握著已經擊發的槍枝才對。而死傷士兵掉落在地上的已裝填、擊錘待發、火帽也已經調整好的槍枝，也應該立刻有人撿起繼續使用才對。

結論應該相當明顯。大部分士兵根本沒有開槍射擊敵人，連想都沒有想。這些士兵中又有大部分人似乎連朝著敵人方向開槍的慾望都沒有。就像馬歇爾觀察的一樣，大部分士兵似乎對作戰時開槍存有抗拒心理。我要強調的是，這種抗拒心理似乎早在馬歇爾發現前就存在了，戰場上遺棄這麼多多次裝填槍枝，原因（甚至是唯一的原因）就出在這種抗拒心理。

前膛裝填槍必須以站姿裝填、以及指揮官喜歡將士兵挨著肩膀緊密排成一條密集射擊線，這兩個肢體因素加起來，讓不開槍的士兵很難掩蓋自己不開槍的事實（這點與馬歇爾研究的時代不同）。身處齊射隊形的士兵此時面對的，就是杜．皮克說的上級與同袍「互相監視」的情況，必定對士兵形成不得不開槍的強大壓力。

南北戰爭時代的戰場沒有「現代戰場上的孤立與分散」，齊射時士兵的一舉一動根本無法隱藏，每一個動作都逃不過身邊同袍的眼光。真的不能或不想開槍的士兵，只有一個方法遮掩自己的不作為，那就是裝填槍枝（撕開彈藥包、將火藥倒入槍管、放下子彈、填實、調整火帽、壓擊錘）、舉槍至肩、但是不開火，當然他也可能在鄰兵射擊時，以假裝身體受到後座力撞擊作為掩飾。

這就是當時一位士兵戮力以赴的縮影：在戰場的混亂、喧囂、煙霧瀰漫中，仔細、穩妥地裝填彈藥。他的所作所為，看在上級與同袍眼中，並沒有不值得表揚之處。

不開槍士兵令人訝異之處，是他們的所作所為與那個時代的麻痺式重複操練背道而馳。這些南北戰爭的士兵，每進行一次軍旅生涯最重要的裝填操練，也總是「背叛」了操練他們的教官一次，原因何在？

也許有人認為，多次裝填的原因很單純，就是不小心犯下的錯誤，遺棄槍枝也是出於一樣的原因。雖然經過無數小時操練的士兵身陷戰爭之霧時也難免會不小心二次裝填，但他不會因此不射擊，這時第一次裝填的彈藥就會把第二次裝填的彈藥推出槍管。而就算出現了槍枝卡住或其他原因導致失效等非常少見的情形，也只要換一把槍就好。實際情形卻並非如此。我們必須要質疑的是，為什麼扣扳機射擊是那些士兵遺漏的唯一步驟？怎麼可能敵對雙方每一支作戰部隊都犯了同樣錯誤？

參加蓋茲堡戰役的這一萬兩千名士兵，雖然因為戰場震撼而茫然不知所以，難道他們都會因為不小心而二次裝填自己的槍枝，然後，還來不及開火射擊就陣亡了？或是這些人因為某些原因丟掉自己的武器，再撿拾其他人的武器作戰？部分案例顯示，可能有部分士兵是因為火藥受潮（就算使用油紙藥包也會受潮）而遺棄槍枝，但這麼多人的火藥都受潮，可能嗎？又為什麼有六千多人再一次裝填彈藥卻還是不擊發？的確有可能是不小心犯錯，也有可能是火藥受潮影響。但是我認為，出現這麼大量的意外，唯一可能的原因與二次大戰中有百分之八十到百分之八十五的士兵不朝敵人射擊的原因是一樣的。南北戰爭的士兵能夠克服加諸其身的強大制約力量，這個事實清楚不僅顯示了本能的強大影響力，也證明了道德意念能夠引發崇高行為。

要不是二次大戰期間馬歇爾在一次次的戰鬥後，立即詢問士兵在戰場上的作為，我們永遠也不會知道我方射擊效率是這麼低落。同樣地，因為從沒有人詢問過南北戰爭或二次大戰前任何其他戰爭的作戰情形，我們因此無法得知參戰士兵的射擊效率。我們只能從既有資料排比、推斷。而既有資料顯示，在黑火藥戰爭時期，至少有半數士兵沒有開火射擊，而開火射擊的士兵中，真的用槍瞄準殺敵的比例非常低。

派帝．格里菲斯發現，在黑火藥時代，一支作戰部隊的平均命中率是每分鐘一至兩人，我們現在可以完全了解背後的原因了。我們也可以看出，這個數據強烈佐證馬歇爾的發現。南北戰爭時代使用前膛裝填線膛槍，潛在命中率不會低於普魯士部隊使用前膛裝填滑膛槍的命中率（在七十五碼遠的命中率是百分之六十），但實際命中率卻微不足道。

如果在這些戰爭中（就像在二次大戰期間一樣），部隊的射擊線中只有非常少的步槍兵真的瞄準敵人射擊，其他士兵的動作看起來一樣勇敢，但實際作為卻是朝敵人上方的空氣射擊或根本沒有開槍，那麼，格里菲斯提出的數據就完全站得住腳。

有些人認為這些數據只適用於南北戰爭，因為這場戰爭是「兄弟相殘」之戰。傑諾米．法蘭克（Jerome Frank）博士在其著作《核子戰爭時代的理性算計與生存》（*Sanity and Survival in the Nuclear Age*）中，則清楚反駁了這種看法。他指出，一般來說，內戰比其他型態的戰爭更血腥、時間拖得更久、更肆無忌憚。彼得．華生（Peter Watson）在《戰爭對心智的影響》（*War on the Mind*）一書中也提到，「我群成員的異常行為比起與我群較無關之他群成員的異常行為更可怕，也會引發更強烈的報復。」舉例來說，歐洲不同的基督教派團體數百年來不斷互相攻擊、中東地區的主要穆斯林派系連年內鬥、共產黨人間則有列寧派、毛澤東派與托洛斯基派的衝突、在盧安達與其他非洲部族間發生的恐怖戰爭。我們只要回顧一下上述群體內成員衝突的慘烈程度，就可以明白這一點。

我認為，蓋茲堡戰場上遺棄的槍枝，大部分是無法或無意在作戰時開槍射擊的士兵，因為陣亡、負傷或敗逃留下的。除了這一萬兩千名士兵，必定還有類似比例的士兵在戰爭結束、離開戰場時，手上拿著的也是多次裝填、次數不一的槍枝。

這些士兵，就像二戰時馬歇爾觀察到的百分之八十至百分之八十五的士兵一樣，在開槍與否的那一刻，發現自己無法殺戮同類，決定靜悄悄、祕密地成為一位「良心拒戰者」。這才是那個時代射擊效率如此低劣的根本原因，也是蓋茲堡戰場的實況。只要深入研究，我們很快就會發現，就算沒有類似蓋茲堡戰場的資料，同樣場景也發生在黑火藥時期的其他戰場上。

「冷港戰役」（Battle of Cold Harbor）就是個例子。

冷港戰役那八分鐘

「冷港戰役」值得細究，因為大部分業餘的南北戰爭研究人士，都以這場戰爭為例，反駁不開槍士兵的比例有百分之八十至百分之八十五的理論。

一八六四年六月三日凌晨，格蘭特將軍率領四萬名北軍攻擊維吉尼亞州冷港的南軍部隊。羅伯特·李將軍指揮的南軍在當地構築了由戰壕與砲位組成的防禦系統，而格蘭特指揮的「波多馬克軍團」從來沒有遇過這麼精良的陣地。一位報紙記者如此描述這個工事：「複雜的防禦線呈『之』字型縱橫交錯、壕中有壕……有十字交叉的戰壕、有配置砲陣地的戰壕。」南北兩軍打到六月三日傍晚，已經有七千多名北軍或死或傷或俘，南軍的堅固防禦工事卻只受到無足輕重的損害。

布魯斯．凱頓（Bruce Catton）在他那套卷帙浩繁、研究南北戰爭定鼎之作中寫道：「我的直覺是，誇大冷港戰役有多慘烈不僅不那麼容易，也沒有必要。但總因為某些原因——也許想把格蘭特醜化為麻木不仁、又沒感情的屠夫是最主要原因——南北戰爭中沒有任何一場其他戰役像冷港之戰一樣扭曲至此。」

凱頓這段話主要針對歷來關於北軍傷亡人數的誇張記載（歷來多半宣稱北軍在冷港戰役中一天就傷亡一萬三千人，但其實這是北軍在該地打了兩星期的傷亡總數。）。此外，他也反駁所謂「冷港戰役八分鐘內」就傷亡七千人的錯誤觀念。但是，與其說這個數字是錯的，不如說是過度簡化的結果。的確，北軍在冷港之戰期間發起的攻擊，不是各自為政、就是協調不周，因此大多數攻擊在發起十分鐘或廿分鐘內就被南軍擋下。但是就算攻擊方的前進動能遭南軍破壞，北軍士兵卻沒有逃跑，所以殺戮也沒有停止。凱頓表示，「這場奇妙的戰役最不可思議的一件事是，沿著戰線被打得灰頭土臉的那一方（北軍）完全沒有後撤。」相反地，北軍士兵攻擊受阻後的下一步動作，也正是南北兩軍在那場戰事全程一再重複做的事情：「他們停在原處，離南軍防禦線四十碼到兩百碼不等，先急急忙忙挖出一條條淺戰壕，然後繼續射擊。」南軍當然也繼續射擊，但多半是從側翼與後方，在嚇死人的近距離以火砲攻擊。凱頓說：「一整天下來，戰場上的那種可怕聲音、那種只有經驗豐富的老兵才聽得出來的聲音，一直沒有停過。但是那種聲音在下午作戰出現的時候，一定不會比始曉攻擊遭擊潰的時候高。」

格蘭特的部隊傷亡慘重，是經過八小時、而不是八分鐘作戰的結果。而且就像拿破崙時期迄今的大部分戰爭一樣，冷港戰役中大部分傷亡是砲兵而非步兵造成的。只有將砲兵（以及射擊過程中，砲班成員嚴密督導與互相監視）的因素納入考慮，才能理解各方對冷港戰役中傷亡比例的說法差距甚大的原因（一般來說，火砲距離目標愈遠，命中率就愈高。本書稍後會討論這一點。）。但一個單純的事實是，在二戰前的戰爭中，大部分士兵與馬歇爾訪談的二戰步槍兵一樣，心理上一直堅定地抗拒殺戮同類。他們之中有人使用線膛槍，有些戰爭還使用滑膛槍，但他們堅定地抗拒殺人。不是因為武器殺不了人，也不是因為生理障礙殺不了人，而是關鍵時刻臨頭時，他們每個人打從心底都變成了良心拒戰者，就是沒有辦法殺掉站在自己眼前的那個人。

以上種種都顯示，的確有一種力量起了作用。這是一種前所未聞的心理力量，一種比操練、同儕壓力、甚至求生本能更強大的力量。這種力量在一次大戰時期也有它的蹤影。

一次大戰期間不開槍的兵

米爾頓．梅特（Milton Mater）上校於二戰期間曾任步兵連連長。他告訴我的幾個親身經歷都能強烈支持馬歇爾的觀察。此外，梅特也跟我說，許多一戰老兵在好幾個不同場合都提醒他要有心理準備，一旦真刀真槍開打了，一定會有很多兵不開槍。

梅特回憶一九三三年從軍時，和一位打過一次大戰的叔叔聊起戰場經驗。「他記得最清楚的事情竟然是『充員兵不開槍』，我聽了嚇一跳。他大略是這樣說的：『那些兵認為，如果他們不對著德國人開槍，德國人也不會對他們開槍。』」

梅特在一九三七年參加大專預備軍官訓練團，一位在一戰打過戰壕戰的教官上課時說，根據他的經驗，未來打仗會有一個問題，就是士兵不開槍。「我印象很深刻，他一直強調，要一些士兵開槍射擊，免得他們在敵火下坐以待斃，是件多困難的事情。」

顯示抗拒殺人心理一直存在的指標非常多。此外，似乎這種抗拒心理至少從黑火藥時代就已經存在了。許多士兵因為無心殺敵，因此選擇了虛張聲勢、臣服或逃跑，而不是戰鬥。這種抗拒心理，不僅在戰場上產生了深遠影響，在人類歷史上也處處可見。了解、應用這種力量可以讓我們更深入了解軍事史、戰爭的本質以及人類的本質。

第三章　為什麼張三、李四不開槍？

為什麼數百年來士兵拒絕殺敵的情形不斷出現？而且，在他們明知拒絕殺敵會危及自己生命時，卻依然如此？再者，既然這種情形古往今來屢見不鮮，為什麼我們一直一知半解？

許多打獵老手聽到士兵上戰場卻不開槍的故事時，可能會說：「哈哈，犯了公鹿熱[4]了。」這種形容方式大致不差。但是，什麼是公鹿熱呢？用「公鹿熱」形容打獵時不敢殺戮的經驗，原因是什麼？要知道這些問題的答案，我們必須回頭討論馬歇爾的著作。

二次大戰期間，馬歇爾都在研究這個問題。他比任何前人更了解，的確有無數士兵沒有對敵人射擊。他的結論是：「一般人、健康的人，內心仍對殺戮同類存有抗拒心理，只是通常不自覺。他們只要能夠逃避殺人責任，就會出於自主意志決定不殺人。」馬歇爾說，「在那關鍵一刻，他們就是『良心拒戰者。』」

馬歇爾自己是一戰的老兵，對士兵作戰時的身心狀態知之甚詳。當他聽到二戰士兵在戰場上的作為時，他自己也能體會，因為他自己也打過仗。他說，「我記得很清楚……（一戰時）聽到部隊受命後撤時，大家鬆了口氣的感覺。」而他相信，原因「與其說是大家知道可以身處安全之地，倒不如說，是知道自己暫時不必被迫要去殺人。」根據他的自身經驗，一戰士兵對此也有一套自我辯解的哲學：「這次，就放過他們好了，等到下次有機會再解決他們。」

戴爾也詳細研究過這個問題，他的立論同樣根據老兵經驗而得。他也了解「士兵會在不得已的情況下殺人，也就是說，他們知道殺人是期望之所在，是他們必須屈從的強大社會壓力，這時他們幾乎會做任何事情。但是，大部分士兵並非一生下來就是殺手。」

美國陸軍航空隊（即美國空軍的前身）在二次大戰時也遭遇過完全一樣的問題。陸航指出，敵機戰損的三成到四成，是由不到百分之一的己方戰機飛行員擊落的。根據加百列的研究，「大部分的戰機飛行員從來沒有打下任何一架敵機、他們甚至不想打下敵機。」有人認為，陸航飛行員不殺人的原因，原因可能很單純，就是恐懼。但是，戰機作戰時，通常是由一位有空戰殺人經驗的飛行員帶領沒有殺人經驗的飛行員，以小編隊的方式迎敵，這些無經驗的飛行員也勇敢地一路跟隨領隊機。但等到殺戮那一刻臨頭時，這些飛行員看到敵機座艙裡面的那個人，也是一位戰機飛行員、一位飛飛機的人，一位「翱翔天際的兄弟」、一位像他們一樣害怕的人。眼前出現這樣一個人，當然有可能發生大部分的人就是沒辦法下手的情形。此時，雙方的戰機或轟炸機飛行員面臨的是空中作戰的兩難：他們的對手是與自己一樣的同類，這就是他們難以執行任務的主要因素。（本書稍後會討論空戰殺戮的過程，以及美國空軍試行指派空戰「殺手」擔任飛行訓練教官後的重要發現。）

戰場心理與社會壓力的研究者幾乎都忽略了一般士兵不願意殺人、甚至寧願失去至珍至愛也不願殺人的現象。看著另一個人的眼睛，然後自主決定要殺這個人，接著看著對方因為自己的一個動作而

4 公鹿熱（buck fever），指打獵新手在獵場坐立難安，一旦獵物在眼前出現，反而不敢開槍的現象。

死。這幾個因素的結合，成為戰爭最基本、最重要、最原始、可能也最容易帶來創傷的現象之一。

以色列軍事心理學家班．夏立特（Ben Shalit）在他的著作《衝突與作戰心理學》（*The Psychology of Conflict and Combat*）中，引用馬歇爾的研究指出，「許多士兵不朝敵人直接射擊，這件事毋庸置疑。至於原因，則說法不一。奇怪的是，其中一個原因少有人討論，即士兵不願意以直接、衝突的方式行事。」

為什麼這個原因不那麼引起討論？如果張三、李四不能殺人，如果一般士兵只有在受脅迫、被制約、再加上擁有器械與心理優勢的情況下才殺人，那麼，為什麼從來沒有人了解這個現象？

英國元帥艾夫林．伍德（Evelyn Wood）曾說過，戰時只有懦夫會說謊。我認為以懦夫形容作戰不開槍的人非常不精確。但是，不開槍的兵的確有一些需要遮掩的事情，或至少有一些他們不覺得自傲、將來一講到就以謊話掩蓋的事情。我要強調的是：一，強烈、痛苦難忘、充滿內疚的情境，日後必然會演變成一張由遺忘、欺騙、與謊言織成的密網。二，這種情境發生數千年以後，最終會演變成一張由個人與文化的遺忘、欺騙與謊言織成的密網，這張密網就是人類集體心理機制的基礎。三，一般來說，在兩種心理機制中，可以見到雄性「自我意識」不斷利用選擇性記憶、自我欺騙、與說謊合理化自己的行為。這兩種心理機制分別是性與作戰，也就是愛情與戰爭。

幾千年來我們對人類的性心理機制其實並不了解，我們了解的是性事的犖犖大者。我們知道性會產生嬰兒，也的確如此，但我們不知道性活動帶來的影響。直到佛洛伊德與廿世紀諸學者研究人類性行為的結果出爐，我們才開始真正了解性在人類生活中扮演的角色。幾千年來我們並沒有真正研究性，因此，也不可能真正了解性。研究性就是研究我們自己，就是這個千金不換的事實，讓我們無法不帶偏見探究性。從事性研究尤其困難的原因是，這個領域充滿迷思與誤解，卻又同時滿載人的自我及自尊。

一位陽痿的男人或冷感的女人，會讓大家知道自己陽痿或冷感嗎？假設兩百年前大部分的婚姻，雙方不是有陽痿就是有冷感問題，我們這些後人會知道嗎？兩百年前一位唸過書的人也許會這樣說：「他們還是生了很多小孩，沒錯吧？所以他們肯定還是做了件對的事情！」

又，如果一百年前一位研究者發現社會出現兒童性侵猖獗的現象，這個社會的人會怎麼看待這個發現？佛洛伊德就發現過這種情形，卻僅僅因為指出這種現象的確存在，人格就遭受污辱，同行與社會也恥笑他的專業。我們一直要到一百年之後的今天，才開始接受並處理社會中存在大量兒童性侵現象的問題。

除非有一位信譽卓著的權威人士私下以尊重的態度一一詢問當事人，否則我們根本不可能了解性在文化中的活動樣貌。此外，就算能做到這一點，社會本身也必須充分準備與學習，才能去除眼罩，開展自我觀察的能力。

就像我們不知道臥房中發生什麼事情一樣，我們也同樣不知道戰場上發生什麼事情。我們對這種毀滅行為的無知，就和我們對生殖行為的無知沒有兩樣。士兵作戰的責任與義務就是殺人，如果他不殺人，他會讓大家知道嗎？如果兩百年前，大部分士兵都沒有履行戰場義務，我們這些後人會知道嗎？兩百年前一位將軍也許會這樣說：「他們還是殺了很多人，沒錯吧？他們打贏了，沒錯吧？所以他們肯定還是做了件對的事情！」要不是馬歇爾一一詢問那些剛從戰場上撤下的士兵，我們不可能知道戰場上發生了什麼事情。

哲學家與心理學家一直都知道人類缺乏觀察貼身事物一舉一動的能力。諾曼·恩傑爵士（Sir Norman Angell）曾經說過，「最簡單、最重要的事情，也是人類最不好奇的事情，這點與人類的好奇智能發展史若合符節。」曾經參加二次大戰的哲學家葛倫·葛雷以自己的戰地經驗為例指出，「幾乎沒有人知道自己、以及與自己緊緊相依，卻又震動不已的大地到底發生了什麼事情，因為沒有人能一直維持清楚的神智。」葛雷觀察說，「我們這些戰場上的士兵，進入偉大戰神的領地時，祂讓我們眼盲；我們離開時，祂則賜飲一杯滿盈的忘川之水。[5]」

要是職業軍人撥開自我欺騙的迷霧，要是他承認他其實無法執行一輩子致力於斯的任務，或是承認許多下屬寧願冒死也不願履行一己之責，他的生命不就是個謊言？這種人會很輕易費心盡力否認自己的弱點。是的，這類軍人不可能寫下自己或同袍的失敗故事。歷史上雖有少數例外，但多半時候，只有英雄與英雄行徑才能流傳千古。

我們缺乏這個領域的知識，部分原因是因為作戰就像性一樣，承擔了太多的期待與迷思。大部分在戰場上與敵人接觸的士兵，其實並不願意殺人。這種不願殺人的想法與我們對自己的期待背道而馳，也與幾千年來軍事史與文化傳遞的訊息相左。但是，這些由文化與歷史學家代代相傳的見解是正確、不帶偏見、可靠的嗎？

艾佛瑞·法格斯（Alfred Vagts）在《軍國主義史》（*A History of Militarism*）一書中，指責軍事史的

書寫傳統在軍國化人心的過程中扮演了重要角色。法格斯批評，軍事史「一直為一個有爭議的目的寫作：它站在替個人或軍隊辯解的一方，幾乎無視相關的社會事實。」他說，「絕大部分的軍事史寫作，目的就是旗幟鮮明地維護軍隊的權威表象。就算不至於此，至少也不會想去傷害它、不透露它的祕密、或將軍隊的弱點、決策舉棋不定或內部的動盪不安曝光。」

法格斯筆下描繪了一幅軍事與歷史書寫這兩個傳統相扶相依的圖像，數千年來一路互誇互捧對方的榮耀與偉大。究其原因，可能是因為歷史上擅於作戰殺人者多半也能夠一路披荊斬棘、乃至掌權。軍人與政治家在人類歷史上一直都是同一幫人的現象，直到晚近才見改變。俗話說，歷史是勝利者的歷史，原因在此。

我自己是歷史學者、軍人、也是心理學家，我認為法格斯的說法相當正確。如果數千年來大部分士兵在戰場上都不是那麼積極地想殺人，而且又謹守祕密、不對人言，那麼，要靠職業軍人與歷史秉筆人告訴我們這些士兵在某次作戰攻擊時的不勝任之處，無異緣木求魚。

進入現代資訊化社會後，「殺人是容易的」迷思得以持續的原因之一是媒體推波助瀾。頌揚、美化殺戮與戰爭，其實是社會不會明言的陰謀騙局。是的，幻象還是有破局的時候。《野狼呼叫》（*Bat 21*）這部電影中有一段情節，描述由金·哈克曼（Gene Hackman）飾演的美國空軍軍官，為了轉變劣勢，

5 忘川（Lethe），希臘神話中地獄五條河之一，人飲此河水後會遺忘所有事情。

不得已在近距離殺人後，厭惡自己作為的故事。但是，多數時候我們看到的是詹姆士．龐德、天行者、藍波、和印地安納．瓊斯盡情殺人、既歡樂又無悔的畫面。可以這樣說，媒體傳播的殺戮本質和社會其他管道傳播的訊息一樣：錯誤多、見識少。

雖然馬歇爾在二戰期間就揭露了軍隊存在士兵不開槍的現象，但是時至今日，軍隊碰到這個問題仍然侷促不安。梅特上校在美國陸軍最重要的軍事期刊《陸軍》撰文指出，他以自己在二次大戰擔任步兵連連長的經驗，認為馬歇爾的發現信而有徵。他表示，從一些一次大戰流傳下來的隻字片語，也可以看出當時同樣存在嚴重的士兵不開槍問題。

梅特接下來的指責之詞雖然帶著怨氣，但絕非無的放矢。他說，「我在陸軍服役那麼多年，根本不記得在任何正式演講或上課時，有人傳授或討論怎樣讓士兵開槍。」他說的正式演講或上課，包含「在義大利的戰時步兵領導與作戰學校，或一九六六年在堪薩斯州李文渥斯堡指揮參謀學院的正式課業。」他也不記得「在《陸軍》雜誌或其他軍事期刊中，有任何文章討論這個主題。」梅特上校的結論是：「好像大家對這個問題都心照不宣：既然我們束手無策，乾脆就當沒這回事。」

是的，對這個問題心照不宣的情形的確存在。彼得．華生在《戰爭對心智的影響》一書中的觀察是，雖然學界、心理學與精神病學界對馬歇爾的發現基本上視而不見，但美國陸軍的確深受影響，並且根據馬歇爾的建議訂頒了一些訓練方式。馬歇爾的研究指出，陸軍改變訓練方式以後，韓戰期間的射擊率達到百分之五十五；R.W. 葛倫（R.W. Glenn）的研究則指出，到了越戰，美軍的射擊率已經達到百分之九十至九十五。當代有些軍方人士以二戰與越戰的射擊率差異為由，主張馬歇爾當年的研究結果必定是錯誤的。這種說法顯示，大部分的部隊指揮官還是不相信自己部隊中大部分士兵作戰時其實並沒有盡責完成任務，但是這些懷疑論者卻吝於承認，軍方在二戰後實施的激烈改革措施與訓練方法確實取得了成果。

我訪問的一些老兵，或以「設定」、或以「制約」形容使士兵射擊率從百分之十五提升到百分之九十的訓練方法。軍方使用的方法確實是一種古典的操作型制約（operant conditioning）（類似帕伕洛夫實驗中的狗或史金納實驗中的老鼠），這點我們會在第七部「越戰的殺戮」中討論。我們可能會認為，由於這個議題讓人感覺不舒服，加上軍方訓練計畫成效卓著，以及官方並未公開表揚等原因，軍方應該已經將其列為祕密計畫。其實，這個計畫乏人關注的原因，並非因為有一個機密主計畫在抓綱抓領。相反地，套用哲學家、也是心理學家彼得·馬林（Peter Marin）的話，原因是我們的社會寧願躲在「一塊巨大無比的無意識布幕」後面，也不願認識作戰的真正本質。馬林說，即使戰爭心理學與精神病學的文獻中，「也有一種愚蠢心態隱隱作動」。例如，以「敏銳的作戰反應」代替「厭惡殺戮、拒絕殺人」，又例如以「壓力」形容屠殺與殘暴導致的心理創傷，「好像醫生討論的是公司主管過勞問題一樣。」馬林說：「我們無法從（精神病學與心理學的）文獻中窺見真相，也就是戰爭真實恐怖的一面，以及它對參戰者的影響。」我以身為心理學家的角度，認為馬林的觀察相當正確。

這種性質的資料要保密五十多年幾乎不可能，另一方面，知情軍方人士如馬歇爾與梅特則一直疾聲呼籲要注意這個現象，卻沒人想要了解實情。

這不是軍方的陰謀，不是的。的確有一塊遮掩的布幕，的確有「沉默陰謀」，但是，這是一個已經存在數千年、由遺忘、扭曲與謊言構成的文化陰謀。我們已經開始清理性是罪惡的、不要談性的文化陰謀，現在該是動手清理遮蔽戰爭本質的陰謀的時候了。

第四章　抗拒殺戮的本質與來源

抗拒殺戮同類的心理從何而來？是經由學習獲得？還是一種本能反應？是理性決定的產物嗎？會不會受到環境影響？與遺傳有關嗎？文化與社會又扮演了什麼角色？還是，抗拒心理是以上所有因素的綜合產物？

佛洛伊德最重要的研究成果是他對「生存本能」（Eros）與「死亡本能」（Thanatos）的觀察。他認為，人的「超我」（superego，良心、道德）與「本我」（id，隱伏在每個人心中的一股龐大黑暗力量，擁有動物性的毀滅衝動）之間會不斷發生衝突，要靠「自我」（ego）才能調和。有句話形容得很傳神：「超我」與「本我」的衝突就好像「一隻嗜殺又嗜性的猴子與一位守貞自持的老女人，同在一間黑漆漆、鎖起來的地下室房間，要靠一位靦腆害羞的會計師（自我）小心翼翼地調和。」

本我、自我、超我、死亡本能與生存本能也在戰場上的士兵身上糾纏不清。「本我」把「死亡本能」當成一支棍棒揮舞、大吼大叫著要「自我」殺人，而「超我」似乎被「本我」與「自我」合力說服了，原因是雖然殺人是壞事，但指揮官與社會都說，沒關係，作戰殺人是好事。雖然如此，總有件事情阻止了士兵動手殺人，是什麼？難道「生存本能」、生存的力量，比我們過去所知的更強大？

「死亡本能」存在、並且現身於戰爭中，這點顯而易見，過去也已經討論很多了。但是，有沒有可能，大部分士兵身上還有一股比「死亡本能」更強大的力量驅使著他們？有沒有可能，每個人身上還有一種本能力量，能夠察覺人類是不可分離、相互依存的整體，傷害任何一個人就等於傷害了全體？

羅馬皇帝馬可斯．奧列里厄斯（Marcus Aurelius）在與滅亡了羅馬帝國的蠻族進行殊死戰時，也沒有忘記這種力量存在。他在約兩千多年前寫道：「天命雖殊，其志一同：宇宙之繁榮、成功、生存矣。剝離其一，雖至微，亦傷全體之綿延。」

理查．荷姆斯筆下則告訴我們另一位戰場老兵的見聞。這個故事雖然發生於馬可斯．奧列里厄斯之後約兩千年，但觀念一致。荷姆斯說，這位老兵在越南看到部分陸戰隊同袍結束一次作戰後油然而生的反思是：「他們把那些自己殺死的越南青年視為人類生存戰爭的同夥。他們與那些越南人這一輩子其實都站在同一邊，與這個世界另一邊、一夥不知名的『他們』對抗。」荷姆斯接著寫下這段關於美國士兵心理狀態的見解，既超越時空、又震撼人心。他說：「美國兵殺了北越兵的時候，也等於殺了自己的一部分。」

也許，這就是我們逃避真相的原因。也許，真正明白了有這麼多人內心抗拒殺人，也就會了解了為何有這麼多無人性的行為。葛倫．葛雷因為自己的二戰經歷感到良心不安與極度痛苦，乃至大聲疾呼。他的煎熬也是每一位能夠自省、自覺的士兵經歷的痛苦：「我跟他們也是同一種人。我不僅為自己與我的國家的作為感到羞恥、我也為人類行為感到羞恥。我恥於為人。」

葛雷接著說：「這，就是情感邏輯的最高點。這個邏輯推理始於戰爭：士兵受命執行的某些任務與他的良心相背，因而產生質疑。」如果這個過程還能夠繼續下去，下一步就是「士兵遵從自己的良心，執行任務時故意失敗；結果可能導致強烈反感，不只對自己反感、而且還對人類反感。」

我們可能永遠不會明白，人心中這種抗拒殺戮同類的強大力量本質是什麼，但是我們可以讚揚任何能夠維繫人類生存的力量。雖然負責贏得戰爭的軍方領導人，也許會因為這種力量的存在覺得挫折，但作為人類，則該感到驕傲。

毫無疑問，抗拒殺戮同類的心理的確存在，而且，這種抗拒心理是本能、理性、環境、遺傳、文化與社會等因素強而有力結合後產生的結果。它就在那裡，它很強大，它是我們依然對人類前途感到樂觀的原因。

第二部 殺人與作戰創傷：殺人在戰場精神創傷中扮演的角色

國家習慣上以金錢、生產力損失、或士兵死傷數量衡量「戰爭成本」。軍事體制很少以個別士兵受苦承痛的程度衡量戰爭成本。從人的角度來看，精神崩潰依然是最昂貴的戰爭成本之一。

——理查·加百列，《不再有英雄》（*No More Heroes*）

第五章 戰場精神創傷的本質

理查·加百列告訴我們，「（廿世紀）美軍參與的每一次戰爭中，士兵出現精神創傷——也就是因為從軍導致一段時間精神弱化——的機率高於死於敵火的機率。」

二次大戰時，八十多萬士兵因為各種精神失調原因而遭軍方列入 4-F 類（不適從軍），雖然美軍已經盡可能先淘汰了在智力與情緒上都不適合作戰的兵員，但還是有五十萬四千名參戰士兵出現精神崩潰現象，相當於五十個師的兵力！二戰期間還一度發生陸軍汰除兵員人數高於入伍人數的情形。

在一九七三年短暫的以阿戰爭期間，以色列部隊的總傷亡人數，有近三分之一可歸因於精神創傷因素。與以色列對抗的埃及部隊似乎也有同樣情形。而在一九八二年以色列入侵黎巴嫩戰爭中，以國部隊的精神傷員是陣亡人數的兩倍。

史旺克（Swank）與馬強德（Marchand）在一篇被廣為引用、研究二戰的論文中指出，士兵持續作戰六十天後，百分之九十八的倖存者日後可能都要列為戰場精神傷員；他們還發現，能夠持續承受作戰壓力的那百分之二士兵都有一個特質：他們都具備「攻擊性病態人格」傾向。

一次大戰時，英國人認為只有累積數百個作戰天數的士兵才會出現精神創傷。但英國人如此認知其實只有一個原因，即英國部隊採取的是作戰約十二日、休息四天的輪調政策，而美國在二戰期間的輪調方式，是士兵最多必須連續作戰八十天才能休息。

另一個有趣的現象是，要求士兵連續數月處於作戰壓力的情形只見於廿世紀。在發生於廿世紀前、且為時經年的戰爭中，士兵都能得到充分喘息機會，主因是火砲品質與戰術的限制，使得士兵實際處於戰火的時間最多只有幾小時。的確，不論哪個時期的戰爭，都會導致士兵精神受損，但只有在廿世紀的戰爭中，武器品質與部隊後勤能力超過了士兵心理承受作戰壓力的能力。

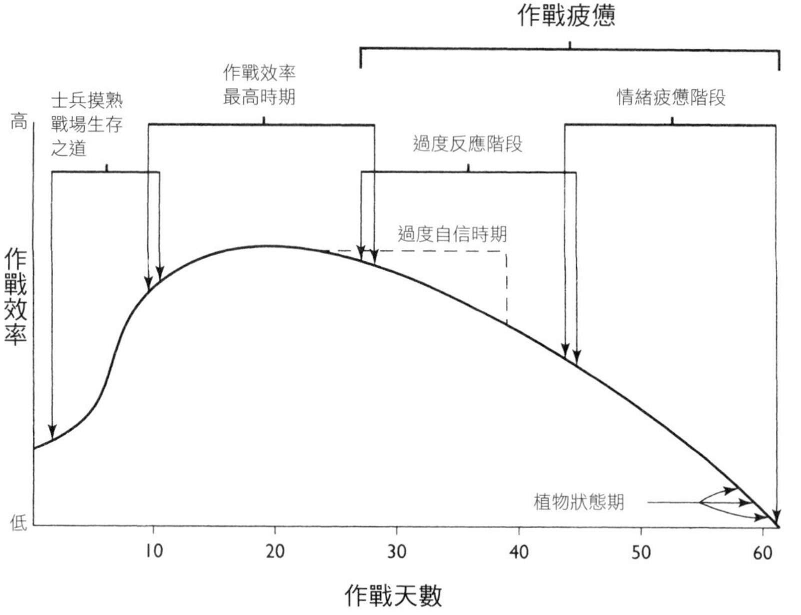

一般士兵承受的壓力、作戰疲憊與作戰效率關係圖

資料來源：史旺克與馬強德，一九四六年論文

戰場精神創傷的臨床表現

理查·加百列在《不再有英雄》一書中討論了許多歷史上出現的戰場精神創傷症狀與表現，包含：疲憊、錯亂、轉換型歇斯底里、焦慮、執著與強迫、性格異常。

疲憊

身心疲憊是一種早期出現的症狀。士兵此時逐漸無法進行社會互動行為、極度暴躁；不想與任何同袍往來、並且設法逃避需要付出體力或智力的責任或活動；動不動就斷續抽泣、出現間歇性極度焦慮或恐懼。其他可能出現的身體症狀還包含：對聲音極度敏感、多汗、心悸。出現疲憊症狀是惡化與全面崩潰的前兆。如果士兵被迫繼續作戰，必然會造成崩潰。唯一的治療方式是撤離與休息。

錯亂

疲憊會很快轉變為精神與現實解離（psychotic dissociation），這是進入錯亂階段的徵兆。一般來說，此時士兵不知道自己是誰、身在何處；由於他無法與環境互動，因此將自己與環境隔離。錯亂階段的症狀包含：譫妄（delirium）、精神解離、躁鬱性情緒起伏。經常出現「甘塞式綜合症」（Ganser syndrome）反應：開始以開玩笑、做出搞笑動作、或是其他好笑與滑稽的方法，將恐懼隔絕在外。

錯亂階段的受創程度不一，從輕微的神經質到明顯的精神失調都有可能。下面這段記載則是嚴重甘塞式綜合症患者的寫照：

「杭特，把那東西拿走！我不要看到！不然我就把它塗辣椒醬，再一起塞到你嘴巴裡！」

「班長，別這樣嘛，我就不相信你不想跟『賀伯特』握個手。」

「杭特，你真是夠了。把一隻黑鬼的手臂帶回來，你有病是不是？誰下次再把這東西帶回來，就給我多站一班衛兵，等著瞧好了。鬼才知道這東西從哪裡找來的。你還用那東西摳鼻屎？給我滾出去！滾！」

「哎喲，班長，『賀伯特』來只是想交朋友嘛。他的老朋友都不在，一個人很孤單的……『腳先生』啦、『蛋蛋先生』啦，都不在囉。」

「杭特，你今天晚上就給我多站一班衛兵！連續站一個禮拜！現在給我出去，神經病！站衛兵愉快！」

「大家跟『賀伯特』說掰掰囉。」

「滾！滾出去！」

這，當然是黑色幽默。是打仗打太久的兵自以為是的幽默。打仗打久了，就不會覺得有什麼要尊重的事情。要是他老媽看到她可愛的小子現在成了這副德性，還真是不會知道他到底怎麼了。

不對，這些小子變成這副德性，是因為有人給錢發餉，要他們變成這副德性。

——W. 諾里斯（W. Norris），

《羅德西亞機降特戰兵》（*Rhodesia Fireforce Commandos*）

轉換型歇斯底里

轉換型歇斯底里創傷可能在士兵受創（作戰）時發作，也可能在受創後（離開戰場後數年）才發作。表現之一是不知道身在何處、或是完全喪失身心功能，經常伴隨著士兵在戰場上失神遊走、完全不在乎身陷險境的現象。此外，士兵也可能出現失憶症狀，喪失大部分記憶。這型歇斯底里經常退化為痙攣，可見士兵倒臥蜷曲、身體激烈抽搐。

加百列指出，在兩次世界大戰期間，士兵手臂收縮麻痺的現象相當普遍，而且多半是扣扳機的那隻手麻痺。士兵腦袋遭重擊、受到非弱化型輕傷、或差點遭敵火擊中時，都可能出現轉換型歇斯底里。另一個可能出現的時間點是因傷撤離或入院後，成因多半是要建立不要回去作戰的防禦機制。不論身體表現為何，轉換型歇斯底里的症狀都是由心智觸發，用意是逃避或防止作戰恐懼再度出現。

焦慮

焦慮階段的特徵是士兵完全被倦怠與緊繃情緒控制，靠睡覺或休息也無法緩解。就算睡下去了，也經常會因為作惡夢驚醒，到了最後，腦袋中想到的只有死亡、害怕自己出任務砸鍋、或擔心同袍發現自己是個懦夫。廣泛型焦慮障礙很容易轉變為全面型歇斯底里。呼吸短促、虛弱、痛、視茫、眩暈、血管收縮異常與昏倒等是常見伴隨焦慮出現的情形。

另一種在越戰老兵身上經常出現的反應是「創傷後壓力症候群」（PTSD）。這些焦慮患者雖然已經離開戰場多年，但還是可以看到他們情緒高度緊繃，伴隨出現的症狀有血壓突然攀高、流汗、緊張等等。

執著與強迫

執著與強迫和轉換型歇斯底里類似，不同處是士兵此時知道自己的症狀代表健康出了問題，也明白自己的恐懼是這些症狀出現的根本原因，但他就是不能控制顫抖、心悸、結巴、痙攣以及一些不自主的小動作。有執著與強迫問題的士兵，到了最後很可能出現某種形式的歇斯底里反應，因為只有躲在歇斯底里反應的後面，才能不必面對生理症狀帶來的精神負擔。

性格異常

性格異常包含：一，出現專注某個動作或事物等執著跡象。二，出現妄想傾向，常見伴隨出現易怒、躁鬱與焦慮；表現方式多半是抱怨自己安全受到威脅。三，出現精神分裂傾向，導致極度敏感與孤立。四，出現癲癇型性格反應，常見伴隨出現間歇性暴怒。五，篤信極端、誇大的教義或信仰。六，最後，退化為精神病態人格。也就是說，士兵的基本人格改變了。

以上列舉的只是可能出現的戰場精神創傷症狀。加百列指出，「人的心智不僅能夠無限排列組合各種症狀，更糟的是，它還會將這些組合埋在士兵的靈魂深處，以致我們看得到的表現，其實是更底層的症狀，更下一層才是造成失調的真正原因。」因此，我們從精神創傷得到的關鍵教訓是：只要持續作戰數月，某些壓力症狀就會在絕大部分參戰士兵身上出現。

如何治療心理傷殘

治療上述因作戰而出現的壓力，一個常見的簡單方式是將士兵與作戰環境隔離。到了越戰結束、出現成千上萬的 PTSD 案例後，這個方法依然被認為是能讓士兵回歸正常生活的唯一手段。問題是，軍方的目的不僅是要讓精神傷員回歸正常生活，還希望他們回去作戰！可以想見士兵們當然不願意。

因此，作戰精神病學面對的弔詭就是「撤離症候群」。國家一定會照顧精神傷員的原因是：雖然精神傷員沒有戰場價值（因為若他們續留戰場，就會對其他士兵的士氣造成負面影響。），但若兵源不足，這批從作戰壓力中康復的士兵，就是珍貴的、有豐富經驗的補充兵源，可以用來投入戰場。另一方面，士兵只要一知道有同袍因為精神受創撤離戰場，全部隊的精神傷員數目就會急遽增加。要解決這個問題，一個簡明易行的方案是輪調作戰部隊，讓他們有一段時間休息與康復，這也是大部分西方國家的標準政策，但是，這個政策在戰時不見得一定可行。

「鄰近」（或稱「前進治療」）與「期待」就是為了克服「撤離綜合症」的弔詭而發展出的兩個原則。這兩個從一次大戰以來就證實相當有效的原則，具體作法包含：一，治療精神傷員的地點，應該盡量向前，也就是盡量在與戰場最鄰近、多半仍位於敵火砲射程內的位置進行。二，部隊主官與醫護人員應該與傷員經常溝通，傳達部隊希望他們在最短時間內重回戰場、與前線同袍並肩作戰的期待。運用這兩個原則，除了可以讓精神傷員得到治療與必要休息，健康的同志也不會認為只要出現精神創傷就可以退出戰場。

第六章　恐懼統治

如果我有時間、也有像你一樣的能力研究戰爭，我想我應該會把絕大部分時間放在研究倦怠、飢餓、恐懼、缺乏睡眠及天氣等「戰爭的真實面貌」上……戰爭的戰略與戰術原則以及後勤問題真的太簡單了、簡單得不得了。戰爭之所以這麼複雜與困難，就是因為這些真實因素，而歷史學家經常也對這些真實因素視而不見。

——英國陸軍元帥韋維爾伯爵（Field Marshal Lord Wavell），致李德．哈特（Liddell Hart）信

士兵作戰的時候，腦袋在想什麼？是哪些情緒反應讓大部分從長期作戰熬過來的士兵，最後卻滑落至瘋狂的深淵？這些情緒反應又是怎麼運作的？

讓我們以一個能夠呈現並整合恐懼、戰場疲憊、內疚、恐怖、仇恨、毅力與殺戮等因素的比喻性模型，作為了解與研究戰場精神創傷的參考架構。我在下面的章節中會逐一討論這些因素，並將它們整合到這個整體模型中，以便更精確地了解士兵作戰時的心理與生理狀態。

第一個需要檢視的因素是恐懼。

恐懼統治的研究歷史

過去各色研究者都認為，大部分戰場創傷出現的原因是害怕死亡與受傷。這是個過分簡化的解釋，卻廣受認可。艾培爾（Appel）與畢比（Beebe）在一九四六年發表的論文中表示，士兵作戰時會出現精神問題，關鍵其實就在一個簡單的事實：他們擔心戰爭的危險讓他們或死或殘的壓力過大，從而導致崩潰。另一位人士是倫敦《時報》的記者華生（Watson）。他多年來一直從心理學與精神病學的角度研究戰爭，並將研究成果集結成《戰爭對心智的影響》（*War on the Mind*）一書。他在書中指出，「作戰壓力——伴隨對死亡的真實恐懼——是一種完全不同的壓力。」

然而，臨床研究卻一直無法證實害怕死亡與受傷就是精神創傷出現的原因。米契爾．白庫（Mitchell Berkun）一九五八年發表關於作戰精神崩潰的研究就是個例子。白庫想要知道「身處逆境、並知道自己可能死亡或受傷時，恐懼扮演的角色是什麼」？他設計的一個實驗是通知一架軍用飛機上的士兵：該機即將緊急迫降。這種故意將士兵置於引發恐懼環境的實驗方式頗有爭議，以今日的標準而言可說相當不道德。負責執行實驗的「人力資源研究辦公室」（Human Resources Research Office）於「士兵出發前、下機後、以及事發數週後，分別進行了多次長時間的精神狀態面談，想要知道這個實驗是否對士兵產生隱而不顯的影響。結果一無所獲。」

以色列軍事心理學家班．夏立特進行的研究，是一一詢問剛從戰場撤下的士兵最害怕的事情。他本來以為士兵的反應會是：「死了」或「受傷，而且沒人管我死活」，沒想到士兵幾乎都強調，自己最害怕的事情是「同袍看不起我」，而不是受傷或戰死。

夏立特的另一個類似研究，是訪談一批沒有作戰經驗的瑞典維和部隊士兵。這次他得到的答案與他預期的一樣：士兵都說他們「作戰時最害怕的事情」是「死亡與受傷」。夏立特的結論是：作戰經驗能夠降低對死亡與受傷的恐懼感。

白庫與夏立特的研究都顯示，恐懼死亡與受傷並非造成戰場精神創傷的主因。事實上，夏立特發現，就算社會與文化灌輸士兵的訊息是作戰時該替自己著想、最應該害怕死亡與受傷，但等到他們上了戰場，最擔心的反而是無法完成壓在每一位士兵心頭的那個可怕責任。

「恐懼是導致作戰壓力出現的主因」，這個想法之所以為人普遍認可，原因之一是：這也是社會能夠接受的答案。電影與電視上難道不是經常說，只有笨蛋才不怕死、不怕受傷？然而，就算恐懼已經是現代文化的一部分，我們仍然不願意正面檢討：到底我們恐懼的是什麼？是恐懼死與傷，還是擔心失敗與內疚？

二戰期間，美國陸軍曾經刻意營造一種容忍恐懼的態度。史托佛（S. A. Stouffer）在他研究二戰的代表性著作中告訴我們，一般來說同袍不會那麼看不起露出一定程度恐懼感的士兵。美國陸軍在《陸軍生活》（*Army Life*）這份下發全軍的手冊中告訴官兵，「你會害怕。你肯定會害怕。你還沒上戰場，就會因為心裡不踏實、擔心自己戰死而害怕。」統計學家看到這段話，肯定會說陸軍有選擇樣本偏差的問題。

恐懼研究一直就像是盲人摸象，有人以為摸到的是樹幹、牆壁，甚至有人認為摸到了一條蛇。每一個人都覺得自己摸到的是整塊拼圖的一部分、摸到了一點真相。其實沒有一個人是正確的。

我們每個人心中，都覺得只能說出社會能夠接受的答案。我們就像摸象的盲人一樣，比較會說出社會希望我們說的答案，比較不會說的是一開口就覺得不自在的答案。而社會告訴我們的、社會能夠接受的、社會覺得自在的那隻巨獸的名字，就是恐懼。

另一方面，一旦要面對內疚這個有強大影響力的因素時，很少人會覺得自在。恐懼是一種深埋每個人內心的具體情緒，而且來得快、去得也快。內疚的停留時間則多半為時甚長，而且可能是一種社會共有的集體情緒。捫心自問是個困難的工作，因為要面對許多難以回答的問題，我們很容易因此迴避真相，轉而開口說出文學、好萊塢電影與科學文獻告訴我們應該說出口的答案。

士兵的兩難、恐懼的位置

恐懼死傷不是導致戰場精神創傷的唯一因素，甚至不是主要因素。當然，這並不是說，恐懼死傷導致精神創傷這種一般人普遍接受的觀點，沒有任何值得借鏡之處。而是說，真相的全貌其實更複雜。我們也不應該就此認為，戰時發生的屠殺與死亡不那麼恐怖，害怕慘死與受傷也不會引發創傷。無論如何，單靠這些因素還不足以引發現代戰場大批出現精神傷員的現象。

還有其他諸多更深層的因素，讓士兵作戰時飽受精神創傷之苦。士兵排斥公然、積極地與敵人衝突，再加上害怕死傷，才是造成大部分戰場精神創傷與壓力的原因。因此，「恐懼統治」只是使士兵作戰時左右為難的一個因素而已。士兵墮入內疚與恐怖的深淵，而且掉落得那麼深，落入了俗稱「瘋狂」的領域，其原因除了恐懼外，還要加上戰場疲憊、恨、戰爭的恐怖等因素，以及士兵必須在這幾個因素與非得殺人間求取平衡的這個不可能任務。事實上，恐懼可能是最不重要的因素。

終結恐懼統治

戰爭中的不必殺人者和殺人者一樣，也要經常面對能引發恐懼感的殘暴情境，但他們並沒有出現精神創傷。大多數不必殺人者身處的環境也存在戰爭死傷的威脅，但值得注意的是，他們並沒有因此成為精神傷員。這些不必殺人者與其身處的環境為：飽受戰略轟炸的平民、受到火砲射擊與戰機轟炸的平民與戰俘、執行作戰任務的海軍艦艇兵、在敵區執行偵巡任務的士兵、醫護兵，以及指揮作戰的軍官。

恐懼與受轟炸攻擊的平民

義大利步兵軍官朱立歐·杜黑（Giulio Douhet）在一九二一年出版了《空權論》（*Command of the Air*），這本著作奠定了他成為一代空權理論家的基礎。他在書中指出，「上次戰爭[6]中，（消耗戰）

6 指第一次世界大戰。

造成多國分崩離析，這個局面將來會由空中武力達成。」

二次大戰前，心理學家與軍事理論家如杜黑等人都預測，對城市進行大規模轟炸會造成與一次大戰地面戰相同的心理創傷。由於一戰期間，士兵成為精神傷員的機率高於死於敵火的機率，因此各國專家腦海中浮現的景象是：只要投彈如雨，大量「喃喃自語的瘋子」就會在敵方城市中出現。此外，他們還預測轟炸對平民的影響會高於對戰場士兵的影響。因為一旦戰爭的恐怖波及女性、小孩與老人，而不只是受過訓練、精挑細選過的士兵，心理衝擊肯定相當大，平民折損的人數甚至會比在戰場上廝殺的士兵多。

這個由杜黑首倡、許多專家跟進附和的理論，在二戰初期德國企圖以轟炸逼迫英國投降、其後同盟國也以同樣方法對付德國的這兩個決策上，扮演著奠定基礎的關鍵角色。以人口中心為目標進行戰略轟炸的動機其實很合理，因為他們相信平民會因為戰略轟炸而大量出現精神創傷。

但是，他們錯了。

二戰時英國遭到不間斷轟炸的那幾個月，平民目睹的大規模殺戮與破壞以及他們懼死怕傷的程度，與任何前線士兵面對的情況不相上下。奇怪的是，當時英國百姓最憤恨的卻不是親友死亡或成殘，而是一個大部分前線士兵不會面對的事情。柴維爾伯爵（Lord Cherwell）在一九四二年是這麼記載的：「調查結果顯示，似乎家園毀壞是最打擊士氣的事情，大家似乎比較不在意朋友、甚至親人被炸死。」

德國人更慘。德國百姓在夜間面對的是英國傾全帝國之力進行的地毯式轟炸，日間則遭受美國的「精準」轟炸。日以繼夜地轟炸持續了好幾個月、甚至好幾年，德國人民承受的痛苦可見一斑。

德國人民在燒夷彈與地毯式轟炸的那幾個月間，嚐到的是戰場死傷帶來的苦痛的濃縮版。他們感受的恐懼之深、目睹的恐怖之鉅，能夠熬過的沒有幾人。他們體驗到的「恐懼統治」與面對的戰爭恐怖景象，也正是多數專家主張能夠導致大批作戰士兵精神受創的原因。

沒有想到，平民出現精神創傷的人數與和平時期幾乎一樣，並沒有發生大規模精神創傷的情形。蘭德公司（Rand Corporation）在一九四九年發表的《空襲對心理的衝擊》研究報告指出，戰時轟炸平民的結果，是心理「或多或少長期」失調的案例比和平時期多一點點而已；而且，那些人似乎「多半早就有精神失調傾向」。沒錯，轟炸的主要戰果，似乎是讓百姓更堅強、同時使挨炸國家取得殺人的權力。

心理學家與精神科醫生戰後知道自己預測失靈後的反應，是匆忙找出能夠解釋英德兩國平民遲遲沒有因為戰略轟炸而出現大規模精神受損的原因。他們找到「因病得利」（gain through illness）理論作為解釋模型，主張英德百姓沒有「生病」的原因很簡單：因為無「利」可得。

然而，「因病得利」理論沒有辦法解釋兩個現象：一，戰場上的士兵身處不會因為精神創傷而得利的情境時，還是會出現精神受損的情形，這本來也就是瘋狂的本質。二，「因病」也並非無「利」可得。平民可以藉此「讓自己掙脫現實的束縛」，逃到鄉下去；更大的「利」是可以住進多半離戰略轟炸目標區很遠的精神療養院。

恐懼與受到火砲射擊與戰機轟炸的戰俘

加百列指出，針對兩次世界大戰的研究結果都顯示，處於火砲與戰機轟炸下的戰俘並沒有出現精神創傷的現象，反而是戰俘營的看守官兵會出現精神創傷。也就是說，非戰鬥員（戰俘）沒有因為經歷死亡與毀滅而受創，戰鬥員（看守官兵）則有。同樣地，又有人搬出「因病得利」理論解釋這種分歧現象。他們說，看守人員所得之「利」是，一旦自己成為戰場精神傷員，就可以住進最近的精神檢傷站，而戰俘一是無「利」可得、二是無處可去，當然不會出現精神創傷。但這種解釋也根本禁不起仔細推敲。

士兵作戰時被圍、面對敵火攻擊又無掩護時，就會設法逃離作戰環境，就算無「利」可得，還是會這麼做。卡斯特（Custer）麾下的一支騎兵部隊遭印地安人圍困無援、兩天後才獲救的故事就是個最好的例子。在小大角（Little Big Horn）戰役中，部分卡斯特第七騎兵團的官兵，因為由雷諾上校指揮在他處作戰而倖存，只有卡斯特親自指揮的部隊全數陣亡。加百利指出，當時許多士兵裝病稱傷，為的就是要離開個人防禦位置到醫護站去。但是，就算是醫護站也無法保護他們，因為醫護站也直接暴露於敵火射擊之下，非常可能比防禦圈最外圍的據點更危險。這個例子指出了「因病得利」理論的一個重點：戰鬥員就算明知危險，也會想辦法離開作戰環境（也就是他們奉命必須殺戮人的環境）。

加百列因此認為「因病得利」理論不足以解釋戰俘與看守官兵同受火砲與轟炸威脅的例子。相反地，他提出戰俘「將活下去的責任轉移到看守人身上」則是比較可信的說法。事實上，戰俘除了將自己活下去的責任交付給看守人外，也將殺人的責任一併轉移了。

戰俘既沒有武器、也無力作戰，此外，他們也很安於現狀，這點倒是有點奇怪。他們沒有殺人的能力或責任，也不會認為呼嘯來襲的砲彈或從天而降的炸彈是針對他們而來的。相反地，看守戰俘的官兵卻會把敵人的攻擊當成是冒犯自己的事。他們還有能力作戰、也有作戰的責任；他們眼前的證據非常明確：有人想要殺他們，而他們也有同樣的殺人責任。看守官兵中出現精神傷員，代表當士兵因為無法承擔身為軍人的天職時，這是一種可以接受的逃避方法。

恐懼與海軍艦艇兵

數千年來海戰進行的模式都是先在非常近的距離以拋擲殺傷物的方式作戰（彎弓射箭、弩砲與火砲），然後拋爪鉤登上敵艦，最後不可避免地展開一場生死交關的近戰搏鬥。這種海上接戰的歷史就像地面作戰一樣，也讓我們觀察到許多由此類作戰方式導致精神創傷的例子。參與這種海戰的士兵承受的情緒壓力與進行地面戰的士兵非常相似。

但到了廿世紀與廿一世紀，海戰中卻幾乎不曾出現戰場精神創傷。根據著名軍醫莫倫伯爵（Lord Moran）的記載，他在二戰時曾在兩艘軍艦上服役，期間他照料的官兵幾乎都沒有心理問題，他認為相當不尋常。「其中一艘軍艦沉沒前，曾遭敵艦攻擊兩百餘次，還全程參加過第一次利比亞戰役。另一艘軍艦參加過四次主要戰鬥，並執行過許多其他在海上與港口的攻擊任務，另遭重創兩次。」但這兩艘軍艦的官兵幾乎不曾出現戰場精神創傷的情形。「兩艘軍艦的官兵加起來有五百多人，只有三個人因為精神狀態問題來找我。」

精神病學與心理學專家在二戰後想要找出原因，他們再一次以「因病得利」理論解釋這種現象：艦艇兵不會出現精神創傷的原因很明顯，因為無「利」可得。

現代海戰中的艦艇兵不會因為精神創傷而得「利」的想法，只有荒謬二字可以形容。軍艦的醫務室向來位於全艦最安全、最不易受損的部位。作戰時在無掩護的艙面上操作槍砲、射擊來襲敵機的艦艇兵，若是能進入醫務室，得的「利」可多了。就算他的精神創傷症狀還不到讓他中途脫離當次作戰任務的程度，他也幾乎肯定能逃掉往後的作戰。

所以，為什麼艦艇兵不會像陸軍弟兄一樣，出現相同的精神創傷問題？現代海戰的艦艇兵和地面戰的軍人一樣要受苦承痛、一樣要面對燒傷與死亡的恐怖，他們身邊也總是圍繞著死亡與毀滅。但他們卻沒有因此崩潰，原因何在？

答案還是一樣，因為大部分的艦艇兵不必直接殺人，他們也不會面對針對他們而來、專門要殺他們的敵人。

根據戴爾的觀察，砲兵、轟炸機組員與海軍都從未出現類似的抗拒殺戮情形。他說，「部分原因和促使機槍組不斷射擊的壓力是一樣的，但更重要的因素是他們與敵人間有距離與器械阻攔。」他們只要「假裝自己不是在殺人就行」。

現代海軍不面對面殺人、不針對性地殺人，相反地，他們殺的是敵艦與敵機。敵人的機艦內當然有人，但是心理與器械距離保護了這些艦艇兵的精神狀態。在兩次世界大戰的海上戰爭中，敵對雙方的軍艦多半在視距外射擊，來襲的敵機看過去也不過是天空中的一個小點。海軍士兵在理性上當然知道他們正在殺像自己一樣的人，也知道有人要殺他們，但是，他們在精神上可以不承認這件事。

我們也可以在空戰中發現同樣的現象。前面章節提過，兩次世界大戰中的戰機飛行速度較慢，空戰時飛行員能夠看得到敵人，導致大批飛行員無法積極攻擊。而在現代空戰中，飛行員只看到敵機出現在雷達幕上，就沒有這種問題。

恐懼與敵區偵察兵

另一個不會出現戰場精神創傷的環境是敵區偵巡。這類型任務雖然危險性極高，但就其本質而言，卻是另一種作戰方式。而敵區偵巡任務從兩次世界大戰到韓戰與越戰也都有一些共同之處。

我擔任美國陸軍遊騎兵部隊的步兵連連長期間，接受過計畫與執行敵區偵巡任務的訓練，也多次參與過敵區偵巡的演習。一般來說，大部分敵區偵巡任務的性質是情報偵蒐，也就是派出一支輕裝小部隊潛入敵方控制區域，而且受命不准與敵人交火。偵蒐部隊的任務是偵察敵方動態，若是與敵人接觸，必須立即脫離。情報偵蒐任務的重點是不讓敵人發現或遇見；此外，偵蒐部隊的火力也不足以應付任何與敵人作戰的需求。

因此，雖然情報偵蒐是危險任務，蒐集到的情報也可能導致許多士兵死亡，任務本身卻非常「良性」，完全沒有與敵人正面衝突或殺敵的義務或意圖。有時候偵蒐部隊必須捕捉敵人以獲取情報，但這都屬於非常有限的與敵遭遇情形。還有什麼任務會比受命遇敵攻擊立即脫離，更不會造成心理創傷？

如果執行的偵巡任務並非情報偵蒐性質，則多半屬於伏擊或突擊任務，也就是臨時編組一支部隊在規畫地點攻擊敵人。戰鬥偵巡任務與情報偵蒐任務一樣，若在規畫攻擊行動前或完成攻擊行動後遭遇敵軍，必須立即脫離。也就是說，伏擊或突擊行動的重點，是在有限的指定時間內，於指定地點完成任務，成功的關鍵在出其不意，因此，偵巡部隊在其他時間都必須遠離敵人。

執行伏擊或突擊任務前需要訂定完整、精密的計畫，再經過實際演練才會出發進入敵區。任務中實際用於殺人的時間非常短，就像演練時一樣。如無意外，我方攻其不備的結果是敵軍幾乎沒有機會反擊。這種任務能提供三種心理保護機制：一，攻擊的是明確、已知的目標。二，執行任務等於是完整重現作戰前經過多次演練、早已熟練於心的具象化資訊（一種制約方式）。三，攻其不備，敵方無法反擊的機率非常高。因此，伏擊或突擊戰巡任務的本質是隨機殺人的機會少得多，出現精神創傷的機率也小得多。

戴爾還指出另一個考慮因素：最能殺人的「天生士兵」（也就是史旺克與馬強德提到、具備「攻擊性病態人格」傾向的那百分之二士兵）在特種作戰型態的部隊中最常見，而特種部隊也正是經常執行敵區戰巡任務的部隊。

也有人用「因病得利」理論解釋執行敵區偵巡任務的士兵沒有出現戰場精神創傷的現象。很明顯，他們又錯了。姑且不論士兵作戰時是否得到心理之「利」與他們發瘋無關，參與偵巡任務的士兵要是出現精神創傷，得「利」可多了。

在敵區偵巡非常危險，而且只要中途有一或兩人受傷或死亡（精神傷或其他原因死傷），可能就必須完全放棄任務。就算指揮官決定繼續任務，那些因傷或其他原因無力作戰的士兵，很可能改派在安全地點看守同袍背包、口糧與裝備，從而降低了置身險境的機會，其他士兵則繼續執行既定任務。無論如何，偵巡士兵只要出現精神壓力徵兆，他就不可能參與往後任何同性質任務。

在敵區執行偵巡任務的士兵，就像飽受戰略轟炸的平民、受火砲或炸彈攻擊的戰俘，以及現代海戰中的艦艇兵一樣，一般來說不會出現精神壓力症狀，原因是大部分導致作戰壓力的因素並不存在。舉例來說，他們不必與敵人面對面廝殺。就算任務危險性非常高，危險與懼死怕傷很明顯也不是導致戰場精神創傷的主要因素。

恐懼與醫護兵

那晚，我看到他們
在夜間的戰場上
在喧囂與血花四濺的陰影中
他們像光一樣移動著
（中略）
他們平靜檢傷，以手指
耐心、迅速
包紮傷口，抬起

一個個痛苦扭曲的肢體
（中略）
但是，他們的勇氣不從憤怒來
憤怒會蒙蔽熾熱苦痛
他們的憐憫不自弱者來
柔軟、但看得見
（中略）
他們忍受觀者來自地獄的
眼神，整整一小時
不曾猶疑自己遵循的信念
不曾離開自己服侍的光
忠於同袍、忠於自己
滿溢的慈悲
他的精神屹立於響雷之中
周遭的城堡都傾頹……
在翻騰的喧囂中，這道光
他們服侍、拯救、

該唱哪首歌、哪首值得讚頌

這些比勇敢更勇敢的人？

——勞倫斯・賓揚（Laurence Binyon），一次大戰老兵。〈治療者〉（*The Healers*）

不必殺人的軍人出現戰場精神創傷的比例，比以殺人為職責的軍人小得多，這點證據已經相當豐富。而傳統上是戰時軍心所倚所定的軍醫，則是不必殺人的軍人中最特殊的一類人。

莫倫伯爵也是那些戰時不必殺人者中從未出現恐懼生理症狀的一員。他在回憶軍旅生涯的著作《勇氣的解析》（*Anatomy of Courage*）一書中談及自己經歷的強烈情緒創傷。他說，自己的工作是診斷、證明單位士兵的精神狀態無礙作戰，「就像簽發兩百個人的死亡許可一樣。我很擔心自己的判斷錯誤。」他以下面這段話總結自己的工作：「雖然到今天已經廿年過去了，我依然良心不安……我讓那些人待在戰壕裡是對是錯？如果他們之中有人因此戰死，是他們自己該負責，還是我該負責？」雖然他對此痛苦不堪，但他覺得奇怪的是，周圍士兵一個接一個因為無法承受作戰的心理重擔而崩潰，自己卻能夠堅持這麼久。莫倫認為，一次大戰的那幾年，他之所以能夠在戰壕中度過一場又一場的戰鬥卻沒有出現戰場精神創傷症狀，原因是照護傷者的工作讓他有活可忙。這個說法也許沒錯，但是更主要的原因可能是一個單純的事實：他沒有殺人的責任。

醫護兵的勇氣不從憤怒來。他面對的死傷威脅與士兵一樣大，甚至更大，但是他在戰場上沒有把自己奉獻給死亡本能（Thanatos）與憤怒，而將自己交付給仁慈與生存本能（Eros）。

我訪問過一位相當傑出的老兵。他的反省清楚顯示了殺人者與幫助者在戰場上的心理差異。巴斯通（Bastogne）戰役期間，這位老兵是一〇一空降師的士官，他也曾擔任非營利組織「海外作戰退伍軍人協會」（Veterans of Foreign Wars）的地區主管，在退伍軍人圈中德高望重。他在二戰的殺人往事似乎一直深深折磨著他。二戰結束後，他進入美國空軍的空中救援部隊，在直昇機上擔任醫護士，並曾在韓國與越南戰場服役。他在訪談時大方承認，救援、照護遭敵人擊落的飛行員的那一段經歷，除了看到死傷覺得難過外，其實也是一種解脫、一種強烈的自我懲罰方式，替自己的殺人行為贖罪。

這位過去的殺人者就此成為一位典型的醫護兵：照顧受傷的士兵、揹著他們離開戰場。

恐懼與軍官

醫護兵的工作具備心理保護功能，軍官的工作也非常類似。軍官指揮殺人，但自己很少動手殺人。他與殺人內疚間的緩衝很單純：就是他下令、別人動手這個事實。大部分軍官作戰時除了自衛（極少發生），從不曾朝敵人開過一槍。事實上，現代戰爭普遍奉行的信念是，開槍的軍官就不是稱職的軍官。此外，就算大部分戰爭中第一線軍官的陣亡率向來遠高於士兵（一次大戰時，英軍軍官在西線戰場的陣亡率是百分之廿七，而士兵陣亡率是百分之十二），他們出現戰場精神創傷的比例也比士兵低很多（一次大戰時，英軍軍官列為戰場精神傷員的機率是士兵的一半）。

許多觀察家認為，軍官出現戰場精神創傷較低的原因，是他們更有責任感、或是他們的地位較高，精神崩潰等於沾上社會不能接受的污名。毫無疑問，軍官比士兵更了解戰場全般狀況，也更知道自己在戰場上的地位與重要性。軍官也接受了軍事體制給予的更多表揚與心理支持，例如耀眼的制服、各種獎勵與勳獎章。

這些因素也許全都是計算軍官心理壓力方程式的一部分，但是我們也不要忽略軍官在戰場上的殺人責任小得多的這個因素。這個因素與其他因素的關鍵差異是，他不必親自動手殺人。

重新審視恐懼統治

現在看起來，恐懼似乎並不是戰場上的最高統治者，至少在戰場精神創傷的範圍內並非如此。我們絕不能低估恐懼的影響，但恐懼明顯不是造成戰場精神創傷的唯一因素，甚至不是主要因素。

英德兩國平民連續好幾個月生活在轟炸帶來的死亡、毀滅與恐懼陰影下，但他們並沒有因此像戰場上的士兵一樣出現精神崩潰現象。事實上，他們的精神狀態比起戰場士兵還好得很。前面提到蘭德公司的研究結果清楚指出，就像距離因素讓戰機飛行員與投彈手得以有限度地否認自己動手殺死了千萬無辜百姓一樣，英德的平民、飽受轟炸威脅的戰俘、艦艇兵、與在敵區執行偵巡任務的士兵，之所以能夠完全否認有人針對性地要殺死他們，也是因為他們身處的環境與距離在他們與「仇恨的風」（稍後會解釋這個觀念）之間形成了一個緩衝區。他們就是單純不認為眼前的危險是針對他們而來的。事實上，也許有人會說，沒有能力還手，可能會是平民與戰俘的一種壓力來源。但似乎反面情形才是事實：大部分的轟炸機組員與砲班成員終究還是會出現戰場精神創傷，而他們攻擊的那些非戰鬥員一般來說並沒有出現同樣的現象。

士兵的精神壓力來源其實是一把雙刃刀：一，他們有殺人的責任（也就是他們要在殺與不殺間取得平衡，卻又不可能達到平衡）。二，他們必須迎著「仇恨的風」，找到可能要殺他們的人。而為轟炸所苦的平民身上，卻沒有這把雙刃刀折磨他們。

第七章　疲憊的重量

士兵最重要的素質是能持續忍受疲憊與艱苦。勇氣只排在第二位。貧窮、困乏與需求是一所能夠教育出好軍人的學校。

——拿破崙

疲憊免疫的訓練

真正的生理疲憊產生的影響，是很難對沒有這種經驗的人描述的。我還記得自己坐在一灘爛泥裡、疲憊不堪，從身旁的水窪裡抓出一隻隻小青蛙，接著一隻隻放進嘴裡，最後拿起水壺喝口水把青蛙嚥下去。我當時已經五天沒有吃、沒有睡。我跟同梯學員那時在美國陸軍遊騎兵學校進行為期八週的訓練。我們已經熬過了七週，第八週剛剛開始。我們已經連續忍耐了七個禮拜這種身體脫離自己的感覺，在這種情形下活吞青蛙似乎理所當然。課程一開始的時候，我們這群擇優送訓的軍士官都處於最佳生理狀態，但到了第七週，大部分人的體重至少都掉了廿多、接近卅磅。

我們這群人雙頰瘦癟、眼眶凹陷，餓肚子讓我們疲上加乏，許多人因此開始不斷出現幻覺。明明醒著，歷歷在目的夢境卻一個接一個不停出現。作夢的人都以為在眼前的幻覺（多半是食物）是真的。我們身上背著四十磅重的背包，在喬治亞州與田納西州翻山越野、在佛羅里達州涉水穿過沼澤。一路上不停地進行戰術運動，隨行教官也一直在旁考核我們的領導能力。我們的心智在發瘋邊緣搖搖晃晃。跟不上進度的人隨時會被淘汰，受不了的人也隨時可以自願退出。我們只有靠自尊心與決心才能堅持下去。許多同學結訓好幾個星期後還會在半夜驚醒，茫然不知暗夜中自己人在哪裡。

世界各國的菁英部隊士兵都曾經加入這種非常有效的成長儀式，但只有不到一半的人能夠過關結訓。遊騎兵學校應該是美國陸軍唯一一所學員退訓不會覺得羞恥的學校，因為「至少你有膽子來走一趟」。此外，從這所學校結訓的學生臨危不亂、處變不驚，也得到世界各國軍人極高的評價。（美國海軍三棲特遣隊（海豹部隊）與水中爆破學校、美國陸軍特戰部隊（綠扁帽）和空降部隊（傘兵）的訓練班隊，以及美國海軍陸戰隊新訓中心結訓的學員，也廣受敬重，但程度不一。）

接受嚴苛的自我虐待訓練，目的是讓部隊幹部適應高壓環境，從而培養他們對心理創傷的免疫力。美國陸軍中校鮑伯．哈里斯（Bob Harris）派往越南戰場前，曾經在遊騎兵學校受訓。他的體驗是：

> 有件事特別值得一提：我在越戰期間擔任步兵排排長的經驗，讓我相信遊騎兵的訓練的確有價值。我所學的每一項技能當然不可能都派上用場，但用到的也夠多了。更重要的是，我在班寧堡（Fort Benning）、喬治亞山區與佛羅里達的沼澤中所學所得，讓我認識了自己：我了解絕大多數的困難是心理因素造成的，而且一定可以克服。我知道恐懼、疲乏與飢餓，都無法阻止我成為一個稱職的領導幹部。

戰時的疲憊

在遊騎兵學校受訓的學員眼眶凹陷、吃青蛙、面容憔悴、疲憊，的確很艱苦。但我們必須知道，比起曾在兩次世界大戰、韓戰與越戰部分戰役中作戰的士兵因連續數月作戰導致的戰場疲憊，這些都算不了什麼。麥克阿瑟將軍是這樣形容的：「他拖著沈重的步伐，邊走邊喘；他流汗、跋涉；咆哮、咒罵；最後，他死去。」軍人漫畫家比爾．毛爾丁（Bill Mauldin）也了解二戰士兵身心俱乏的疲憊感，他在著名的漫畫系列「威利與喬」（Willie and Joe）中這樣告訴我們：「了不起的事情、困難的事情，好百萬人都做過；但只有幾萬人，在每一個星期的每一個小時，整整一六八個小時都活在悲慘、痛苦與死亡中。」

心理學家巴列特（F. C. Bartlett）則強調戰時生理疲憊對心理狀態的影響。他寫道：「作戰時經常出現的狀況中，大概沒有比無休無止的嚴重疲乏更容易引發大規模精神與心智失調。」而無休無止的嚴重疲乏——或稱之為「疲憊的重量」——是四個因素的綜合影響：一，士兵時時刻刻都必須在戰鬥或逃跑兩個模式間抉擇，這種壓力會導致生理隨時處於警覺狀態。二，睡眠持續不足。三，熱量攝取不足。四，受到自然元素（例如雨、寒冷、熱與夜暗）侵襲導致損傷。讓我們快速檢視這四個因素。

生理機能疲憊

接著一顆砲彈落在我們後面、然後另一顆在旁邊炸開來。我們趕快換個方向各自散開。

我、班長還有另一個傢伙都躲在同一堵牆後面。班長說那是八八砲，又接著說：「幹！幹！怎麼還有？」

我問班長他怎麼了，是不是被打到了？他似笑非笑地說：「沒，只是尿濕褲子。」他說，常有的事，他老是在這種時候尿褲子，「沒事。」他說話的時候一點都沒有難為情的樣子。突然間我也覺得自己怪怪的，下面有點熱，有東西從腿上流下去，我有感覺……不是血，是尿。

我跟班長說：「班長，我也尿了。」其實我當時真正說什麼也記不清楚了，大概就是這個意思。他聽了以後笑著說：「歡迎作伙，現在知道打仗是怎麼回事了吧。」

——〈二次大戰老兵〉，引自巴利．布羅福德（Barry Broadfoot），《六年戰爭歲月，1939-1945》（*Six War Years, 1939-1945*）

想要了解身體在作戰壓力下產生的生理反應為什麼那麼強烈，我們必須先了解交感神經系統動員身體資源的方式，與副交感神經產生的對抗反應對身體的影響。

交感神經系統的功能是動員身體的各種能量，產生動作。副交感神經系統則負責身體的消化與恢復機能。

這兩種神經系統都需要身體提供能量才能運作，通常會互相平衡。但壓力非常大時，身體會出現「戰鬥或逃跑」反應，這時交感神經系統會動員所有可用的能量，以求生存。作戰時這種動員經常導致消化系統、膀胱控制及括約肌控制等非必要活動完全停止運作。士兵在這個非常激烈的過程中，最常出現的生理反應是壓力型腹瀉；此外，因為無法控制大小便而弄髒褲子的情形也不是不常見。這種身體「排放壓艙物」的現象，目的是將生存所需的所有能量轉移給交感神經使用。

能量動員過程如此激烈，是要付出生理代價的。一旦副交感神經系統先前被忽略的需求又得到重視時，士兵身體要付出的代價是同樣激烈的後座反應。只要危險與伴隨危險出現的亢奮一消失，副交感神經的後座反應就會出現，表現方式是士兵極度疲憊，非常想睡覺。

拿破崙說，部隊最危險的時刻是緊接著作戰勝利的那一刻。這表示他非常了解，一旦攻擊動能暫停、士兵認為自己短時間內沒有危險，副交感神經反彈就會出現，剝奪了士兵生理與心理的行為能力。在這一段部隊最脆弱的時間，若有一支兵力與攻擊方相同、但精神飽滿的部隊發動反擊，達成的戰果將不可以道里計。

戰場上敵消我長、情勢無定，比的是哪一方能堅持到底。基本上，這就是戰時指揮官手上一定要握有預備部隊的原因。克勞塞維茲則提醒，預備部隊一定要佈署在看不到戰場的地點。這些身心反應的基本原則，也是歷史上成功的指揮官一定會維持有效攻擊能量的原因。敵方敗逃時，我方繼續追擊、維持接敵態勢，才是全殲敵人的要義（歷史上大部分的戰爭傷亡都發生在敵方敗逃的追擊階段）。此外，追擊方士兵遲早會出現副交感神經反彈現象，屆時將無法抵擋敵方反擊，因此，接敵時間愈久，也能夠盡量延遲部隊出現身心俱疲的時刻。我要再一次強調，作戰進入最具毀滅性階段時是否能取得戰果，關鍵在於指揮官是否已經投入一支精神奕奕的預備部隊執行追擊任務。

士兵連續作戰時，腎上腺素會快速分泌，然後反彈，這種情形就像坐雲霄飛車一樣，最後原本身體遭遇危險會自然產生的有效與適當反應，都會招致嚴重的反效果。現代戰場的士兵既無力脫離戰場，也無法依靠出其不意的短暫戰鬥、虛張聲勢或臣服克服危險，很快就會耗盡動員身體能量的能力。此時身體與情緒進入枯竭狀態，規模之大、範圍之廣，幾乎不可能對外人言說。處於這種狀態的士兵最後會因精神疲憊而崩潰，因為身體能量已經完全耗盡了。

缺乏睡眠

本章先前以美國陸軍遊騎兵學校為例，提到士兵在密集訓練期間，經常因為缺乏睡眠而出現幻覺或行為舉止呈現行屍走肉的狀態。這種情形在戰時更糟糕。理查·荷姆斯的研究指出，戰時士兵嚴重缺乏睡眠是常態。一項針對一九四四年在義大利作戰的美軍調查顯示，百分之卅一的美軍平均每晚睡眠時間不到四小時，另有百分之五十四的士兵平均睡眠時間不足六小時。睡眠時間較少的士兵多屬於第一線作戰部隊，也就是戰場心理創傷發生率最高的單位。

缺乏食物

導致士兵營養不足的原因包含食物腐壞、冷食或因疲乏導致沒有食慾。光是營養不良的因素就可能嚴重影響作戰效能。英國陸軍將領伯納·佛格森（Bernard Fergusson）曾經說道：「要是問我對士氣打擊最大的因素是什麼？我第一個想到的就是食物短缺……除了沒東西吃產生的化學變化會影響身體外，對精神的影響也很可怕。」

在數不清的歷史事件中，缺乏食物都被視為是最重要的軍事因素。《美國陸軍歷史系列》後勤卷有一段記載證實了這一點：「缺乏食物可能是最後美菲聯軍在巴丹（Bataan）不得已放棄抵抗的最重要原因。」二次大戰初期，包圍史達林格勒的德軍「最後投降時各個餓得面容枯槁」。

自然因素的影響

當一個軍人，除了要對抗敵人之外，也要對抗自然，這是軍人工作的本質。大部分士兵的背包要先收納裝備，之後根本沒有多少空間能夠裝進個人用品，因此他們也只能看老天爺臉色。所以，止不住的寒冷、下雨、炎熱與痛苦，成了士兵的宿命。

莫倫伯爵相信「軍隊碰上自然因素就會衰弱」。對他來說，最可怕的自然因素是「嚴冬的殘暴」，它甚至能在「萬中選一的人身上找到弱點」。下個不停的傾盆大雨，在昂希．巴布斯[7]筆下是這麼描寫的：「潮濕鏽蝕人就像鏽蝕步槍一樣；雖然速度比較慢、但是會鏽出更深的洞。」

士兵的另一個潛在敵人是在黑暗中喪失感覺功能。若碰上寒冷與下雨，三者合謀造成的悲慘程度，是有幸避寒擋雨的人不能想像的。對西蒙．默瑞（Simon Murry）這位曾參與阿爾及利亞戰爭的法國老

7 昂希．巴布斯（Henri Barbusse），法國詩人。

兵來說，寒冷是「頭號敵人」。他說：「人在山頂上，一片漆黑，大雨下個不停，要爬進濕得可以擰出水來的睡袋。」這種慘狀「前所未見」。

炎熱也能導致疲憊、甚至死亡。老鼠、蝨子、蚊子與其他自然因素也會一個接一個在士兵的身體與精神上抽取通行費，但疾病應該才是士兵要面對的致命元素。在二次大戰前美國參與的戰爭中，因病而死的士兵數量超過死於敵手的士兵人數。

我們現在知道，缺乏睡眠、缺乏食物、自然因素，與不停的啟動戰鬥或逃跑反應導致情緒疲憊等因素分進合擊，就能讓士兵身心俱疲。我們如果認為光是這種負擔還不足以造成精神創傷，至少也要思考它是否會促使士兵在喪失感覺時，開始尋找精神出路。

第八章　內疚與恐怖的泥淖

我厭煩了戰爭、我討厭戰爭。戰爭的榮耀根本就不切實際。只有從來沒有開過槍，也沒有聽過受傷的士兵尖叫、呻吟的人，才會嚷嚷要血債血還、要復仇、要寸草不留。戰爭，去死吧。

——威廉．德康瑟．薛曼（William Tecumseh Sherman）

感官的影響

除了恐懼與疲憊，還有一片恐怖之海圍繞著士兵，攻擊士兵的每一個感覺器官。他們會聽到死傷者的悲喊，他們會聞到排泄物、血、焦屍與腐壞的餿味集合而成的屠宰場味道。這些味道加起來，就是可怕的死亡味道。大地因為砲彈與炸彈無情肆虐而悲號時，他們會感覺到腳下的土地在顫抖。同袍在他們懷中死去時，他們則會感覺到生命顫抖著吐出最後一口氣、以及血液的最後溫度。他們與同袍相擁而泣時，會嚐到血與眼淚的鹹味，但是他們不知道、也不在乎是誰的淚。他們環顧四周，會看到：

滿地散落著一條條十五呎長的內臟，不小心就會絆到；橫腰而斷的屍身；手、腳、以及只剩脖子皮還連著的頭顱，最接近這顆腦袋的無頭屍在五十呎遠。夜色漸深，海灘上瀰漫著燒焦的屍體惡臭。

——威廉．曼徹斯特（William Manchester），《黑暗，再見》（*Goodbye Darkness*）

奇怪的是，這些恐怖記憶似乎只對戰鬥員（實際作戰的士兵）衝擊最大，身在戰地的非戰鬥員、記者、平民、戰俘或觀察員，卻沒有出現這麼嚴重的影響。就像本書先前解釋過的，作戰士兵似乎會對於發生在自己身邊的事情產生深沈的責任感，甚至認為這些事情應該歸責於他個人，好像每一個戰死的敵人，都是他親手殺死的人；每一個死去的同袍都是他的責任。只要士兵在這兩種責任間擺盪一次，他的恐怖記憶中就會多添一層內疚。

理查．荷姆斯講過一位「勇敢、傑出」老兵的故事。戰爭結束已經快七十年了，這位老兵「一講到一位受士兵愛戴的軍官被砲彈碎片開腸破肚時，還是會情不自禁地流下眼淚。」年輕的時候，比較容易不去想這種事情，但是這些回憶會在老來時出現，夜晚時分縈繞在士兵身旁作祟。這位老兵告訴荷姆斯：「我以為我還蠻行的，不會去想當年那些可怕的事情。等到我老了，也不知道它們怎麼就從我當年把它們藏起來的地方出來。夜夜如此。」

即便如此、即便士兵周遭發生了這麼多事，但是這種恐怖只不過是合謀將士兵從痛苦大地驅離的諸多因素之一而已。

第九章　仇恨的風

日常生活中的仇恨與創傷

當我們討論殺人這個主題，發現危險不是導致精神壓力的因素時，真的覺得意外嗎？我們再捫心自問，自己其實不願意捲入攻擊性情境，真的很難以想像嗎？

我們的社會，尤其是年輕人，大體上不僅會主動參與可能傷害身體的活動，而且看到他人做這些事的時候還感同身受，也想要參與。雲霄飛車、動作片與恐怖片、嗑藥、攀岩、激流泛舟、水肺潛水、跳傘、打獵、各種肢體接觸運動以及上百種其他危險活動，我們都樂在其中。當然，太危險的活動很快就不受青睞，當我們覺得無法控制場面時尤其如此。士兵作戰時的壓力之所以這麼大，是由多種原因造成的，不可否認死傷機率過高是其中的重要因素，但是，「危險」這個因素並不是日常生活中或作戰時產生壓力的主要因素。

然而，面對攻擊與仇恨卻完全是另一回事。我們每個人或多或少都有面對敵意與侵犯的經驗。小朋友在操場玩的時候遭到霸凌、不認識的人對你不禮貌、認識的人對你說三道四、職場同事與主管對你不友善。每個人都知道，遇上這些情況會產生多少敵意與壓力。大部分的人選擇盡量避免衝突，而且話說回來，自己想與對方言語衝突還不是件容易的事，更不要說肢體衝突了。

多數人就算只是要當面跟老闆要求升遷或加薪，就覺得壓力很大，甚至心灰意冷，這可能也是他們一輩子最難過的一刻，許多人還可能從來不願意這樣做呢。多數人遇上霸凌時會盡量不反抗，碰上認識的人對自己不爽也會盡量不起衝突。許多醫療專家認為，非裔美籍高中生高血壓發生率過高的原因，一方面是他們經常要面對不友善的環境，二方面是很少有人願意接納他們，這兩個因素產生了巨大壓力。

心理學的經典著作《精神失調診斷與統計手冊》（*The Diagnostic and Statistical Manual of Mental Disorders*。簡稱 DSM）指出，「『創傷後壓力症候群』出現的各種失調情形，若壓力源屬於人為，則會更嚴重或為時更久。」我們都很需要受人喜歡、有人愛，我們也非常希望能夠主宰自己的生活。但是在生命的所有事情中，出於刻意、明顯、人為的敵意與侵犯行為，最容易影響我們對自己的看法與我們的自我控制能力，也會讓我們懷疑自己是否能理解這個世界、以及這個世界的意義何在。到了最後，我們的身心健康也會受到波及。

大部分現代生活中最可怕、恐怖的事情，莫過於遭性侵或毆打、讓我們所愛的人目睹自己身體遭到羞辱、讓家人遭到傷害，或自己神聖的家遭到惡意與仇恨侵入。雖然統計數字顯示，死亡、因病與意外造成生理弱化的機率，比因惡意行為導致死亡或生理弱化的機率來得高，但是統計數字沒有辦法平復人類這種非理性的恐懼情緒。讓我們害怕或產生厭惡感的原因，不是擔心死亡或因病與意外導致受傷，而是遭受同為人類的另一方對我們的掠奪與支配。

遭到性侵的人，心理傷害的程度一般來說遠高於生理傷害。性侵創傷與作戰創傷一樣，得自恐懼死傷的成分少，相反地，因為自己遭到同為人類的另一方作賤、侮辱、憎恨、蔑視，但卻無能為力、震驚、與戰慄而產生的傷害更大。

一般平民百姓不願意捲入攻擊性與片面獨斷的活動，也害怕他人對自己做出無理性與懷帶恨意的行為。作戰的士兵也一樣，他們會抗拒戰場上讓他們捲入攻擊性與片面獨斷活動的重責與強制力，他們也一樣會害怕敵人身上出現的無理性攻擊與敵意行為。

事實上，士兵自殺或嚴重自殘以逃避作戰的例子，在歷史上比比皆是。他們傷害自己的動機並不是畏死怕傷。這些士兵就像決定自殺的平民一樣，寧願死亡或自殘，也不願意在一個非常不友善的世界中，面對挑釁與敵意。

納粹死亡集中營內的仇恨衝擊

身處異常環境出現的異常反應，就是異常行為。

——維克多．法蘭柯（Victor Frankl），納粹集中營倖存者

也許研究納粹集中營的倖存者，可以讓我們更了解仇恨的打擊力道。對既有文獻的研究、甚至最簡略研究都顯示，雖然那些倖存者沒有責任、也沒有能力殺戮他們的加害者，但是集中營的經驗還是讓他們出現終其一生都沒有消失的劇烈心理創傷。生活在戰略轟炸下的平民、處於火砲攻擊威脅下的戰俘、執行海戰任務的艦艇兵、以及在敵區偵巡的士兵身上，都沒有出現大規模戰場精神創傷的案例，

但是在達豪（Dachau）與奧斯維茲（Auschwitz）等集中營中，出現大規模精神創傷是常態而非特例。

這是一個非戰鬥員的確出現大規模精神創傷與創傷後壓力症候群的歷史事件，而且發作率之高，令人咋舌。在這個案例中，生理疲憊不是唯一因素，甚至不是主要因素。此外，恐懼死亡與周遭發生的毀滅行為也不是引發精神震盪的主因。集中營環境特殊之處，與其他並未出現精神創傷的非戰鬥員所處的環境不同。集中營內的人根本無法迴避以高度針對性、面對面為基礎的死亡與敵意。納粹德國將一大批具有攻擊性病態人格的負責人密集派駐各集中營，因此，集中營受難者的一舉一動就完全控制在這些可怕、殘暴之人的人格下。

戴爾告訴我們，集中營的管理幹部盡量都挑選「男性或女性的惡棍或虐待狂」擔任。集中營的受難者與地毯式轟炸的受難者不同，他們沒有選擇，必須要面對那些嗜殺的虐待狂，他們知道眼前那個跟他們一樣的人，不認為他們是人、恨他們恨到入骨，非要像宰殺動物一樣親自殺了他們、他們的家人與他們所屬的種族不可。

轟炸機飛行員與投彈手受到距離的保護，執行戰略轟炸任務時得以自我否認自己正在殺戮的是特定對象。同樣地，受到轟炸的平民也因為距離的保護，得以否認有一個活生生的人刻意針對他們投彈。對於那些受到轟炸的戰俘來說，從天而降的炸彈也不是刻意針對他們而來的；此外，如果負責看守他們的士兵依照規矩行事，也不會是他們的威脅。但是在集中營內，就一定是針對性的、令人恐懼的個人問題。這些恐懼不已的受難者沒有選擇，只能看著對方眼神中最黑暗、最讓他們作嘔的人類仇恨深淵。他們沒有自我否認的餘地，唯一的逃避之路是瘋狂。

就是在這兒、在這種人對人不人道卑劣行為的歷史中，我們才能夠看到作戰時不願殺人心理的另一面。一般士兵的心靈除了抗拒殺戮、抗拒承擔殺人責任外，當他目睹一位恨他這麼深、不承認他是人到了要殺死他的程度的敵人，做出攻擊性如此之大的行為時，他心裡也會感到一樣的恐怖。

士兵對敵人明顯敵意行為的反應，通常是非常震驚、意外與憤怒。菲利浦．卡普托（Phillip Caputo）是位小說家、也是越戰退伍軍人。他描述第一次遭遇敵人朝自己開火的經驗，也讓無數老兵心有戚戚焉。卡普托是這樣說的：「他為什麼要殺我？我對他做了什麼？」

一位打過越戰的飛行員告訴我，他出任務時，對於不是針對他來的高射砲彈大體上無動於衷，但是他有一次注意到一位「站得隨隨便便的敵方士兵，在茅屋邊拿著槍朝他射擊。」他一直記得這件事、也很困惑。這是他少數能夠清楚看到敵人是誰的任務。他的第一個反應是憤怒：「我到底對他做了什麼事？」接著的反應是心靈受到打擊與生氣：「我討厭你！我根本就討厭你！」然後他一股腦發射所有的彈藥，殺了那個敵方士兵，也「炸翻了他的茅屋」。

仇恨的應用範例：消耗戰與運動戰

戰爭的戰略與戰術長久以來一直漠視「仇恨的風」產生的衝擊與影響。許多戰略與戰術專家鼓吹一種消耗戰理論，即仰賴長程火砲與轟炸摧毀敵方部隊的意志。但根據保羅．法索（Paul Fussell）的說法，二戰結束後「美國戰略轟炸調查評估委員會」（U.S. Strategic Bombing Survey）的報告就已經確定，

「我們投彈愈多，德國的軍事與工業產能似乎就像該國百姓不投降的決心一樣，有增無減。」但消耗戰理論的支持者依然堅信他們是正確的。地毯式投彈轟炸與火砲攻擊必須要有兩個因素配合，才會對心理造成影響：一，限於前線作戰士兵、二，「仇恨的風」。戰場上步兵展開攻擊的時機多半是在火砲轟炸之後，就是一個例子。

這也解釋了一戰期間火砲轟炸能夠造成大量戰場精神創傷，但二戰以密集轟炸的方式想要摧毀敵人作戰意志、卻意外產生反效果的原因。大規模轟炸要配合近距離攻擊、或至少要配合近距離攻擊的威脅才會有效，否則只會讓敵人的意志更堅、決心更強！

理查·虎克（Richard Hooker）、威廉·林德（William Lind）、羅伯特·里昂哈德（Robert Leonhard）等先驅作家正以運動戰為方向，傾力研究著述。他們的目的有二，一是要反駁消耗戰理論的觀點，二是要了解如何摧毀敵人作戰意志而非作戰能力。這些運動戰理論的支持者發現，歷史一再顯示，遭到火砲轟擊與地毯式轟炸的平民與士兵，都能夠忍受恐懼、恐怖、死亡、毀滅等戰爭的真實面貌，不會失去作戰意志。另一方面，只要揚言敵人即將入侵、近距離人攻擊人即將發生，就一定會讓所有人驚惶出逃成為難民。

這就是將作戰意志旺盛的部隊佈署於敵後，絕對比在敵後進行全面轟炸或在前線進行消耗戰更重要、也更有效的原因。韓戰就是一個例子。韓戰初期時，戰場精神創傷的發生率幾乎是二戰平均發生率的七倍，一直到了戰況穩定、戰線固定、後方出現敵蹤的威脅降低，精神創傷發生率才降到略為低於二戰平均水平。打擊士兵士氣最有效、影響也最大的是存在近距離、無法逃避、針對人的仇恨與侵犯的可能性，而不是無法逃避、非針對人而來的死亡與毀滅。

仇恨與心理免疫

心理學家馬丁．塞利格曼（Martin Seligman）從著名的狗研究中得到了壓力免疫的觀念。他把狗放進一個底部導電的籠子，然後隨機放電。一開始狗會驚跳、吼叫、無助地抓刮，想逃離電擊，但一段時間過去以後，牠就開始進入沮喪、無助階段，表現得無動於衷、了無生氣。塞利格曼以「習得的無助」（learned helplessness）稱呼這個階段。狗進入這個階段後，就算面前出現一條逃脫路線，也不會想要逃離電擊刺激。

塞利格曼另外安排其他的實驗狗受到電擊後、但還沒有進入「習得的無助」階段前，就得到指引、知道逃脫路線何在。也就是說，這些狗知道牠們可以逃離電擊，最後也會如願逃離電擊，只要成功逃離一次，他們就會對「習得的無助」免疫。就算這些狗又在無處可逃的籠子中，持續受到長時間的隨機電擊刺激，但只要牠們一知道脫逃路線出現，就一定會脫逃。

這是一個非常有趣的理論觀念，但是對我們來說，更重要的是要了解，這種發生在實驗中的免疫過程，在入伍訓練或每一所著名的軍事院校中，也一模一樣地發生。新兵處在看似殘酷虐待與艱苦煎熬的情境（他們的脫逃方式是週末獲准放假，最終的脫逃是結訓），除了學到許多其他事情，也取得了對作戰壓力的免疫能力。

我們只要能同時了解導致作戰創傷出現的各種因素以及免疫過程，就可以看出，在大部分的軍事院校中，免疫過程是特別針對仇恨而設計的。

教育班長臉貼著新兵大吼大叫，要展現的就是明顯針對特定個人的敵意。另外一些能讓受訓新兵對「仇恨的風」免疫的有效手段有：美國陸軍與海軍陸戰隊新兵以搏擊棒（pugil stick）訓練入伍新兵；西點軍校與英國空降旅則有以拳擊對打訓練、啟蒙新兵的傳統。當入伍新兵能克服刻意的蔑視與明顯的肢體敵意時，就可以既驕傲又光榮地結訓，他的意識與潛意識這時都了解，自己可以克服像受訓期間一般明顯的、針對特定個人的敵意。此時，他已經對仇恨部分免疫了。

我不認為軍事單位已經真正明白「仇恨的風」的本質，或是，他們了解仇恨本質，但不知道為何需要對仇恨免疫。因為塞利格曼的研究，我們才真正擁有能夠在臨床上了解這個過程的基礎。無論如何，經過幾千年來的團隊記憶，加上最嚴苛的適者生存演化考驗，許多國家最精良、戰鬥意志最旺盛的部隊傳統中，都出現這種免疫現象。我們明白了仇恨在戰場上的角色以後，現在終於可以真正了解軍隊長久以來種種作為的軍事價值，以及一些軍隊讓士兵得以在戰場上身心不受傷害的程序是什麼。

第十章　毅力的井

神，不要離開我。夜已經暗了。夜已經寒了；而我僅有的一點勇氣已經消失了。夜還長；神，不要離去，讓我強壯。

——朱利爾斯，越戰老兵

許多專家認為精神耐力是戰場上的有限資源。我換個說法，以「毅力的井」稱呼精神耐力。我們每個人都有一個屬於自己的精神水庫。一旦我們遭遇類似士兵在戰場上面對的恐怖、內疚、恐懼、疲憊與仇恨，我們就會從這個水庫中，以一定的節奏汲取自己的內在力量與毅力，直到水庫枯竭為止。水庫枯竭了，我們也就成了傷亡統計報表上的一個數字。我相信這個「井」是個很棒的比喻，可以幫助我們理解為何近距離作戰時，百分之九十八的士兵最後都會出現戰場精神創傷。

毅力與個別士兵

美國外交官、政治學者喬治．肯楠（George Keenan）告訴我們，「何謂英雄行徑？高加索山的住民說，就是能夠忍耐久一點。」莫倫伯爵在一次大戰的戰壕中體會到，「才能是天賦，但勇氣這種意志力是會用完的；用完的時候，這個人也就完了。沒有『天生的勇氣』這回事。所謂勇氣，其實是……

控制恐懼的能力。」

在持續作戰的環境中，我們可以在百分之九十八沒有戰死的士兵身上，看到這種精神崩潰的過程。莫倫伯爵告訴我們一位泰勒士官的故事。泰勒「先前因傷離隊，康復回隊後看不出異狀，早先發生的意外似乎完全沒有在他身上產生影響。他在連隊中就像塊石頭一樣，士兵們好奇地圍在他身旁，沒多久就又都離開。但是他依舊不受影響。」後來，泰勒差點遭一枚砲彈擊中，他接著來到井邊打算汲水時，發現井已經乾枯了。此時，這塊硬石裂開了，完全、無可挽回地裂開。

毅力與憂鬱

荷姆斯彙整了一份士兵出現作戰疲憊的症狀清單。對這些士兵來說，作戰讓他們從自己的私井裡面汲取了太多毅力，出現如下的狀況：

> 一般來說，心智活動逐漸減慢，對任何事情都無動於衷，對他們而言，完全看不到前景，軍官與士官的體諒與勸慰也沒有辦法把他從這種無助狀態拉回來……他反應變慢，記憶損傷非常嚴重，即使讓他口頭傳令也做不到……因此，他等於像植物一樣活著……他不是一直待在自己的散兵坑裡，就是離散兵坑不遠，就算戰事吃緊的時候還是不動作，一直在發抖。

這段話精確描繪出一幅嚴重憂鬱症的畫像。疲憊、記憶損傷、無動於衷、無助，以及其他種種就是臨床憂鬱症的精確描述，彷彿照抄自《精神失調診斷與統計手冊》一樣。以「毅力」而非「勇氣」描述這種情形更適當的原因也在此。吸走士兵的意志與生命，導致他出現臨床憂鬱症的，不是他對恐懼的反應，而是他對一群壓力源的反應。勇氣的反面是懦弱，而毅力的反面是疲憊。士兵的私井一旦乾枯，他的靈魂也就隨之乾枯，套用莫倫伯爵的話，就是「他盯看著死神的臉太久了，已經因為疲憊而枯竭。這時他就像個火種，只要碰上一星點的恐懼火花，就可能將他點著。」

從他人井裡汲取毅力；靠勝利補充毅力

> 一位勇敢的幹部就像樹根，士兵的勇氣就像從他身上長出來的枝幹。
>
> ——菲利浦．希尼爵士（Sir Philip Sydney）

優秀的軍事幹部有一個關鍵特質，就是不僅能夠從自己深不可測的私井中汲取毅力，也允許屬下取用自己井中的毅力，以強化他們的精神。許多人曾在戰時目睹、記錄這種過程。莫倫伯爵指出，「有一些人就是有領導才能，他們就像一艘救生艇，是其他人類倚靠與希望之所在。」

私井與公井也可以靠作戰勝利與成功補充。莫倫告訴我們，如果有士兵老是花光積蓄，代表他也許三不五時地在放點東西進去，「有存也有取」。他以二戰北非戰場英軍指揮官亞歷山大將軍為例說，亞歷山大初接指揮時，士兵根本懶得向他敬禮，但是等到阿拉曼（El Amamein）作戰勝利，一切又都回歸正軌，士兵又表現出自重的態度。莫倫的結論是，「成就感是提振士氣問題的一記補藥……但大部分時候，時間不站在士兵那一邊。」

毅力與個別單位

部隊和士兵一樣，也會出現完全失去毅力這個有限資源的情形。單位的毅力充其量就是全單位個別士兵的集合，如果個人乾枯成為一個空殼，整體也不過就是一群疲憊的人的集合。

二戰時英國蒙哥馬利元帥在諾曼第作戰時，手下有兩類師級部隊可以運用，一類是曾在北非戰場打過仗的老兵組成的師，一類是沒有作戰經驗的菜鳥師。蒙哥馬利一開始多半仰賴有經驗的部隊打仗，但是這些部隊表現很差。相反地，菜鳥部隊的表現卻很好。這個例子說明了，不了解情緒疲憊與「毅力的井」的影響力，就會嚴重打擊二戰盟軍的攻勢。

同樣地，作戰創傷的每一個面向，都會嚴重影響個別士兵在戰場上的表現，以及軍事單位在戰場上的表現。如果我們了解這些觀念，我們就能完全掌握士兵作戰時的各種反應。如果我們忽略這些觀念，就會傷害個別士兵、我們的社會、國家、我們的生活方式、以及我們的世界。莫倫伯爵說，一次大戰時，英國根本不理會年輕人「毅力的井」枯竭的最終代價，就是像個敗家子一樣，不僅揮霍了士兵的生命，英國年輕人的道德傳承也因此毀於一旦。

第十一章　殺人的重擔

阿佛瑞．德．維尼（Alfred de Vigny）說，士兵既是受害者也是劊子手。這話一舉中的，講到軍事經驗的重點了。士兵除了冒著自己死傷的危險，他也殺人、讓他人受傷。

——約翰．基根與理查．荷姆斯，《士兵》

抗拒在近距離殺戮同類的力道非常強。這種力道強到經常能夠擊敗自我保護本能日積月累的影響、領導階層的強制力、同儕的期待與保護同志性命的責任。

因此，士兵作戰時就會陷入這種左右兩難的悲慘情境。如果他克服了自己對殺戮的抗拒，並且在近距離作戰時殺了一名敵人，那麼，他的身上就會永遠背負著血腥內疚。如果他決定不殺敵人，那麼，同志戰死的血腥內疚、以及他的工作、國家、與志向蒙受的恥辱也會跟著他。他殺了人，該死；他不殺人，也該死。

殺，以及殺之後的內疚

威廉．曼徹斯特是二戰陸戰隊老兵，也是一位作者。他曾在近距離作戰時面對面殺了一名日軍，他感到悔恨與恥辱。他寫道：「自己傻傻地小聲說：『對不起』，然後吐了出來……吐得一身都是。

我剛剛做的事情，背叛了我從小到大的教育。」其他有作戰經驗的老兵告訴我他們的近戰情緒反應，也在在附和曼徹斯特描述的恐怖反應。

暴力在媒體上呈現的方式，是告訴我們人可以很容易就丟掉終生的道德禁忌，或是任何其他既存的本能約束，毫不在意地殺人，作戰時也不會因此出現罪惡感。但是，曾經殺過人的人、或是願意聊起這件事的人，說法又不一樣。底下的引述段落，部分摘自基根與荷姆斯的書。這些段落也會出現在本書其他章節。我在此處引述這些文字的原因，是它們具體而微地呈現了士兵對殺人的情緒反應：

> 殺人是一個人對另一個人能做的最惡的事情。這種事情在任何地方都不應該出現。
>
> ——一位以色列中尉

> 我竟然變成一個毀滅者，我相當自責。我覺得非常不安、無法形容的不安。我覺得自己與罪犯無異。
>
> ——拿破崙時代的一位英國士兵

> 這是我第一次殺人。四周圍的人都散去以後，我走到那個我非常確定是我殺的德國人身邊、看著他。我還記得，當時我想著的是他年紀看起來有點大，應該已經成家生子了。我覺得很難過。

——一次大戰英國老兵回憶第一次殺人後的反應

當時我沒有太多感覺，但我現在想起來——我屠殺了那些人，我謀殺了他們。

——二戰德國老兵

我當場僵住了，因為那傢伙還是個孩子，大約十二到十四歲吧？當他轉過頭來看著我時，突然連身體都轉過來，手上拿著一把自動步槍對著我。我就這樣開火，對著那個孩子把一匣廿發子彈都打光了。然後，他就躺在那兒，我丟下我的槍、哭了出來。

——美國特戰部隊軍官、越戰老兵

我又開了一槍，似乎打中了他的頭。血很多……我吐了出來，一直到其他人都來了才停。

——以色列老兵回憶六日戰爭

那輛嶄新的標致汽車朝著我們開過來時，我們就對著它開火。裡面坐著一家人——有三個小孩。我哭了出來，但是我不能冒這個險……孩子、父親、母親，全在裡面，全都給殺了，但是我們就是不能冒這個險。

——以色列老兵回憶入侵黎巴嫩作戰

我訪談保羅時，特別能感受到殺人引發的創傷有多嚴重。保羅是「海外作戰退伍軍人」的地區主管；二戰巴斯通戰役期間，他是一〇一空降師的士官。我問到他的戰時經歷與戰死同袍時，他毫不掩飾、侃侃而談。但我一問到他自己的殺人經驗時，他的回答是，戰場上通常不太能確定到底是誰殺了誰。說著說著他開始流下眼淚，久久之後他說，「但我記得有一次、我能夠確定……」，然後他開始啜泣，沒辦法講下去，老臉上出現痛苦的表情。我有點訝異，問他：「都這麼多年了，還很難過？」他說，「對，都這麼多年了。」他就不願意繼續談下去了。

第二天他告訴我，「你知道嗎，你昨天問的問題，以後再問的時候，一定要特別注意，不要因為問了那些問題傷了人。我沒事，你也看得出來，我可以面對，但是有些年輕點的，到現在還是傷得很重。沒必要又讓他們難過了。」這些回憶都是這些好心、善良的老兵身上，那些可怕、外人看不到的傷口的痂。

不殺，以及不殺之後的內疚

除了非常少數例外情形，每一位有作戰殺人經驗的人，內疚感都非常沈重。

士兵的內疚

許多研究都指出，一般來說，戰場上士兵的作戰動機不是仇恨或恐懼，而是團體壓力，以及下面四個因素的交互作用影響：一，在意同袍的看法。二，對部隊主管的尊敬。三，在意同袍與主管對自己名聲的看法。四，渴望對團體成就有所貢獻。

打過仗的士兵經常形容在戰場上弟兄們的關係，比夫妻關係還要緊密。約翰．鄂利（John Early）這位越戰老兵、也是羅德西亞戰爭的傭兵，是這樣對戴爾說的：

> 我這樣講，聽起來非常奇怪，但是作戰時會培養出一種愛情關係。原因是，對你來說最重要的事，也就是你的生命，要靠你隔壁的人。如果他沒盡到責任，那麼你非死即殘。如果是你犯了錯誤，就換他非死即殘。所以你們之間的信任感一定要非常強才行。我敢說，除了親子關係外，這種信任感比任何事情都來得強，而且比夫妻關係強多了。你的生命在他手中，你把自己最珍重的東西委託給了那個人。

也因為這種形影不離的關係如此強烈，大部分作戰人員最擔心的就是自己的表現會讓同袍失望。無數的社會學與心理學研究、老兵自述以及我進行的訪談，都清楚顯示士兵擔心對不起弟兄的力量。因為擔心無法盡全力幫助因為友誼與同袍之情而結合在一起的人，所引發的內疚與創傷會非常深刻。但是，每一位士兵、每一名部隊幹部都曾經或多或少感受到這種內疚。對那些眼看朋友在身邊死去，自己卻沒有開槍的人來說，內疚可能非常深重。

幹部的內疚

領導幹部在作戰時擔負的責任也是一種棘手的兩難。他若是希望自己適才適所、表現優異，就必須愛他的屬下，靠著互依互存的責任感與情感建立深厚的關係。但是，到了最後，他卻沒有選擇，必須下達讓這些人可能因此陣亡的命令。

軍官與士兵、士官與二等兵之間的社會鴻溝，相當程度上讓上級得以安心派遣屬下赴難，若是屬下不幸戰死，這一道鴻溝又可以保護他們，讓那個不可避免的內疚不會發生在他們身上。因為就算最優秀的領導幹部，也會犯下一些讓他們良心永遠不安的錯誤。一位好教練就算贏了比賽，也不忘分析自己的決策是否還有改進之處。一位好的作戰指揮官也是一樣，在某種程度上他也會思考：如果他剛才換了個決定，那麼這些人、這些他視之如子、如兄弟的人，可能就不會陣亡。

但部隊領導幹部要能像下面這位老兵一樣反省，是一件非常困難的事情：

> 該考慮的戰術我都考慮過了，該做的，我也都做了，但我們還是有幾個人陣亡。沒辦法。我們就是沒有辦法繞過那一片開闊地，只能直接穿越。所以，我的決定是錯誤的嗎？我不知道。（下一次）我是不是會做不一樣的決定？應該不會，因為我受訓所學就是這樣教的。我的決定是不是陣亡人數比較少的決定？沒有人會知道這個問題的答案。
>
> ——羅伯特．歐里少校、越戰老兵，引述自關恩．戴爾，《戰爭》

領導幹部腦袋裡出現這種想法，是危險的、是會致命的。部隊各層級幹部傳統上都能獲贈勳獎章或得到各種榮耀，這是一種對他們往後心理健康至為重要的作法。獲贈勳獎章、發布公報或其他表揚方式，代表這些領導幹部出身的社會強烈認可他們、告訴他們：他們表現很好，做了對的事情。他們在戰場上盡了責，雖然同袍因此喪命，但沒有人會因此怪他們。

否認與殺戮的沈重負擔

在殺人的責任與內疚間求取平衡，是出現戰場精神創傷的一個主要原因。哲學家暨心理學家彼得．馬林討論士兵的責任與內疚問題時說，士兵知道戰爭的代價是「死人不會活過來，成殘也就永遠成殘。別想否認自己的責任或過失，因為錯誤發生了就是發生了，永遠無可抵賴地寫在火焰中、寫在他人的殘肢斷臂上。」

是的，「錯誤發生了就是發生了，永遠無可抵賴地寫在火焰中、寫在他人的殘肢斷臂上。」錯誤導致的責任與過失，也許到了最後的確無可抵賴，然而，戰爭就像是一個大熔爐，要燒起熊熊爐火，靠的是許多名為否認的星星之火。殺人的負擔非常沈重，大部分士兵都不願意承認他們在戰場上殺過人。他們面對他人時會否認，面對自己時也會否認。丁特（E. Dinter）在他的著作中引述過一位鐵石心腸的老兵的話。這位老兵回答殺人的問題時刻意強調說：

現代戰爭中，殺人大部分都不是針對個人來的。有件事其實很少人明白，就是打仗時我們幾乎看不到德國人。將武器瞄準德國人射擊，然後看著他倒地，這種經驗很少人有，甚至步兵都很少有這種經驗。

甚至士兵們作戰時使用的語言，也在在否認自己犯下的惡行。大部分士兵不說自己殺人（kill），而說敵人被擊倒（knocked over）、損耗（wasted）、去除（taken out）、掃蕩（mopped up）、清洗（hosed）、摧毀（zapped）。不承認敵人也是人，結果敵人變成一些有奇怪名字的動物：Kraut、Jap、Reb、Yank、dink、slant、slope、raghead。甚至武器也有暱稱：Puff the Magic Dragon、Walleye、TOW、Fat Boy、Thin Man。單兵攜帶的殺人武器則成了piece、hog。子彈則稱為round。[8]

我們的敵人在這種事情上也不遑多讓。麥特．布萊隆（Matt Brennan）說了一位派到他排裡的越南偵察兵的故事：

他過去一直是越共的死忠支持者，但在一班北越士兵錯殺他的老婆小孩以後，他就變了。他現在很樂意跑在美國人前面獵殺北越士兵……他跟我們一樣，叫那些共產黨gook。有一晚我問他為什麼要叫北越兵gook？

「昆，你也叫那些越共gook或是dink[9]，不會覺得奇怪嗎？」他聳聳肩說，「我沒差。總要叫他們什麼吧。你還真以為只有美國人會這樣？我自己的連、就是在叢林裡面打仗的那個連，叫你們『大毛猴』。我們會殺猴子，也……」這時他猶豫了一下，接著說：「也會吃猴子。」

士兵若是戰死，他的苦難也就一起被帶走了，但是殺死他的人，則會永遠和死者活在一起，最後死在一起。事情愈來愈清楚：戰爭就是殺人，而作戰時殺人，則會引發痛苦與內疚，這是人殺人的本質。戰爭的語言則可以幫助我們否認戰爭的真相，更嚥得下去戰爭的苦果。

8 以上均為歷來美軍的俚、俗語。Kraut 出自「德國酸菜」（sauerkraut），對德軍與德國人的蔑稱。Jap 為對日軍或日本人的蔑稱。Reb 則是美國內戰時期對南軍的蔑稱，為 rebels（叛軍）之意。Yank 則泛指北軍。dink、slant、slope 都是對亞裔民族的蔑稱，於越戰時廣為使用。raghead 是對有纏頭布習俗民族的蔑稱。Puff the Magic Dragon 指美軍在越戰期間開發的砲艇機 AC-47D。Walleye 指美軍於越戰使用的 AGM-62 電視導引炸彈。TOW 指美軍的反戰車武器托式飛彈，該型飛彈於越戰期間首次作戰部署。Fat Boy 應為 Fat Man 之誤，指美軍於長崎投下的那枚原子彈。Thin Man 則是一種核武器設計的暱稱。hog 是男性生殖器的俚俗代稱。

9 gook 與 dink 都是士兵形容各種亞裔民族使用的貶義俚語。越戰結束後，美軍或其他英語系國家軍隊在其他地區作戰時也使用這些污蔑字眼形容當地住民。美國共和黨資深參議員麥侃於二〇〇〇年提及他在北越戰俘營中的往事時，說了句 I hate the gooks，引起軒然大波，最後麥侃因為使用這個污蔑字眼出面道歉。

第十二章　盲人與大象

那人，在無人之地遊動
兩邊的陰影都緊咬著他

——詹姆士．奈特．艾金（James H. Knight-Adkin），
《無人之地》（*No Man's Land*）

一群觀察者、一堆答案

我們已經檢視過產生戰場精神創傷的主因與次因。我們也一直發現，專家老是主張他們看到的問題才是作戰壓力形成的主因或要因。很多人認為，懼死怕傷是戰場精神創傷的主因。巴列特則說：「作戰時經常出現的狀況中，大概沒有比無休無止的嚴重疲乏，更容易引發大規模精神與心智失調了。」佛格森將軍的看法是，「對士氣打擊最大的因素是什麼？我第一個想到的就是食物短缺。」默瑞說，「寒冷是頭號敵人。」加百列對於情緒疲憊肇因於戰鬥或逃跑反應不停啟動的論證相當紮實。另一方面，荷姆斯在他的書中以專章講述士兵目睹戰爭恐怖這個因素的重要性，他說，「眼睜睜看著朋友在面前死去，或更糟的是，看到他們受傷卻幫不上忙，都會留下永久的疤痕。」除了恐懼、疲憊、恐怖等顯而易見的因素外，我還加上了一些比較不明顯、但是同樣重要的因素，分別可以歸納在「仇恨的

風」與「殺人的重擔」兩個類別內。

上述每一種說法，就像摸象的盲人一樣，都摸到大象身體的一部分，但因為摸到的部分實在太可怕，讓他們以為自己發現了這匹巨獸。其實，巨獸更大、更可怕，而我們的社會則還沒有準備好接受這匹巨獸的確存在的事實。

哪些力量阻礙我們了解巨獸？

由藍波、印地安納．瓊斯、天行者路克與詹姆士．龐德豢養的文化，會認為作戰與殺人可以免罰。也就是說，我們只要宣稱某人是敵人，士兵就可以為了崇高的目標、為了國家，乾淨俐落、無情無悔地將敵人從地球上抹去。為什麼要將自己的年輕人送走，去殺掉遙遠的另一方土地上的其他年輕人？要一個社會回答這個問題，不管怎麼說都是太過痛苦的一件事。

既然記得太痛苦，不如乾脆忘記。葛倫．葛雷對於他自己的二戰經驗是這樣寫的：「我們進入偉大戰神的領地時，祂讓我們眼盲；我們離開時，祂則賜飲一杯滿盈的忘川之水。」

甚至連心理學對於解決戰爭引發的內疚以及隨之而來的道德問題，似乎也沒有準備周全。彼得．馬林指責，現有的心理學專門詞彙「並不適合」描述人類良心承受的痛苦的現狀與規模。他說，我們的社會似乎無法處理道德痛苦或內疚，相反地，我們把道德痛苦或內疚當成是神經官能問題或病理學問題治療，「目的是逃避，而不是學習。我們把它當成一種疾病，而不是對過去所作所為，以痛苦但恰如其分的方式回應；對老兵而言，它的確是一種痛苦且恰如其分的回應。」

更了解黑暗

美國南北戰爭期間，以「看見大象」形容士兵的第一次作戰經驗。今天，人類在地球上生存，也許不僅要依賴我們看見大象，更要了解、控制這頭叫作戰爭的巨獸，以及存在我們每個人心中的巨獸。放眼望去，沒有比這個問題更重要、更關鍵的研究主題了，但我們心中卻有一股力量，遇上這個問題就感到厭惡、掉頭而去。這也是迄今這個主題大都是軍人在研究的原因。克勞塞維茲兩百年前就警告我們，「雖然這個議題的各個組成部分都過於恐怖，而會讓我們產生嫌惡感，但我們不能因此就坐視不理。這不僅沒有道理，甚至會損及我們的利益。」

第三部
殺人與身體距離：遠遠地看，你完全不像是朋友

除非一個人陷入嗜殺的快感中，否則，保持一點距離是比較容易毀滅人命的。距離每多一呎，真實感就少一呎。距離夠遠時，想像力就不會有起有落。近代戰爭中出現這麼多盲目的殘酷事件，就是戰士在一定距離外作戰的結果，因為他們想也想不到手中的強大武器破壞力有多大。

——葛倫．葛雷，《戰士》

距離與攻擊難易度之間具有連動關係，這已不是新發現。我們一直知道，與受害者之間的情緒距離與身體距離愈近，殺人就愈困難，引發的創傷也就愈高。這也是軍人、詩人、哲學家、人類學家與心理學家一直關注的議題。

位於距離最遠端的戰機轟炸與火砲射擊，是常用來解釋遠距離殺人相對來說比較容易的例子。隨著距離逐漸靠近，抗拒殺人的情緒也會愈來愈強烈。而到了距離最近的幾個點，例如以刺刀刺擊敵人的距離時，抗拒殺人的情緒則到達非常強烈的程度。若到了徒手作戰距離，例如：擊碎喉、或以拇指塞進眼窩，穿眼入腦……等，抗拒殺人的情緒就到了無法想像的程

度。但是，這個距離還不是最近的距離。我們會在後面的章節討論距離的最近點，也就是那塊令人毛骨悚然、性與殺人混雜的區域。

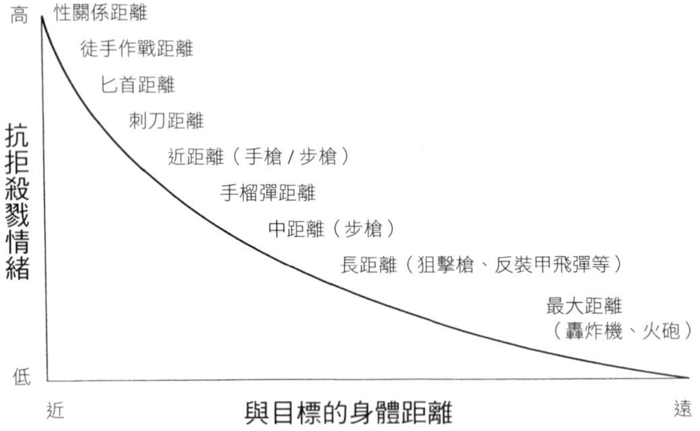

第十三章　距離：死亡的性質區別

士兵不必看到包含女人與小孩在內的集體敵人（collective enemy），就能夠殺死他們。製造痛苦的一方，聽不見死傷者的哭號。一個人可能殺了數百人，卻看不見血流滿地……

作戰人員在目標區上方好幾百哩的高處丟下一枚炸彈，就取走了十萬多人的生命，其中大部分都是平民。這時離美國內戰結束還不到一百年。他們與只要面對單一敵人之部族戰士間的道德距離，遠遠超過兩者間的數千年差距，以及這段時間內的文化變化……

現在戰爭中的戰鬥員，早晨從兩萬呎高空投彈，造成不明數目的平民傷亡，接著他在離投彈區幾百哩外的地方吃漢堡當晚餐。史前時代的戰士與他的敵人面對面，用身體的筋、肌、與意志打鬥，他的手可以感覺到對方肉開骨斷。雖然當時戰死是特例而非常態（原因也許是他的手指能察覺生命的脈動與逐漸接近的死亡），但是被他打碎腦袋的敵人的眼神，將陪伴他一生。

——理查·海克勒，《追尋戰士精神》

漢堡市與巴比倫城：兩個極端的例子

漢堡市

英國皇家空軍在一九四三年七月廿八日以燒夷彈轟炸德國漢堡市。關恩・戴爾告訴我們每一架飛機的炸彈標準攜帶量與彈種，包含：

> 大量的四磅燒夷彈與卅磅炸彈。前者的功能是燃燒屋頂，後者則可以穿透深入建築物內部。還有四枚一千磅高爆彈，目的是在大面積範圍內炸碎門窗，讓街上坑坑洞洞、堆滿土石瓦礫，阻止救火設備與器材及時抵達。但是，在又熱又乾、能見度又好的夏日夜晚，對著人口集中的工人住宅區域進行少有的密集轟炸，結果出現歷史上的新現象：火暴（firestorm）。
>
> 火暴涵蓋的面積大約四平方哩，中央地帶的空氣溫度約攝氏八百度，從外圈進入的對流風強度相當於颶風。一位倖存者說，風的聲音「就像惡魔在冷笑……」幾乎所有位於火暴圈中的建築物都設置了地下防空所，但是躲在其中的人，沒有一個人活下來。他們就算沒有燒死，也因為一氧化碳中毒而死。若是冒險逃到街上，則要冒著被對流風刮進火暴中心的危險。

那晚的火暴造成漢堡市七萬人死亡，大部分是婦女、小孩與老人，因為到了當兵年紀的人都在前線。這些人或燒死或窒息而死，死狀極慘。想像一下，如果英軍轟炸機組員必須一個個將這七萬婦女與小孩用火焰噴射器燒死，或更殘忍地將他們的喉嚨一個個割斷的景象。雖然我們知道，這個假設隱含的恐怖與創傷規模太大，根本不可能發生。但是，如果這種行為是在數千呎的高空中進行，聽不到人們在嘶喊、看不到軀體在燃燒，就容易得多了。

似乎全漢堡市從一頭到另一頭都在燃燒，還有一道巨大的煙柱籠罩在我們頭上，而我們當時的位置是在兩萬呎的高空！黑暗中只看到下面紅紅點點的火光時亮時起，攏成個大圓頂，就像是個燃燒的大火盆。我看不到街道與建築物的輪廓，只看得到比較明亮的火焰閃爍，就像一支支黃色火把，亮紅色的灰燼是襯著的背景。城市上空籠罩著一整片茫茫的紅色霧靄。我往下看，感到目眩神迷，覺得漂亮但嚇人，心滿意足又覺得可怕。

——皇家空軍轟炸漢堡市飛行組員，一九四三年七月廿八日。

引述自關恩．戴爾，《戰爭》

殺人者在兩萬呎高空，覺得自己的工作成果目眩神迷、心滿意足，而底下的人經歷的卻是：

我媽媽把我用濕床單包住、親了我一下，然後說：「快跑！」我在門口猶豫了一下，因為我眼前只有火、一片紅色的火，跨出門就好像跨進火爐一樣。這時，一陣強烈熱風迎面沖過來，然後一根還在燒的屋樑掉在我腳前，我退了幾步躲過，就在我要跳過去的時候，那根

> 樑就被一隻看不見的鬼手給捲走了。我走著走著，身上的床單鼓漲起來就像船帆一樣，好像暴風隨時會把我給帶走。我走到一棟五層樓建築前面……這棟樓在上次空襲時已經燒得差不多了，這次大火根本沒剩什麼東西可以燒。這時樓房裡冒出個人，把我抓進門去。
>
> ——陶德．克赫（Traute Koch），一九四三年時十五歲。引述自關恩．戴爾，《戰爭》

漢堡市七萬人死亡。一九四五年另一次以德勒斯登市（Dresden）為目標的類似燒夷彈轟炸，則造成約八萬多人死亡。東京蒙受兩次燒夷彈攻擊，總共造成廿二萬五千人死亡。落在廣島的那枚原子彈，造成七萬人死亡。二次大戰期間，同盟國與軸心國的轟炸機組員，殺死了數百萬和自己妻子、小孩與父母一樣的婦女、小孩與老人。每一架轟炸機上的飛行員、領航員、投彈手、與槍砲手能夠殺戮這麼多的平民，主要都是倚賴距離因素提供的心理保護。他們的智力能夠了解自己所作所為造成的恐怖結果，但距離因素讓他們能夠在心理上否認這個結果。雖然一首流行歌說：「遠遠地看，你似乎是我的朋友[10]」，但其實遠遠地看，你完全不像是朋友；遠遠地看，我可以不把你當人；遠遠地看，我也聽不到你的嘶喊。

巴比倫城

亞述王西拿基立（Sennacherib）在西元前六八九年摧毀巴比倫城：

> 我夷平了整座城市，每一座屋舍，從地基到屋頂。我摧毀它們、然後用火燒它們。我拆毀了外城與內城的城牆、寺廟、與通天神殿，將碎磚丟棄在阿納圖（Arahtu）運河中。我摧毀了巴比倫、砸爛了它的神、殺了它的每一個人之後，我將它的土翻起，倒入幼發拉底河裡，讓河水帶著流到大海。

夷平巴比倫城與用原子彈夷平廣島、或用燒夷彈夷平德勒斯登市，雖然都可以殺人，但在心理影響的差別卻非常大。

數千年來，並沒有發現任何個人記載，能夠見證毀滅巴比倫城的這一段恐怖歷史，但是我們可以透過納粹暴行倖存者的回憶，聽到類似這種大規模謀殺的回響。塔德歐什·波奧斯基（Tzdeusz Borowski）的《先生小姐們，瓦斯室請走這邊》（*Thus Way for the Gas, Ladies and Gentlemen*）是一本納粹死亡集中營的回憶錄，這本書讓我們窺見大規模殺戮的絕對恐怖：

> 我們爬進火車車廂。角落都是人類排泄物與踩碎的手錶碎片，踩爛的嬰兒就像個沒穿衣服的怪物，撐著一個大腦袋、肚子突出。我們一手抓好幾個，像拎雞一樣把他們抬出車廂。

10 此處指 Bette Midler 於一九九〇年的單曲〈From a Distance〉。

我看到四個人拖著一具屍體：一具腫大的女性巨屍。他們邊拖邊罵邊，汗濕全身。有一些小孩像狗一樣在棧板上狂哭，那幾個人拖拉屍體時還順便把這些擋路的小孩給處理掉。他們抓著這些小孩的領子、腦袋、手臂，然後把他們丟進卡車裡的屍堆上。但是他們沒辦法把那具胖屍體丟上去，於是叫人來幫忙，最後終於把那具女屍抬上那一座肉山。他們一一把散落在棧板各處腫脹撐大的屍體抬上那座屍堆，屍堆最上層有一些無法行動的、悶死的、生病的、沒有反應的人。屍堆在沸騰、哭號、呻吟。

在巴比倫城，一定有人要負責壓制那些嚇壞的巴比倫人民，還有人要負責刺、砍他們。一個接著一個。爺爺掙扎、哭泣著看著他的孫兒、女兒、兒子遭到屠殺、姦淫。父母看到自己的小孩被姦被殺，只能哀號、萎凋。波奧斯基在下面這段簡短的回憶中，又呈現了這種對大規模殺戮微弱但永恆的回響。他是這麼描述一位茫然、困惑、嚇壞的猶太小女孩：

這次小女孩從運牛車的小窗戶中硬擠出來，但是重心不穩，摔在碎石路上。她嚇壞了，呆坐在地上一陣子，然後站起來開始繞圈走，愈走愈快，同時高舉雙手，僵硬地揮動著。聽得到她時不時抽搐的呼吸聲以及微弱的啜泣聲。她已經神智不清了。一個黨衛軍若無其事地走到她身邊，穿著長靴的腳朝她的雙肩中間踢過去。她倒在地上。那人用腳壓住小女孩、拔出左輪槍，開了一槍，又一槍。她還是臉朝下一動也不動，只有腳不停在踢動碎石，直到全身僵硬為止。

將上面這段文字中的左輪槍換成刀劍，再將這個場景重複千萬次，就可以得到巴比倫城或是上千個其他城市與國家淪陷後的恐怖結果。

波奧斯基知道猶太受難者的下場：「有經驗的專業殺人者不會放過這些人身體的每一個縫隙，會從他們的舌頭下找出金子、從子宮與直腸內找鑽石。」歷史告訴我們，在巴比倫城或發生類似情形的其他地方，受難者會被壓制在地上，然後身體會被割開，查看他們是否吞下或藏著貴重物品。接著，就任這些人拖著腸胃在地上爬行，慢慢死去。

就算是納粹，通常也將男女與家庭分開殺戮，他們也很少能夠忍受一個個用刺刀殺死受難者。納粹常用機槍處決，遇上需要大規模作業時，則使用瓦斯浴室。巴比倫城的恐怖是我們無法想像的。

差別

> 我沒辦法想像我投下的炸彈在這兒造成的死亡有多恐怖。我沒有內疚感，我也沒有成就感。
>
> ——J. 道格拉斯．哈維（J. Douglas Harvey），二戰轟炸機飛行員，於一九六〇年代重返柏林時的感想。引述自保羅．法索，《戰爭時代》（*Wartime*）

漢堡市與巴比倫城發生的事情，差別在哪裡？就結果來說，沒有差別。兩地的無辜人民都恐怖地死亡，城市也都毀滅。所以，差別到底在哪裡？

差別，就是納粹劊子手對猶太人的所作所為，與盟軍轟炸機投彈手對德國與日本人所作所為之間的差別。差別，就是卡萊少尉對一個越南村莊所有村民的所作所為[11]，與許多飛行員與砲兵對類似越南村莊的所作所為之間的差別。

我們對巴比倫城、奧斯維茲與美萊村的屠夫惡行了解愈多，情緒上就會愈厭惡那些人瘋狂與奇怪的精神狀態。我們不能明白，同為人類，他們怎麼會對另一批人做出如此不人道、如此殘忍的事情？我們認為這是謀殺，不管他們是納粹還是美國的戰犯，我們都會逮捕、起訴這些該負責的罪人。我們起訴了他們，就可以坦然地主張，這些是文明社會不能容忍的偏差行為。但是，大部分人想到轟炸漢堡市或廣島的另一群人時，卻不會厭惡他們的作為，至少不會像對納粹劊子手那般厭惡。當我們能夠設身處地體會轟炸機組員的情緒時，大部分的人都不會認為，換成自己就會做出不一樣的事情。因此，我們不會認為那些人是罪犯，我們會合理化他們的行為，大部分的人甚至會有個直覺，以為自己也可以做出像轟炸機組員一樣的事情，但是卻不能做出那些納粹劊子手做的事情。

從受難者的觀點來看，痛苦確實有性質的區別。這點雖然很不可思議，卻無法否認。奧斯維茲倖存者得到創傷的原因，是因為那些作為是針對他們而來的，這種經驗因此讓他們一輩子都必須承受心理損傷。但是漢堡市轟炸的倖存者卻只是某個戰爭行為下的附帶受難者，他們因此能夠將自己當時的經驗拋在腦後。

葛倫．葛雷學的是哲學，二戰時在情報單位服務，工作是與間諜、納粹同謀、集中營倖存者等平民聯絡。他了解死亡的確有性質的區別：

死亡之所以有性質的區別，不在於死亡是否頻繁出現，而在於致死的方式不同。作戰死亡的原因，通常是因為同類主動、積極地要致我於死地，但是他們可能根本看不見我，跟我也沒有特別過節。敵意致死，而非意外或自然因素致死，才是戰爭與和平的根本差別。

我們先前已經討論過各種殺人情境下會出現的相對創傷。我們現在有理由相信，殺人的倖存者或歷史觀察家，在某種本能、感情的層面，都可以了解因轟炸致死與在集中營中死亡的性質區別何在。轟炸致死有一道至關重要的緩衝因素，就是距離。轟炸致死代表一種非針對性的戰爭行為，其中每一件死亡都不是意圖致死，絕大部分都是意外致死。軍事上的委婉用語是「附帶損害」（collateral damage），例如轟炸軍事目標時導致平民死亡的情形。另一方面，處決無辜平民（本書後續章節會討論這個主題）則是一種高度針對性、公開否認受難者人性的瘋狂、無理性行為。

所以，差別在哪裡？最終的差別就在距離。

11 卡萊少尉（Lieutenant William Calley），越戰時屠殺美萊村全村平民的美國陸軍軍官，以謀殺罪判刑廿年，後特赦減為十年軟禁，但實際服刑時間只有三年半。

第十四章　最大距離與長距離殺人：從不需要懺悔或遺憾

保持距離作戰是人的本能。他從第一天起就朝這個目標努力，而且會繼續下去。

——阿登．杜．皮克，《作戰研究》

最大距離：「他們可以假裝殺的不是人」

我們先從最大距離開始研究距離量尺上各個點的殺人方式。「最大距離」的定義是殺人者若不運用某種器械，例如望遠鏡、雷達、潛望鏡或遙控電視攝影機，就看不到個別受害者的距離。

葛倫．葛雷對此說得很清楚：「許多飛行員或砲班士兵都摧毀過數目不明、恐懼不已的非戰鬥員，但他們從不覺得自己需要懺悔或遺憾。」戴爾不僅附和葛雷的說法，還進一步指出，要砲手、轟炸機組員或海軍艦艇兵殺人，一點困難也沒有：

> 部分原因就像機槍班成員可以不斷開槍一樣，因為他們身旁就有人看著他們，但是更重要的原因是距離擋在他們操作的器械與敵人中間，他們可以假裝自己殺的不是人。
>
> 總體來說，距離是個有效的緩衝：砲手依據他們看不到的方格座標射擊、潛艦士兵將魚雷射向「敵艦」（而不是射向敵艦內的人）、飛行員將飛彈射向「目標」。

戴爾這段話包含了大多數最大距離殺戮的型態。不管是砲班成員、海軍砲手、飛彈組成員，不管是陸戰或是海戰，以下三種因素的組合都一視同仁地保護他們：集體寬恕、器械距離、以及與我們目前討論方向最相關的身體距離。

我多年來研究、閱讀關於作戰殺人的文獻，還沒有發現任何一個士兵在這些情形下拒絕殺敵的例子，也沒有發現因為這種類型的殺人行為導致精神創傷的例子。與一般迷思相反的是，就算是在廣島與長崎投下原子彈那些人，也沒有徵兆顯示他們出現心理問題。歷史紀錄指出，擔任「艾諾拉．蓋伊」（Enola Gay）[12]的氣象偵察機的飛行員，還沒有出那次任務之前就已經有一連串的違紀與犯罪問題，而他退伍後依然是個頭痛人物。外界認為那次任務的機組員都有自殺與心理問題，就是來自這個單一因素。

長距離：「不必直接跟作戰的辛勞與情緒打交道」

此處「長距離」的定義是：一般士兵也許能看得到敵人，但要是不藉助某種特殊武器，就無法殺掉敵人的距離。這些特殊武器包含：狙擊槍、反裝甲飛彈或戰車主砲。

12 在廣島投下原子彈的 B-29 轟炸機，該次任務總共派出七架戰機，其中三架擔任氣象偵察任務。

理查·荷姆斯告訴我們一位一戰時期澳洲狙擊手的回憶。他射殺了一名德國觀測兵後，「心底升上來一股純粹的快感，那種感覺與我小時候打到第一隻袋鼠是不一樣的。有那麼一刻，我覺得噁心、好像就要暈倒了。但這種感覺很快就沒了。」

我們在這裡看到一些殺人行為遭遇的亂流，但是狙擊手的準則要求的是團隊執行任務，就像最大距離的殺人者一樣，狙擊手同樣也被集體寬恕、器械距離（瞄準鏡）與身體距離三者的組合強力保護著。而狙擊手對於殺人的觀察與紀錄和近距離殺人的紀錄相當不同（我們在後面的章節會討論），是以一種奇怪的非個人方式撰寫：

> 二一〇九時（一九六九年二月三日），五名越共從林線移動到稻田。領頭的越共遭火力攻擊……造成一名越共死亡。其他越共立即擠在該具倒下的屍體旁，看得出來他們根本不知道同袍怎麼死的。華登士官遂繼續朝越共逐一射擊，直到全殲五名越共為止。

就算狙擊手執行任務時有長距離作為心理緩衝，但就像二次大戰時，絕大部分的空對地任務是由非常小比例的戰機飛行員完成的一樣，狙擊任務對國家整體戰果的貢獻，絕大部分也是由少數精挑細選、受過訓練的狙擊手，無情無悔殺戮大量敵人完成的。

美國陸軍狙擊手從一九六九年一月七日至七月廿四日總共在越南確認狙殺了一千兩百四十五人，平均射擊一點三九發子彈就狙殺一人。確認狙殺的計算方式是，美軍得能「用腳踩著屍體」，否則不能列入確認狙殺數目。

雖然狙擊戰術這麼有效，狙擊手執行的這種非常針對性、一對一的殺戮，卻很奇怪地招致厭惡與抗拒。彼得．史塔夫（Peter Staff）在他那本討論狙擊手的書中指出，「只要戰爭一結束，美國軍方就急急忙忙與狙擊手保持距離。那些在戰時被召去執行不可能任務的人，很快就發現自己在承平時期成了賤民。這種情形屢見不鮮。一次大戰、二次大戰、韓戰，都一樣。」

第十五章　中距離與手榴彈距離殺人：「不可能確認就是你殺的」

中距離：因為「證據非常薄弱」，所以能夠否認

中距離的定義是士兵可以看到對方、能以步槍朝對方開槍；但受害者中彈時，無法得知傷勢大小、聽不到他的聲音、也看不到他的臉部表情。事實上，士兵在這種距離依然可以否認是自己殺了敵人。一位二戰老兵是這樣告訴我他的親身經驗：「開火射擊的人太多了，不可能知道一定是誰殺了誰。你扣了扳機，然後看到一個人倒下，誰都有可能殺了他。」

這是老兵被問到自己殺人經驗時的典型反應。理查．荷姆斯說，「大部分我訪談的老兵，都是有第一線作戰經驗的步兵，但認為自己真的殺過敵人的不到一半。而且大部分時候，認為自己殺過敵人的人，提出的證據非常薄弱。」

士兵殺戮敵人時，似乎會階段性產生一系列的情緒反應。他們通常以「反射」或「自動」等字眼形容殺人的那一刻。等到完成殺人行為後，就立即進入歡愉與興奮階段，接下來通常出現的反應是內疚與後悔。這幾個階段個別的強度與持續時間長短與殺戮距離息息相關。我們可以發現，在中距離殺戮時，歡愉階段的持續時間比較長。威廉．史令姆（William Slim）元帥回憶他一九一七年在美索不達米亞殺了一名土耳其人的經驗：「我知道這樣講很殘忍。但是我看到那個可憐的土耳其人轉啊轉著，然後倒在地上，我覺得非常非常滿足。」

歡愉階段結束後，接下來的後悔階段，打擊可能會更大，就算在中距離也一樣。荷姆斯在書中引用了一位拿破崙戰爭時代英國士兵的說法。這位士兵這樣描述他第一次開槍打死一位法軍後心中的恐懼：「我相當自責，自己怎麼會變成毀滅者？我非常不安、說不出來的不安。我覺得自己就跟罪犯沒有兩樣。」

如果士兵殺了敵人後還進前觀察（只要戰術情況容許，這種事情經常發生），就會造成更大的創傷。一旦在近距離看到受害者，中距離殺戮擁有的一些心理緩衝都會消失。荷姆斯告訴我們一名一次大戰英國老兵的故事。他回憶十七歲時看到自己的戰果：「我走向前，看著那個德國人，我知道是我殺了他。我還記得，當時我想著的是他年紀看起來有點大，應該已經成家生子了。我覺得很難過。」

手榴彈距離：「我們聽得到尖叫聲、覺得想吐。」

手榴彈距離從幾碼到卅五至四十碼不等，是可以使用手榴彈完成殺戮特定目標的距離範圍。手榴彈殺人與近距離殺人不同之處，是殺人者不一定會看到受害者死亡。事實上，士兵在近距離到中距離範圍內使用手榴彈還看得到爆炸，就代表他自己會成為自己手中工具的犧牲品。

荷姆斯告訴我們一個一戰期間發生的故事。一位士兵對著戰壕內的一群德國士兵丟了一枚手榴彈，爆炸後聽到慘叫聲：「雖然我們天不怕、地不怕，但我們還是嚇得僵住了。」換句話說，除非士兵看得到自己製造的成果、除非出現尖叫聲，否則士兵多半不會出現創傷。

這些對心理與生理都能夠產生強烈影響的武器，在一次大戰的戰壕戰中特別有效。荷姆斯書中記載的這個故事就是一個例子：

> 雙方都經常用手榴彈炸對方的掩體，裡面的人如果有機會，可能就會出來投降了。一名在不久前、也就是一九一八年三月遭擄獲的英軍士兵告訴抓到他的人說：「還有一些受傷的人在掩體裡面。」那人聽到以後就拿出一支木柄手榴彈、拔出安全栓，往掩體裡面丟。我們聽得到尖叫聲，覺得想吐，但根本無能為力。當時一片混亂，換成是我們，可能也會幹一樣的事情。

在一次大戰的近距離戰壕戰中，不管就心理與生理而言，手榴彈這種武器非常好用。基根與荷姆斯甚至告訴我們：「步兵已經忘記如何使用步槍精確投射火力，手榴彈成了步兵的主要武器。」我們也開始可以了解，這是因為使用手榴彈殺人伴隨出現的情緒創傷比近距離殺人來得小，在殺人者不必看到他下手的受害者或聽到他們死亡的聲音時，尤其如此。

第十六章　近距離殺人：「我知道這回該我，對，就是我，殺他了。」

一九六七年以色列攻佔耶路薩冷舊城區時，一名以色列傘兵前面出現一名高大的約旦人。「我們對看了大約半秒鐘，我知道這回該我，對，就是我，殺他了。旁邊根本沒有別人。整個過程絕對不到一秒鐘，但全都像慢動作電影一樣印在我腦海裡。我以腰射姿勢射擊，那些子彈打在他左邊牆上的畫面我還記得清清楚楚。我調整我的烏茲槍口射向，慢慢地、我記得是慢慢地，直到我打中他的身體為止。他的兩個膝蓋軟了下來，我看到他的頭抬起來，一臉驚恐扭曲，都是痛苦與恨意。對，這麼恨。我又對他射了幾槍，不知怎麼地打到他的頭。血到處都是……我吐了出來、一直吐，直到其他弟兄來了為止。」

——約翰．基根與理查．荷姆斯，《士兵》

近距離的定義是：射手操作投射武器時，從不需修正瞄準點即可擊中目標的距離到中距離的殺人範圍。近距離殺人的關鍵因素是殺人者無法否認自己的殺人責任。在越戰以及後來的伊拉克戰爭與阿富汗戰爭中，都以「個人殺戮」（personal kill）描述以直射武器殺掉特定敵人，並且絕對確定是自己所為的殺人成果。

我在本章中為了分析方便起見，將近距離殺人的例子區分為兩類，一類是敘述者最後決定殺人，另一類是敘述者最後決定不殺人。

決定殺

在近距離範圍內，殺人後的歡愉階段雖然很短暫，而且很少人願意提起，但是仍然會以某些形式在大部分士兵身上出現。我訪談的有作戰經驗的老兵中，大部分都承認成功殺了敵人後，自己的確產生短暫的興奮感。一般來說，因為士兵所作所為的證據確鑿，愉悅階段會立即被內疚階段淹沒，而且內疚階段非常強烈，經常導致士兵產生噁心與嘔吐反應。

近距離殺人行為的本質就是強烈鮮明的，也是非常針對性的行為。一位美國特種部隊軍官是這樣描述自己在越南遭遇伏擊時，親手殺了敵人後的反應：

> 我帶著兩個弟兄繞過側翼，準備包圍、擊潰他們。我繞到側翼，拿起M-16瞄準他們時，那傢伙轉過頭來，就這樣瞪著我看。我當場僵住了，因為那傢伙還是個孩子，大約十二到十四歲吧？他突然連身體都轉過來，手上拿著一把自動步槍對著我。我就這樣開火，對著那個孩子把一匣廿發子彈都打光了。然後，他就躺在那兒，我丟下我的槍，哭了出來。
>
> ——約翰．基根與理查．荷姆斯，《士兵》

另一位二次大戰的陸戰隊老兵威廉．曼徹斯特對他自己近距離殺人經驗的心理反應，也有鮮活的描述：

我完全呆住了、嚇得動也不能動。但是我知道岸邊的那個放漁具的小屋裡面一定有個日本狙擊手。他那時正在對著別的方向、另一個營的陸戰隊弟兄開火。但是我知道他把那些人殺完後，就換成我們遭殃了，因為那小屋還有另一扇窗戶。又沒人可以去解決他……我就朝著小屋跑過去、破門而入，沒想到裡面沒人！

裡面還有扇門，這代表後面有個房間，狙擊手就在裡面，於是我把門踢翻。我當時嚇得要死，以為那人在等著我一進來就給我一槍，沒想到他因為被身上偽裝網纏住了，轉身的速度沒那麼快。我用四五手槍對著他打，我覺得又羞又愧。我還記得自己傻傻地小聲說：「對不起」，然後吐了出來……吐得一身都是。我剛剛做的事情，背叛了我從小到大的教育。

在這個距離聽得到敵人的呼號與哭喊，更擴大了殺人者的創傷。法蘭克．理查遜（Frank Richardson）少將告訴荷姆斯，「士兵在戰場上臨死時常會呼喊母親，聽了讓人難過，但這是事實。我自己就聽過總共五國語言是怎麼叫媽媽。」

近距離殺人時，若敵人沒有立即死亡，則常發生殺人者送別死者最後一程的現象。下面這個故事出自一位遊騎兵、也是陸軍士官長哈利．史都華（Harry Stewart）的自述。美國陸軍士官長向來是強悍與專業的化身，這個不尋常的故事發生在一九六八年北越發動「春節攻勢」（Tet offensive）期間：

突然，有個人用手槍朝我們射擊。那手槍看過去就像一門一七五（釐米榴砲）一樣大。

第一發子彈擊中了我左邊那個兵的胸部，第二發打中我的右手臂，但當時我沒有感覺。第三發子彈擊中我右邊那個兵的肚子。這時我已經從牆邊跳到左側去……

我朝著那個越共衝過去，邊跑邊射擊我的M-16。他就在我的腳邊倒地，還有呼吸，但也活不久了。我低下身去拿走他的手槍。我還記得他的眼睛看著我，充滿恨意……過沒多久我又回到原地再看一眼，那個我殺的越共。他還活著，用同樣的眼神看著我。蒼蠅已經在他腦袋四周飛來飛去了。我替他蓋上毯子，用水壺的水沾濕他的嘴唇。他的嚴厲眼神逐漸消失。他想講話、但眼看著就快不行了。我點了根菸，抽了幾口，然後放入他的雙唇間，但他幾乎吸不動。我們各吸了幾口菸，他閉上眼睛之前，嚴厲的眼神終於完全消失。

就算殺人者有各種仇視、鄙視他眼前受害者的動機，就算他有各種趕快離開自己近距離殺戮成果的理由，他卻經常滯步不移，被自己造成的滔天結果搞得僵在當場。美國海軍上尉戴爾特·丁婁（Dieter Dengler）就曾經面對過這種情境。戴爾特曾獲頒海軍十字勳章，這是美國政府表彰英勇行為的第二高榮譽；他也是美國唯一一位遭擊落被俘後，從東南亞戰俘營中成功脫逃的飛行員。戴爾特找到一把槍、逃出戰俘營後，碰上一名曾經在營中虐待他的殘暴守衛：

蠢蛋（戰俘給這名守衛取的綽號）從離我大約只有三呎遠的地方衝過來，手上拿著一把開山刀，我就在這個近距離腰射開槍，他整個人被子彈轟起來的時候，手上還舉著開山刀。

接著他往後飛，摔落在地上。血從他身體背後的大洞不斷湧出。我站在他旁邊嚇到連嘴都合不攏，因為我沒想到一發子彈可以造成這麼大的傷口。當時我腦袋裡沒別的，只注意到他背後那個可怕的傷口。

這段敘述要傳達的是當事人的情緒反應。在士兵們經年累月作戰碰上的事情中，類似戴爾特這種近距離殺人，以及本書其他章節引用的許多近距離殺人例子，似乎是他們最不想記得的事情。我訪談的一位越戰時期美軍特種部隊第一士官長是這樣描述作戰是怎麼回事。他說話時嘴頰裡面有一團嚼菸，所以慢條斯理地說：「這種事情靠得太近了，就會聽到他們的慘叫、眼看著他們死掉。」他這時吐出一口菸草，用力地說，「那就真是有夠噁的。」

決定不殺

抗拒殺死對方的力道在近距離時非常強。我們看著對方的眼睛，知道他是老是少、是害怕還是憤怒；我們也無法否認即將就死的這個人是我們的同類。許多士兵對自己決定不殺的回憶，多半集中在這一刻。

基根與荷姆斯記載了二次大戰期間在義大利西西里發生的不作為事件。一群美軍為躲避敵火砲攻擊，跳進一道深溝：

天啊，沒想到有五個德軍也在裡面，我們大概也有五個人，還是四個，我們根本沒有想到該拿什麼打……這時我才看到他們手中有步槍，我們也有步槍。這時砲彈就來了，我們立即彎身靠在溝邊，那些德國人也一樣。然後，我們兩邊竟然都相安無事。我們掏出菸，一個接一個地一人分一支，每個人都點上菸。我沒法形容那種感覺，就像那時候要是拿槍打對方，總是怪怪的……他們是人，就像我們一樣，他們也嚇壞了。

馬歇爾告訴我們另一個類似的故事。越戰時美國陸軍連長威利斯上尉帶著部隊沿著溪床行進，突然遇上一名北越士兵：

威利斯立即進前，手中的 M-16 對著那人的胸部。他們之間相距不到五呎。那名北越兵手中的 AK-47 也正對著威利斯。

威利斯猛搖頭。

那名北越兵也猛搖頭。

你說這是和解、停火、君子協定、或兩人談好了，都對……那名士兵慢慢後退、在黑暗中消失不見，威利斯則踉踉蹌蹌地繼續緩步前進。

人與人的距離這麼近，要否認對方是人就非常困難。看著對方的臉、他的眼神、恐懼，根本無從否認起。殺人者要殺的不是穿著軍服、抽象的敵人，而是要朝一個人開槍、殺掉一個特定的人。多數殺人者就是做不到，或是不願意做這件事。

第十七章　有刃武器距離的殺人：「親密的殘暴」

在士兵使用刺刀或矛等非投射武器作戰的身體距離內，會有兩個從這種距離關係導出的重要推論發生作用。

第一，我們必須知道，士兵若使用能與敵人保持較長距離的有刃武器，則心理上更容易殺人；與敵人的距離愈短，則殺人更困難。也就是說，使用廿呎的長矛戳刺敵人比使用一把六吋的刀戳刺敵人來得容易。

亞歷山大大帝率領的希臘與馬其頓部隊征服世界時，方陣隊形使用矛為武器獲得的身體距離，提供了士兵大部分的心理優勢。也因為方陣隊形構成的長矛屏障能夠提供非常有效的心理優勢，方陣戰術在中世紀時又重新得到重視，在武士馬戰時代運用得相當成功。方陣戰術最終被火藥推動的投射武器取代，原因只是後者的虛張聲勢能力更強、並且能提供更佳的心理優勢。

第二個關於「距離關係」的推論是，士兵對敵時，劈擊或砍擊比刺擊容易得多。刺擊是穿入性行為，而劈擊則能夠迴避或不執行刺擊穿入敵人重點部位的目的。

士兵以刺刀、矛或劍為武器時，這些武器就成了他身體的自然延伸，也就是肢（appendage）。以肢穿入敵人身體是一種帶有性意含的行為，這點我們會在關於徒手作戰距離的章節討論。將肢伸出、刺入敵人的肌肉，猛力讓我們身體的一部分進入對方身體的重要器官，這種行為與性行為高度相似，卻會造成致命結果，我們因此非常厭惡這種行為。

羅馬人很明顯認為士兵不願意以刺擊攻擊敵人是個非常嚴重的問題，因為古羅馬的戰術專家與歷史學家維蓋提烏斯（Vegetius）在一則題為「不要劈、要用劍刺」的文章中，以長篇幅強調此點。他說：

> 他們一樣要學習不要劈、要用劍刺。因為羅馬人不僅認為用劍刃作戰的人是笑柄，也發現那些人很容易解決。用劍刃劈擊力道就算再大，也很少能殺死人，因為骨頭與鎧甲保護了身體的重要器官。相反地，就算只有兩吋深的刺擊傷，通常也能致命。

刺刀距離

鮑伯．麥肯納（Bob McKenna）是一位職業軍人，也是雜誌的專欄作家。他曾在非洲、中美洲、與東南亞服役共十六年，這段經歷讓他了解他稱為刺刀殺戮的「親密的殘暴」。他說：「你腦袋想到有一塊冷冰冰的鐵器滑進自己肚子的時候，會比想到一發子彈打中肚子更可怕、更真實。原因也許是你看得到這塊鐵器對著自己來的緣故。」一個非常害怕被一塊冷冰冰的鐵器給殺死的例子，發生於一八五七年的「印度叛變」（Sepoy Mutiny）事件。叛變被捕的印度士兵「苦求賞一發子彈」，乞求英軍能以步槍而非刺刀行刑。另一個最近發生的例子是非洲盧安達的種族屠殺衝突。根據美聯社報導，圖西（Tutsi）族人被胡圖（Hutu）族人抓到後，希望不要被刀砍死，因此胡圖族人就要圖西族人自己買行刑的子彈。

殺人者不是唯一非常厭惡刺刀殺戮的人。約翰．基根在其里程碑著作《作戰的面貌》中，比較了亞金科（Agincourt）戰役（一四一五年）、滑鐵盧戰役（一八一五年）與索姆河（Somme）戰役（一九一六年）。基根指出，滑鐵盧戰役時「有一些關於治療劍傷與騎兵槍傷的記載，也有一些刺刀傷的紀錄，但是，這些刺刀傷多半發生在已經失去作戰能力的士兵身上。也沒有證據顯示，當時在滑鐵盧的交戰部隊曾經展開過刺刀戰。」以有刃武器作戰的方式到了一次大戰幾乎已經絕跡。基根指出，在索姆河戰役時，「有刃武器傷只占所有戰傷的一小部分、百分之一而已。」

刺刀作戰會被三個心理因素影響。第一，大部分進入與敵人拼刺刀距離的士兵，會以武器底部或其他能用上的方式，而不是以刺擊讓敵人失能或傷害敵人。第二，拼刺刀時，因為必須在近距離完成殺人行為，出現心理創傷的可能性大增。第三，抗拒以刺刀殺人的力道，與敵人對於被刺刀殺戮時的恐怖感相當。因此，發起刺刀戰時，其中一方必然在刺刀戰真正開打前就先脫逃。

軍事史上絕少發生真正的刺刀戰。十九世紀的法國將領侯勗（Trochu）將軍[13]在法國陸軍當了一輩子軍人，也只目睹過一次刺刀戰，即一八五四年克里米亞戰爭時、法軍在大霧中意外與俄軍部隊遭遇的因克爾曼（Inkerman）作戰。在那場戰爭中，不僅拼刺刀的次數非常少，刺刀傷的數量更少。

理查．荷姆斯說，就算士兵接受了刺刀戰的各項訓練，「他們作戰時卻經常掉轉武器，把武器當棍棒使用……德國人似乎比較喜好用槍托而不用刺刀。德國人在近距離作戰時，喜歡用棍、重頭短棒、與磨利的圓鍬。」請注意，這三種東西都是敲擊或砍擊的武器。

荷姆斯接著舉了一個非常精彩的例子，說明這種抗拒刺刀殺戮的微妙、無意識的本質：「一次大戰時，斐德列克．查理士王子[14]問一名德國步兵，為什麼會做這種事？那名士兵回答：『我不知道。我一緊張，手上的東西就轉了方向。』」

美國南北戰爭時期，也同樣有許多記載指出雙方許多士兵抗拒以刺刀殺人。不管是北方佬與南方佬，在混戰中都比較喜歡使用武器底部或抓著槍管當棍棒一樣揮擊，而不使用刺刀將敵人開腸破肚。有些研究者認為，當時士兵不願意以刺刀相向，原因在於這場內戰的特殊之處是兄弟鬩牆之戰。但是從兩百年來的作戰傷亡統計資料可以看出，原因其實是對人性基本、深刻、與普世皆然的領會：第一，士兵離敵人愈近，就愈難動手殺人，到了刺刀距離，更是難上加難。第二，一般人非常抗拒以手持有刃武器穿刺另一個同類的身體，他們比較傾向以敲擊或劈擊對敵。

由於士兵在戰場上以刺刀完成「個人殺戮」的例子非常少見，我們因此必須感謝荷姆斯畢生在這個領域的研究成果。他找到了下面幾個現代戰爭中，「只占所有戰傷的一小部分、百分之一而已」的有刃武器戰傷記載。

第一個記載是一九一五年一位德軍步兵下士回憶他用刺刀殺人的經過：

> 我們奉令全力摧毀一處相當堅固的法軍據點。雙方打成一團時，我前面忽然出現一名法

13 十九世紀法國將領與政治家。曾任當時法國的國防政府主席，即為實質元首。
14 Prince Frederick Charles，德皇威廉二世的妹夫。

軍下士。我們兩個的槍上都已經上了刺刀，他隨時會動手殺我，我也隨時可以殺他。我在佛萊堡（Freiburg）有軍刀對打的經驗，知道在這種時候必須要先聲奪人。我先隔開他的步槍，然後以突刺將刺刀插入他的胸膛。他掉了槍、人也倒下，口中噴血。我站在一旁看了幾秒鐘，然後動手結束了他。我們攻下那個據點後，我感到一陣昏眩、雙膝發抖。我是真的病了。

這名德軍接著說，他接著連續好幾晚都夢到那名死在他刺刀下的法國人，顯然這是他戰時經歷過的最重要一件事。的確，各方面都顯示，刺刀殺人的「親密的殘暴」是個心理創傷出現可能性非常高的環境。

一名澳洲士兵於一次大戰期間寫給父親的信中，則出現了另一種完全不同的反應：

我發誓，那些德國蠢蛋都是該死的雜種狗。他們不停射擊，直到我們離他們只有兩碼遠才停止。然後他們才會丟下武器求我們饒他們一命。還真想得美！斧頭都砍下去了，還饒得了雞嗎？我不多解決幾個不會停的。爸爸，這種事情很公平，刺刀插進去的時候，他們的眼睛就凸出來，活像隻蝦子。

假如這段話是真的、假如這次殺人行為與當事人的毫無悔意，並非兒子對父親吹牛，那麼，這意味該名士兵是極少數擁有能夠從事這種行為的心理結構的人。本書後面章節談到影響殺人的傾向性因素時，會特別著重討論那百分之二、具有「攻擊性病態」傾向的人。本章的目標是探討以有刃武器殺人的本質，以及那些能以有刃武器殺人的人的本質。而根據我們的所見所聞，把這種行為當成「好本事」的人不僅為數不多，也相當不尋常。

另一位參加過第一次加薩之戰（First Battle of Gaza），但自己沒有刺刀殺人經驗的的澳洲老兵，是這樣描述刺刀戰的：「就是瘋了似的屠殺……土耳其人衝過來時，聽得到沈重的呼吸聲，看得到他們咬牙切齒、眼大如銅鈴的樣子，以及刺刀刺入身體時或泣或號的聲音。」這是最針對性的作戰。一個人用刺刀插入正對面另一個人的身體時，他聽到的或泣或號、看到口中噴血、與眼睛凸出來「活像隻蝦子」，都是他一輩子不能抹滅的記憶，也難怪這種例子在現代戰爭中如此少見。

我們因此了解一般士兵強烈抗拒以刺刀殺戮同類的理由。而且，只有在一種情形下，他們才會超越自己這種抗拒情緒：他更抗拒被刺刀殺戮，因為身體被刺刀插入的感覺更恐怖。莫倫伯爵以自己在一次大戰時在戰壕多年的經驗指出，「有一次一把刺刀離我的肚子只有幾吋，那時我比被砲彈炸到還害怕。」雷馬克在《西線無戰事》這本書中提到，有一次在一名被俘的德軍身上搜出一把工兵用的鋸齒刺刀，這名德軍因此被殘暴的方法處死，並曝屍當場，以警告他的同袍。荷姆斯說，兩次世界大戰中，只要攜帶鋸齒刺刀的德軍被抓到，都會遭到這種下場。因為不管是哪一方捕獲德軍，都覺得這種武器很可怕，認為德國設計這種武器的目的是讓敵人更痛苦。

看到子彈呼嘯而來毫不害怕的士兵，一旦看到敵人手持一塊冷冰冰的鐵器、意志堅決地朝自己過來時卻會逃走，毫無例外。杜・皮克指出，「歐洲每一個國家都說：『我們上刺刀衝鋒時，沒人還能堅守陣地。』這話完全正確。」看見一波波的冷兵器，不管是長矛、矛或刺刀，像潮水般湧來，任何人當然都會擔心，這是必然的。就像荷姆斯說的，「其中一方通常在還沒有拼刺刀前，就緊急調動部隊、變換陣地。」經常發生的情形是，雙方部隊都不會前進到能夠拼刺刀的距離，部隊遲滯的結果是雙方在近得不像話的距離互相開槍射擊。二次大戰老兵佛萊德．馬加德蘭尼（Fred Majdalany）寫道：

大家聊天時都會講到拼刺刀怎樣怎樣，但很少有人敢拍胸脯保證自己用刺刀殺過德國人。因為上刺刀擺出樣子、讓對方看到刺刀尖就很有用了。對方多半會在刺刀還沒刺到之前就投降了。

在現代戰爭中，士兵拼刺刀時，經常發生其中一方還沒接觸就逃跑，接著交戰雙方的心理天秤就會明顯失衡。但這並不意味刺刀這種武器與刺刀戰沒有效果。派帝．格里菲斯指出：

士兵「拼刺刀」時，就算刺刀根本沒有碰到敵人身體、更不用說刺入敵人身體，依然是非常有效的作戰方式。這是個事實，卻引起不少誤解。即使戰場上百分之百的傷亡都是由前膛裝填槍達成，但刺刀依舊可能是致勝工具，因為拼刺刀的目的不是殺戮敵人，而是打亂敵方隊形，取得前進的優勢。士兵看著明晃晃的刺刀，再加上對方的堅強意志，有時候的確可以產生震撼效果。

一支擁有近距離作戰與徒手殺人傳統與盛名的部隊，能夠讓敵人膽寒的原因是部隊在近距離執行針對個人攻擊的決心。英國的廓爾喀營（Gurkha）向來擅長此道（福克蘭群島戰爭時期，阿根廷部隊聽到廓爾喀部隊就害怕，即是一例）。任何部隊，只要信任刺刀帶來的效果，讓敵人感覺到自己有決心進入「穿刺距離」，就至少能引發一些敵人的天生恐懼感。

這些部隊必須了解（至少部隊主官必須了解），雖然士兵真正以刺刀穿刺敵人在歷史上幾乎從未發生過，但是當敵人感覺到對方顯示的近距離殺人意志、或至少聽聞對方近距離作戰的盛名，就會讓他們認為對方虛張聲勢的能力更強，此時，人類對這種威脅行為的強大嫌惡感，就能夠達到讓敵方士氣一蹶不振的效果。

背刺與追逐本能

當拼刺刀迫使一方士兵轉身逃跑時，才是殺戮真正開始的時候。而背向敵人士兵，在某種本能層面，能夠直覺地讓他了解自己正處於非常、非常危險的情境。格里菲斯是這樣描述這種恐懼的：「這種在敵人面前撤退的恐懼，也許與撤退時背向敵人有關。人只有在面對危險時，才可能可以承受危險。」格里菲斯在他那本關於美國南北戰爭的精彩著作中還舉出許多例子，證明敵人開始逃離戰場時，才是以槍枝射擊與以有刃武器殺戮最能達到效果的時候。

殺戮效率在敵人背向自己時會升高，但隨之而來的是自己也害怕背向敵人。我認為這種現象是經由兩個因素造成的。第一個因素是「追逐本能」的觀念。我一輩子都在訓練狗、與狗為伍，我知道與動物相處時，最不應該做的事情就是用跑的方式離開動物。我還沒有遇過我無法鎮住的狗，或我一腳過去沒辦法讓牠失能的狗，但是我的本能與理智都知道，只要我一轉身跑開，危險就大了。大部分動物都有一種追逐本能，就算受過良好訓練或沒有攻擊性的狗，只要看到有東西快速移動時，也會本能地開始追逐，想要抓下那個東西。同樣地，人似乎也有一種追逐本能，促使他殺戮逃跑的敵人。

第二個促成背後殺戮的因素是：看不到敵人的臉孔，就可以抵銷身體距離量尺上的接近效應。而士兵似乎有一種直覺，認為只要他們一轉身，被敵人殺掉的機會也就愈高。

這個因素能夠解釋納粹、共產黨與黑社會的傳統處決方式是朝腦後開槍，也解釋了要把吊死或槍斃的人蒙上眼罩或戴上頭套的原因。米倫與葛斯坦於一九七九年的研究指出，人質如果戴上頭套，死亡機率就會大增。許多案例顯示，眼罩或頭套的功能是確保行刑順利完成，並且保護行刑者的心理健康。行刑者不必看到受害者的臉孔，就能夠產生某種形式的心理距離，使得他能夠下手，也能夠幫助他事後否認、或是合理化與接受自己殺了同類這件事。

眼睛是靈魂之窗，如果殺人時不必看著眼睛，不認為對方是人這件事就容易得多，看不到眼睛「活像隻蝦子」般凸出，也看不到口中噴血。事後受害者依然沒有顯露出臉孔、行刑者也不必知道殺的是不是人。只要能夠不看到受害者的臉孔，那麼大部分在近距離殺人的殺人者，就可以完全不必付出如「一臉驚恐扭曲，都是痛苦與恨意。對，這麼恨」的代價。

背刺與追逐本能的影響，在作戰時可以從傷亡數字看出來。傷亡數字在敵方轉身準備逃走時會顯著增加。克勞塞維茲與杜．皮克都不厭其煩的說明一個事實，即歷史上的戰爭中，大部分的傷亡都發生在勝負底定後被追擊的失敗一方。順著這個理路，杜．皮克以亞歷山大大帝為例指出，他的部隊連年征戰，但「受劍傷」而亡的人數不到七百人。死亡人數這麼低的原因很單純，因為亞歷山大大帝從來沒有打過敗仗。這些微乎其微的傷亡都出現在近距離作戰時不願意作戰的士兵身上。亞歷山大大帝的部隊從來不曾因為遭到敵人追擊而產生大規模傷亡。

匕首距離

用匕首殺人的困難度遠高於以固定在步槍槍口的刺刀殺人。匿蹤潛至敵人背後下刀似乎是特種作戰人員的專長。這種殺人方式與其他所有從背後殺人方式一樣，因為看不到臉孔、臉孔傳達的訊息與扭曲的樣子，所以和正面殺人相比，比較不會造成心理創傷。但是，這種殺人方式仍然可以感受到受害者身體的掙扎與顫抖，摸得到身體噴出來的溫暖、濕黏血液，以及聽得到最後一口氣的嘶嘶聲。

美國陸軍與許多其他國家的陸軍一樣，都訓練遊騎兵與綠扁帽部隊從敵人背後用刀殺人。方法是從下背部入刀，貫穿腎臟。這種方式非常痛，可以完全癱瘓受害者，並且讓他快速死亡，達到無聲殺人的目的。

大部分士兵的用刀殺人本能（如果他們真的思考過自己的本能的話）並不是攻擊腎臟。他們比較喜歡用一隻手壓制受害者的嘴，另一隻手持刀劃過對方的喉嚨。這種方法雖然在心理上或文化上都比較容易接受（因為這是一種劈擊而非刺擊方式），但是靜音效果可能不佳，原因是一旦刀劃喉嚨執行不當，就會產生一定程度的音響。另外，用手壓制嘴也不是件容易的事情，受害者可能反咬一口。一位曾經擔任美國海軍陸戰隊徒手作戰教官的槍砲士官長告訴我，有好幾個人跟他說，他們在暗夜中想要割斷敵人喉嚨時，卻割傷了自己的手。無論如何，這又是一個例子，證明士兵的作戰本能是劈、砍，而非更有效的戳、刺。

荷姆斯告訴我們，第二次世界大戰期間，法國軍隊在近距離作戰時喜歡使用刀與短劍，但是基根發現，二次大戰根本沒有出現刀傷或短劍傷，顯示這類兵器根本很少實際使用。沒錯，關於現代戰爭中用刀作戰的記載非常稀少，而用刀殺敵的例子，除了從背後靜音殺死哨兵外，更是少之又少。

我能夠發現的一個用刀殺人例子，是我訪談的一位二次大戰期間在太平洋戰區作戰的步兵。他的個人殺戮成績不少，也願意跟我聊這些殺人往事。但只有一次徒手用刀殺人事件，到了戰後很長一段時間還一直讓他惡夢連連。有一天晚上一名日軍摸進了他的散兵坑，兩人開始徒手打鬥，最後他壓制住那名身材較小的日軍，用刀劃過他的喉嚨。他到今天還是無法承受壓制對方、感到對方身體在掙扎、看著對方流血而死的恐怖。

第十八章　徒手作戰距離的殺人

現代戰爭的型態是作戰人員從甚遠的地方投射武器，但在徒手作戰型態中，人開始恐懼人。他只有為了保護自己的身體，或是被迫保護自己身體時，才會徒手作戰。

——阿登・杜・皮克，《作戰研究》

徒手作戰距離

徒手作戰距離是抗拒殺人本能最強的距離。

有一種徒手殺戮對手的方法是擊碎對方的喉嚨。電影中的戰爭場面經常演出一個人掐住另一個人的喉嚨，想要讓對方窒息而死。而好萊塢電影的英雄角色經常朝著對方下巴結結實實地一拳過去。這兩個例子都說明了，一擊中喉（攻擊的握拳姿勢各有不同）是個能讓敵人失去行為能力或死亡的有效方法。但是，這不是人的本能行為，而是人所厭、所惡的行為。

最有效、最容易執行的徒手傷人方式，是將拇指戳入對方眼睛並且直入腦部，然後沿著腦殼轉動手指，再屈指用力挖出眼珠，連帶把腦中物質一起帶出來。

我知道有一位空手道教練訓練高段班學員學習這種殺人技能的方法，是將一顆橘子高舉或用膠帶黏在對手眼睛齊高的位置。我們在本書後面章節討論美國陸軍將士兵開槍率從二次大戰的百分之十五到廿，提升到越戰時的百分之九十到九十五時，也會看到精確練習與模擬殺戮是確保士兵戰時可以依樣執行相同行為的一種非常有效方法。

在高舉橘子與眼同高的訓練中，當殺人者將拇指完全戳入橘子到底，再用力挖出橘肉時，模擬的受害者如果哀號、面容扭曲、身體猛然抖動，那就更真實不過了。很少有人在第一次預習之後還不為所動，他們不是全身發抖，就是被自己剛才模擬的行為弄得心煩意亂，茫然不知所以。

崔西·阿諾德（Tracy Arnold）在拍攝《亨利：連環殺手的肖像》（*Henry: Portrait of a Serial Killer*）這部限制級電影時，曾經昏倒兩次。當時她拍的劇情是用一把鼠尾梳戳入男主角的眼中。阿諾德是一位在螢幕上能夠輕鬆自在演出殺人、說謊、與性行為的職業演員，但是僅僅要她假裝戳刺某人眼睛，似乎就能夠引起她的抗拒，而且抗拒力道不僅強大，還從內心深處產生，讓她的身體與情緒（也就是職業演員賴以維生的工具）拒絕配合。事實上，我在上下古今的戰史中，找不到任何人類使用這種簡單方法殺戮的記載。另一個事實是，由於這種方法過於痛苦，人類幾乎根本不會想去使用。

第十九章　性距離的殺人：「原始的攻擊、釋放，與達到解脫的高潮」

我還是個年輕少尉的時候曾經派駐在北極地區。一天晚上我在那間小小的軍官與資深士官休閒室喝啤酒，裡面還有幾個喝醉的老士官在聊天。他們講到一個共同話題的時候，其中一位打過越戰的老士官突然有感而發：「操……的珍芳達。」這時，另一位就坐在我旁邊的老士官起身接著說：「操……的珍芳達？哈，我操她的小嘴！把她的一隻眼睛挖出來操那個賤人的眼洞。」

這句將性跟死扯在一起的話實在太過分，連圍在他身邊的幾位強悍同僚也嚇了一跳。其實，生殖行為與毀滅行為根本分不開。殺人的魅力與對近距離殺人的抗拒，大多以人類邪惡的一面為中心轉動，結果是必須以這種變態方式扭曲性觀念，才能讓我們理解這些殺人與抗拒殺人的力量。

性與攻擊行為的關係，從表面上來看非常明顯、也非常可憎。公鹿、種馬、公羊、公獅、或大猩猩等動物界中最強壯的物種都有一批後宮。雄性性行為與高性能汽車和重機車（想想排氣量一千兩百CC的力量在胯下抖動的感覺）力量的關係，已經有很多人討論過了。汽車與機車雜誌上用穿著清涼比基尼、擺著撩人姿態的女性當賣點，並且大受歡迎，就可以清楚說明兩者間的關係。

槍械領域中也可以發現這種性與力量的連結。在許多槍械雜誌中刊登廣告的影片「性感女郎與性感槍枝」（Sexy Girls and Sexy Guns），其廣告文案也是循著同一個理路。「別說你不信！看了就會信！」「十四位穿著細帶比基尼與高跟鞋的辣妹，拿著全世界最性感的全自動機槍猛射！」「性感女郎與性感槍枝」製造的心理滿足感在槍械愛好圈中其實不太受歡迎，有些人甚至嗤之以鼻。一本刊登類似影片廣告的雜誌上出現的一則評論文章，顯示槍械愛好者的確了解這種「全面自動情色主義」與「黛比搞了全巴黎軍火展的男人」的本質。

> 各位可能已經看到最近大量出現的無腦「機槍影片」。裡面有大量的比基尼、大奶、與乒乒乓乓作響的機槍組成的鹹濕泡沫，但是內容既沒有槍械指南，也不好看。很明顯地這影片是要推銷給少數想要看在海灘上搖晃晃胸部的變態看的。影片中的比基尼女體也許能滿足一些精神失調人士佛洛伊德式的敵意，但對那些認為這些武器是各種正派行業中不可或缺的工具的人來說，需要的是名正言順的機槍使用指南影片。
>
> ——麥克林（D. Mclean），《火暴》（*Firestorm*）

雖然如此，但在現實生活中，我們熟悉的影像是：詹姆士．龐德拿著手槍耍酷時，總有一位衣不蔽體的女郎依偎身旁，其中隱含的男子氣概訊息也高尚不到哪裡去。「性感女郎與性感槍枝」與龐德影像，只是五十步笑百步的差別而已。

殺人行為是一種性行為

一旦我們開始討論戰爭，就非常明顯地可以看出來性與殺人的關係，但這是一種不會讓人感到愉快的關係。打仗就像性一樣，代表一種青少年男性化的標誌，許多社會長久以來都認可這種扭曲關係存在。殺人與性都被視為一種成年必經儀式，經過這個儀式洗禮以後，殺人就成為像性一樣的行為，性也成為像殺人一樣的行為。

一位英國傘兵告訴荷姆斯，他在福克蘭群島戰爭的一次攻擊行動，是他從「上一次打砲以後最刺激的事情。」一名美國士兵則將美萊村的屠殺事件與跟隨自慰而生的罪惡感與滿足感相比。

以色列的軍事心理學家班．夏立特敘述他觀察到的一些作戰情況時，也討論了這個議題：

> 我右手邊架著一挺重機槍，我看到槍手（通常由膳勤兵擔任）射擊時臉上的表情，只能用天使般的聖潔微笑形容。他對於扣扳機、機槍射出一發發子彈，以及朝著黑暗海灘射去的曳光彈覺得非常興奮。我當時想到的是（後來他和其他許多人也證實），扣扳機這個動作，也就是連續射出多發的子彈的動作，會讓人感到無限愉快與滿足。這是一種作戰的滿足感，但不是來自思考策劃、戰略戰術兵棋推演的滿足感，而是一種原始的攻擊、釋放、與達到解脫的高潮的滿足感。

夏立特是以象徵語言解釋這個現象，另一位越戰老兵講到這種事情就沒有這麼拐彎抹角。他告訴馬克．貝克（Mark Baker）：「槍就是權力。有些人會覺得帶著槍的感覺就像勃起不倒。每次扣扳機就是一次純粹的性愛之旅。」許多身上帶著槍，或是有射擊經驗的人，心裡一定會承認子彈從槍管爆射而出的強大力量與快感，就像精子爆射而出時一模一樣。

我訪談的一位在越戰期間輪駐越南六次的老兵表示，他最後「非得離開不可」的原因是戰場就快要把他消耗殆盡。他告訴我，「殺人就像性愛，會把你帶著走，就像性愛一樣一直消耗你。」

性行為是一種殺人行為

高度針對性、近距離、一對一、緊繃的殺人經驗就像性愛一樣，性愛經驗可能也同樣像殺人一樣。葛倫．葛雷談到這種關係時說：

> 當然，性伴侶不會在性行為過程中真的摧毀對方，只會使對方無法翻身。性慾對心理造成的後續影響也與作戰慾望不同。但是，這些差別並不會改變一個事實，即性愛與作戰的激情不僅系出同源，一旦陷入其中，也受到一樣的影響。

性是宰制與臣服的過程，這個觀念與性暴力慾望以及性暴力受害者的心理創傷有千絲萬縷的關係。將性肢（陽具）深深插入受害者身體的行為，以一個違背常理的比喻說明，就像將殺人的肢（刺刀或刀）深深插入受害者的身體。

宰制與臣服的過程也可以在色情電影中的扭曲行為中見到，例如男性在女性臉上射精就是一例。

開槍士兵手持步槍的姿勢就像抓著勃起的陽具一樣，用這種姿勢抓握陽具、朝著受害者臉上射精，某種程度上來說，就是一種宰制行為，也是一種毀滅的象徵。性愛與死亡的極致表現就是受害者真的被暴力侵犯後再殺死的實境謀殺電影（snuff film）。

光明以及對同類的愛的力量，可以平衡我們心中的黑暗與毀滅的力量。這些力量一直在我們心中掙扎、滋長。忽視任何一種力量，就等於忽視其他的力量。我們若不知道黑暗，就無從了解光明。我們若不知道死亡，就無從了解生命。理查．海克勒的觀察，充分說明了性與戰爭的關係，以及我們抗拒性與戰爭的過程。他是這樣說的：「神話中，阿瑞斯（Ares，戰神）與阿蘿黛蒂（Aphrodite，性神）性神的結合，才誕生了哈摩尼亞（Harmonia，和諧）。」

第四部 殺人的解析：全面關照

了解人性是了解戰爭的起點。

——馬歇爾，《砲火下的人》

第二十章 權威的要求：米爾格蘭與軍隊

命令遲疑不決，步槍兵就會失去準頭；
只有聽起來明確的命令才會讓他們放心……

——金斯利．艾米斯（Kingsley Amis），《主人》（*The Masters*）

史丹利．米爾格蘭（Stanley Milgram）博士曾經在耶魯大學進行過一項關於服從與攻擊行為的著名研究。他發現，他能在實驗室的控制環境中，輕鬆地操控六成五以上的實驗對象，要他們在一名陌生人身上通上（看起來）足以致命的電流。這些實驗對象毫不懷疑自己的行為會讓那位陌生人感受到非常大的痛苦，但就算陌生人苦苦哀求他們停手，這六成五的實驗對象還是繼續遵照指示、增強電流；就算看到那人停止呼號、眼見那人已死無疑，他們還是不停止電擊。

米爾格蘭進行這項實驗前，先請一群精神科醫生與心理學家預測有多少實驗對象會在陌生人身上施加最強的電流。專家估計大約有百分之一的人會這樣做。他們其實跟大部分人一樣，也是摸不清頭緒的丈二金剛，要不是米爾格蘭那次的實驗替他們上了一堂課，他們也許還不認識人性。

佛洛伊德警告我們，「絕對不要低估必須服從的力量」。而米爾格蘭的研究（他的實驗後來在十幾個國家依樣複製過許多次）證實了佛洛伊德對人性的直覺理解是正確的。甚至當代表權威的人士只穿著一襲白色實驗袍，手上拿著記事板，米爾格蘭的實驗還是可以誘發下述反應：

> 走進實驗室的是一位成熟、看起來沉著的生意人，臉上掛著微笑，一副充滿自信的模樣。但不用廿分鐘，他就全身抽搐、結結巴巴，萎縮成一個廢人，眼看就要精神崩潰……他還一度握拳搥打自己的額頭，喃喃自語地說：「天啊，停下來好不好？」話是這樣講，但他還是對實驗者有問必答、聽命行事，一直到實驗結束才停止。

如果一位見面才幾分鐘、只穿著實驗袍、手拿記事板的權威人士，就可以誘發這種反應，那麼，身著軍裝、並且數月與士兵形影不離的權威人士，可以誘發的反應會大到什麼程度？

權威的要求

普羅大眾要什麼，我們就給他們什麼。一位有堅定指揮意志與指揮權力的領導者，其領導動力一方面來自習性，另一方面則來自他對傳統、法律與社會賦予他的指揮權力毫無保留的信任。

——阿登·杜·皮克，《作戰研究》

對這個主題沒有研究的人，會低估在戰場上領導統御對殺人行為的影響力。克蘭斯、卡普蘭與克蘭斯（Kranss, Kaplan, Kranss）一九七三年研究促使士兵開槍的因素時發現，沒有作戰經驗的人認為「遭敵火攻擊」是促使士兵開槍的關鍵因素，但是老兵們認為「奉命開槍」才是最重要的因素。

阿登·杜·皮克一百多年前以訪談軍官的方

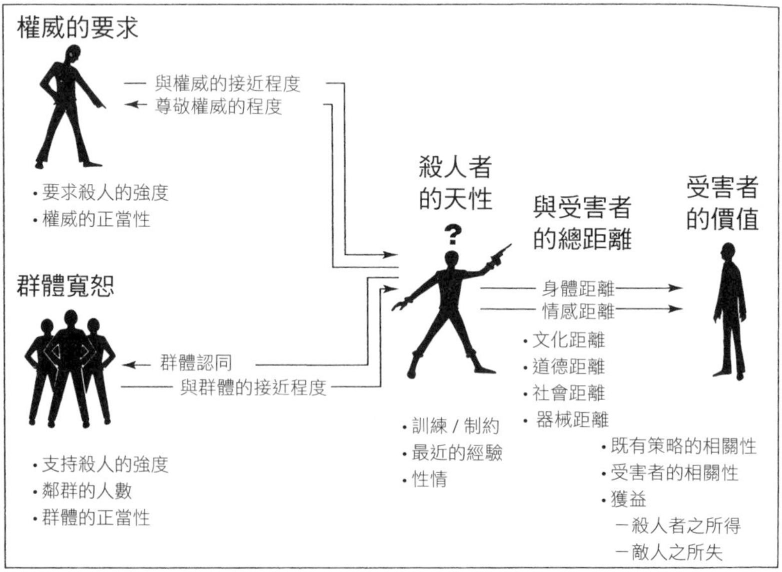

式進行研究時，也發現同樣的現象。他以一個克里米亞戰爭時發生的事件為例說明這種情形。敵我雙方鏖戰不休時，兩個分遣部隊的士兵突然不期而遇，而且相隔只有「十步遠」，此時雙方「都嚇呆了，怔在當場，接著開始互丟石頭，忘記手上有槍可以射擊，最後各自撤退。」杜．皮克說，雙方部隊出現這種行為的原因是雙方都沒有果斷的領導者。

權威的組成因素

但是，事情不是領導者只要下命令就了事這麼單純。在潛在殺人者與能夠影響殺人決心的權威形象之間，還存在許多因素。

在米爾格蘭的實驗中，身著白色實驗袍、手拿記事板的人士代表來自權威的要求。這位權威人士就站在實驗對象不遠的正後方，只要受害者答錯問題，他就指示實驗對象增強電流。但是當這位權威人士不在現場，而是透過電話指示時，願意以最大電流對受害者施加痛苦的實驗對象人數就會大幅減少。這個實驗可以廣泛應用於戰場環境，並且可以細分為下述四個「可操作化」的次因素：一，權威人士的接近程度。二，對權威人士的尊敬程度。三，權威人士的要求程度。四，權威人士的正當程度。

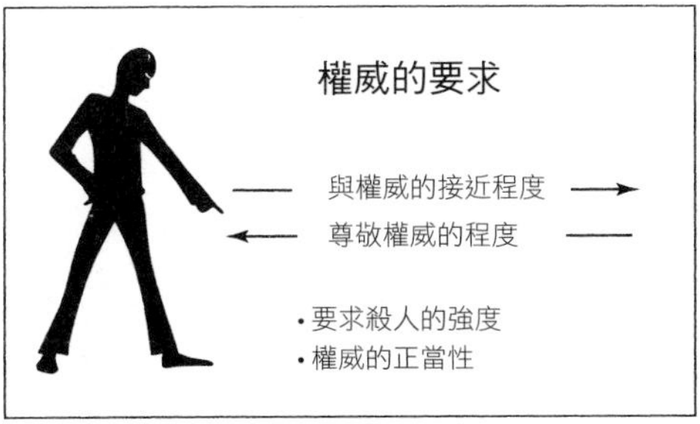

權威人士與其屬下的接近程度

馬歇爾指出，許多二次大戰期間的個案都顯示，只要部隊指揮官在作戰時從旁觀察、鼓勵，幾乎所有士兵都會開槍，一旦指揮官離開，開槍率立刻降到百分之十五到百分之廿。

殺人者對權威人士的主觀尊敬程度

士兵要能真正發揮戰力，除了必須強烈認同所屬群體，還必須與指揮官齊心。班．夏立特引用一份一九七三年的以色列研究指出，確保士兵不喪失作戰意志的主要因素是對直屬指揮官的直接認同。名不見經傳或名聲不佳的指揮官與與聲譽卓著、倍受尊重的指揮官相比，前者在作戰時讓士兵聽命行事的機會小得多。

權威人士對殺人行為的要求程度

即使指揮官人在現場，也不必然保證士兵能執行殺人行為。領導者還必須清楚傳達他要士兵殺人的意志；唯有如此，才可能發揮巨大的影響力。卡萊少尉第一次下令屬下把美萊村全村婦女與小孩都殺光時，是這樣說的：「你們知道該怎麼處理那些人。」然後他就離開了。等到他回來時質問一名士兵：「為什麼沒有動手？」那人回答：「我覺得你不是要我們把他們全給殺死。」卡萊回說：「不對。我要他們全都死。」然後就自己先動手殺人。士兵在當時的特殊情境下，抗拒殺人情緒非常強，這是可以理解的，卡萊也只有下達如此明確的命令，才能讓屬下開槍。

權威人士的權威與其要求的正當性

指揮官如果具備正當的、社會認可的權威，就會對士兵產生更大的影響力。正當、合法的要求，比起非法、意想不到的要求，更容易讓士兵遵從。這是幫派老大與傭兵部隊指揮官需要小心翼翼迴避的弱點。相反地，政府部隊的軍官（他們的衣著服飾就代表權力以及國家賦予的合法權威）就能夠擁有強大的影響力，讓士兵於戰時克服抗拒殺人與不願作戰的情緒。

百夫長因素：軍事史中服從扮演的角色

羅馬在軍事上成功的原因，可以從掌握領導統御的過程中看出來。羅馬人是我們現在稱為領導潛能開發計畫與士官團制度的先驅。羅馬的職業軍隊能夠擊潰希臘的公民士兵部隊，關鍵因素之一就是領導統御。

羅馬與希臘的部隊都有國家與城邦賦予的政治正當性，但是，就士兵的觀點而言，他們的指揮官具備的軍事正當性卻可能大不相同。羅馬的百夫長是倍受士兵尊敬的職業軍人，因為他從行伍出身、逐級晉升，已經證明了自己的作戰能力。這種正當性與文官的領導統御經驗完全不同。希臘部隊的指揮官多數是由文官擔任，這些人想要將自己在承平時期取得的正當性轉移到戰場上，不是件容易的事情。此外，這些人多半已經在黨羽分贓制度中取得一杯羹，被家鄉村里的勾心鬥角政治給污染了。

在希臘的方陣戰術中，班、排指揮官也必須在方陣中擔任執矛任務。從指揮官的裝備與身在方陣中缺乏機動性這兩點來看，他們的主要功能是執行殺人任務。而從羅馬部隊的戰術隊形可以看出，指揮鏈從上到下都安排了一連串有足夠機動性、訓練精良、並且精挑細選的指揮官，他們的主要工作不是殺人，而是在士兵後面命令士兵殺人。

羅馬得以征服世界的軍事優勢包含許多因素。舉例來說，羅馬部隊使用設計精巧的標槍（javelin），產生殺人時的身體距離；部隊訓練時要求士兵以標槍尖對敵，以克服人類對戳刺行為的天生抗拒。但是，大部分專家都認為，羅馬部隊能達到一定程度的專業化水準，其中一個關鍵因素是他們的小單位部隊指揮官，以及能讓這些指揮官發揮影響力的部隊組織。

在本書其他章節討論的殺人過程中，也可以觀察到指揮官要求服從產生的影響。越戰老兵史帝夫．班考（Steve Banko）開槍殺了一名越共士兵，是因為聽到這個命令的激勵：「你這個王八蛋，查理[15]就在你前面，快把他們屁股轟掉然後走人。」約翰．巴瑞佛里曼（John Barry Freeman）是因為有人用機槍指著他，再加上聽到「殺了他」的命令，他才能打死一位被判死刑的傭兵同袍。艾倫．史都華．史邁斯（Alan Stuart-Smyth）[16]要聽到用吼的「殺了他！他媽的，殺了他！」的命令，才動手開槍，殺了一名正要將槍口指向他的人。

我們在上述幾個例子以及其他許多殺人情境中，都可以看到士兵願意殺人的關鍵因素是指揮官要求執行殺人動作。絕對不要低估服從的力量。

「我們的血、他的膽子」：領導者要付出的代價

許多作戰失敗的原因，是部隊指揮官再也無法要求屬下犧牲。在著名的二次大戰漫畫家比爾．毛爾丁的作品中，有一幅的內容是描述主角威利與喬聊到綽號「血膽老將」的巴頓將軍。漫畫中那位憔悴、衣衫不整的士兵說：「真的！有膽子的是他，流血的是我們。」雖然這是一句諷刺話，卻也是至理名言。因為多半時候作戰能夠免於失利，靠的是士兵流血與指揮官的膽識。而當指揮官失去了犧牲屬下的膽識或意志，他領導的部隊就會失敗。

這個等式關係在部隊與高層指揮權威失聯時特別明顯。此時，該部隊指揮官與其屬下就會陷入困境。他必須眼看屬下死亡、傷者受苦，他與死傷者之間沒有任何緩衝距離，讓他得以否認眼前的結果就是他自己的決定造成的。由於他無法與高層指揮官取得聯繫，他知道或遲或早，只要他決定投降，就可以終結眼前的恐怖，而投降與否繫於他一念之間。每多死傷一名屬下，他的良心就多一份痛苦。他知道，就是因為他，而且只有他，讓眼前情況無法改變；也就是因為他，以及他接受屬下受苦的意志，才能讓部隊繼續作戰。到了他再也沒有辦法鼓動作戰意志的時候，只要簡單一句話就可以結束所

15 查理（Charlie）是美軍稱呼敵人的俚語，從越戰開始流行。
16 艾倫．史都華．史邁斯（Alan Stuart-Smyth）是加拿大職業軍人，曾任聯合國維和部隊指揮官。艾倫．史都華．史邁斯為其筆名。此處引文出自《恐怖剛果》（Congo Horror）一書。

有的恐怖苦難。

有些指揮官會決定要戰死方休，帶著屬下一起跳進代表榮耀的熊熊烈焰中。負責防衛威基島（Wake Island）的美國陸戰隊指揮官詹姆士．德法洛少校（Major James Devereux）的處境就是一個醒目的例子。一九四一年十二月八日至十二月廿二日間，日軍以優勢兵力進犯威基島，當時島上的陸戰隊分遣隊兵力相當薄弱。德法洛部隊被日軍擊潰前，發送的最後一則無線電文上，只有簡單幾個字：「日……本……鬼……子……可……以……再……多……來……一……點……」。

然而，全程經歷這種情境的指揮官，要付出相當大的代價。他必須面對戰死屬下的遺孀與遺孤。他的屬下將生命交給他照顧，他也必須永遠承擔自己的決定在屬下身上造成的結果。許多我訪談的戰鬥員都帶著悔恨與痛苦訴說此前從未透露的往事，但我迄今還沒有辦法讓任何一位部隊指揮官正面面對屬下因為自己的命令而戰死所引發的情緒。訪談時他們會繞過內疚與否認的蓄水池，似乎內疚與否認埋得太深、無法取出。

「一次大戰的無名營」（The Lost Battalion of World War I）是個指揮官意志支撐全部隊的著名例子。該部隊是七十七師所屬的一個營，在一次攻擊行動中被德軍包圍，雖然食物、飲水與彈藥都付之闕如，但該部隊官兵依然持續作戰好幾天。沒有戰死的士兵身旁都是重傷的同袍，除非投降，否則他們無法得到醫療照顧。德軍使用火焰噴射器想把他們燒出來投降，但是該營指揮官仍不願意投降。

這支部隊不是由菁英士兵或受過特種訓練的士兵組成，而是由公民士兵與國民兵部隊組成的混編步兵營。雖然如此，他們的壯舉，將會在軍事史上永遠閃耀光芒。

該次作戰的倖存者都認為，部隊的表現應全歸功於營長C. W. 惠特希（C.W. Whittlesey）的過人毅力。他不僅拒絕投降，而且不時鼓勵營內殘兵繼續作戰。該營於五天後獲援得救，惠特希少校並因此役獲頒國會榮譽勳章。這是個廣為流傳的故事，但是外界有所不知的是，惠特希少校於戰後不久就自殺身亡。

第二十一章　群體寬恕：「殺人的不是個體，而是群體。」

作戰部隊瓦解通常發生在傷亡率達到百分五十的時候，此時出現的特徵是作戰時拒絕殺人的士兵人數逐漸增加……隨著同袍與同齡人一個個消失，他們殺敵的動力與意志也逐漸蒸發。

——彼得．華生，《戰爭對心智的影響》

許多研究結果都顯示：促使士兵在戰時執行凡是有理智的人都不會去做的事情（就是殺人與死亡），主因不是求生存的力量，而是在戰場上對同袍負責的強烈情緒。理查．加百列指出，「凡是討論部隊向心力的軍事文章中，一定會出現這樣的看法：戰時士兵間的連結比大部分夫妻之間的連結還要強。」一支部隊傷亡慘重時（多半發生在百分之五十上下），通常也就是戰敗的時候，就算最精銳的部隊也不例外。這時，該部隊就逐漸變成一群集體憂鬱與漠然以對的集合體。丁特（E. Dinter）則說，「由於個人與群體的關係非常緊密，當群體消解時（例如遭到外力擊潰或遭俘），有時可能會導致個人產生憂鬱情緒或自殺。」二次大戰時日軍集體自殺就顯示了這一點，歷史上多數群體投降後決定集體自殺也是一例。

在人際關係非常緊密的群體中，同儕壓力也會非常強大，導致每個人都非常在意同袍，以及同袍如何評價自己。在這種環境下，士兵寧願死，也不願意讓同袍失望。一位曾在越南戰場服役的美國海軍陸戰隊老兵接受關恩．戴爾訪談時，非常清楚地解釋了這種同儕壓力產生的過程：「不管受過多少訓練，第一個念頭就是活下去……但你就是沒辦法掉頭跑掉。同儕壓力，懂吧？」戴爾以「一種與性或理想無關的特殊之愛」稱呼這種壓力，阿登．杜．皮克則以「互相監視」形容，認為這是支配士兵作戰心理的主要因素。

馬歇爾指出，將殘破不堪的部隊或後撤部隊內的士兵強制改編到其他部隊打仗，其實沒有什麼價值。但將原本屬於同一單位的兩名士兵或原屬同一班、排的同袍，改編至其他部隊執行作戰任務，就可以比較放心。這兩種情況的差別在於士兵關係的緊密程度，以及他們是否能夠對未來並肩作戰的他人產生責任感；這種責任感與更廣泛的、對部隊的向心力相當不同。如果某名單兵與其同袍的關係夠緊密，如果他能夠身在「自己的」群體內，那麼，他願意殺人的機率就會大幅提高。但若沒有以上因素，那麼，他作戰時積極參與的機率就非常低。

杜．皮克對此總結指出：「四位勇敢的人，如果互不認識，就不敢攻擊獅子。四位比較不勇敢的人，但是互相熟識，知道對方可靠、有把握大家會互相幫助，就會毅然決然地攻擊獅子。這就是軍事組織

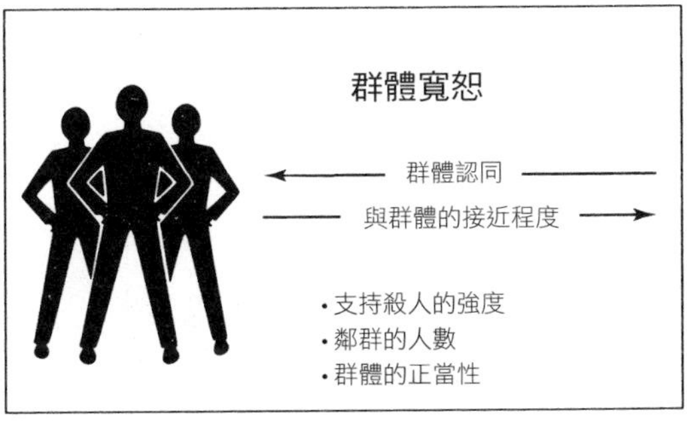

這門科學的要義。」

匿名與群體寬恕

群體除了能夠創造責任感外，還可以在成員身上開發出一種匿名感，讓他們更願意殺人，從而擴大暴力的行使範圍。在一些情境下，群體產生匿名感的過程，會激化出一種返祖性（atavistic）的歇斯底里型殺戮，盧安達發生的大規模恐怖屠殺就是一個例子。此外，動物界也會出現這種現象。寇克（Kruck）於一九七二年發表的研究中，就描述了這種場景：動物界的確會發生毫無意義與節制的殺戮行為，包含：土狼屠殺的瞪羚遠超出牠們所需或能吃下肚的數量；海鷗在暴風雨夜晚無法飛行的時候與「坐以待斃的鴨子」沒有兩樣，這時不需食物的狐狸依然會出現獵捕海鷗的行為。班．夏立特指出，「動物世界中這種毫無意義的殺戮，以及人類世界中大部分的殺戮，是以群體而非個體的方式為之。」

康拉德．勞倫茲告訴我們，「人不是殺人者，群體才是殺人者。」夏立特對這種說法產生的過程有相當深刻的了解，他也進行了非常全面的研究：

> 群聚會產生激化效果。群聚會激化既存的攻擊行為，也會強化既存的愉悅感覺。部分研究指出，在一名本來就有攻擊傾向的人面前放一面鏡子，就會增強他的攻擊行為。但如果這人原本沒有攻擊傾向，鏡子則可以強化他的非攻擊性情緒。群體的效果似乎就像鏡子一樣，

能夠反映個體週邊的行為，強化既有的行為模式。

心理學家很久以前就知道由於身處群體之中得以匿名，會製造「責任分散」（diffusion of responsibility）的現象。幫派或部隊創造的分散責任情境，能夠讓幫派成員或士兵做出單獨一人時絕不會做的事情，例如，因為某人的膚色與自己不同就將他吊死，或是因為某人的制服顏色與自己不同就開槍將他打死。

群體中的死亡：戰場上的責任與匿名

群體對殺人的影響，是透過責任與匿名之間一種奇怪、有力的交互作用產生的。雖然這兩個因素的影響，初看時似乎互相矛盾，但事實上它們會互相放大與強化，從而促成暴力行為。

警察非常了解責任與匿名的互動過程，他們受訓時就要學習切斷這兩個因素的關係。例如警察會趁機以指名的方式孤立群體中的某一人。這種作法可以降低那個人與所屬群體的認同感，讓他們出現自己該負責的想法。這是一種以限縮個體的對群體責任感，以及打消匿名機會來抑制暴力的方法。

在作戰群體中，責任感（對同袍）與匿名（降低個人殺人責任）的結合，在戰時的殺人行為中扮演了重要角色。雖然殺人是一件非常困難的事情，但士兵若是覺得自己不殺會讓同袍看不起，而他又能在殺人時讓同袍分擔殺人的責任（也就是藉著讓每個人都分到一點內疚，以分散自己的責任），那麼殺人就會簡單得多。總的來說，個體數目愈多的群體，個體與群體的心理連結也就更密切；而該群體中每位個體間的心理距離愈近，促使個體執行某個行為的力量也就愈強大。

雖然如此，光靠群體無法保證戰時一定會出現攻擊行為（因為該群體可能是由一群和平主義個體組成，在這種情形下，該群體反而可能會受到個體影響而成為和平主義者。）。群體雖然擁有殺人的正當性，但個體不僅需要認同該群體，還必須與該群體緊密相連。此外，個體也必須身在群體內或接近群體，其行為才能受到影響。

馬拉戰車、方陣、火砲與機槍：軍事史上群體的角色

上下古今的軍事史都可以看到這種個體與群體交互影響的過程。例如，軍事史家經常不解為何雙人馬拉戰車（chariot）在軍事運用上歷久不衰。不管從戰術、經濟效益或器械操作的觀點而言，馬拉戰車都不是戰場上本益比最高的工具，但它卻能夠稱霸戰場數百年。一旦我們檢視戰車創造的戰場殺人心理優勢，就會恍然大悟：雙人馬拉戰車之所以成為戰場之王，因為它是軍事史上第一種多人操作裝備。

雙人馬拉戰車歷久不衰是由多種因素造成的。戰車上箭手發射的弓箭是一種能夠創造距離的武器：箭手的貴族身分創造了社會距離，而箭手在戰車上追逐敵人並且攻擊敵人的後背則創造了心理距離。但是，最關鍵因素是戰車傳統上必須雙人操作，一人駕車、一人射箭。這種分工安排創造的責任感與責任分散情境，就像二次大戰時多人操作武器（例如機槍）的開槍率達到百分之百，而同時期步

槍兵的開槍率只有百分之十五至百分之廿是一樣的。

方陣隊形出現後，雙人馬拉戰車就開始沒落，原因是方陣隊形就是個大型的多人操作武器。

雖然方陣隊形不像其後出現的羅馬戰術隊形一樣，有一位領導者指揮作戰，但是方陣隊形創造的互相監視情境，使得每位士兵的一舉一動都無所遁形。方陣隊形前進時，若是某名士兵在關鍵時刻將手中的矛舉高或放低而沒有刺中敵人，其實很難逃得過其他人的眼睛。當然，方陣隊形除了能夠創造責任感情境外，由於各兵在方陣中的距離非常緊密，也產生了類似幫派的高度匿名效果。

雖然在西方戰爭中，羅馬職業軍隊（羅馬部隊的優點甚多，尤其是他們非常擅長運用領導統御技能）的光芒掩蓋了方陣戰術將近五百年之久，但是方陣隊形的群體影響力既簡單又有效，以致從羅馬帝國滅亡後到全面火藥戰爭時代來臨前的一千多年間，方陣與長矛仍然主宰了步兵戰術的發展。

等到火藥躍上戰爭舞台時，最有效的殺人武器則是多人操作的火砲以及其後追上的機槍。十七世紀初期，瑞典國王古斯塔夫．阿道夫（Gustavus Adolphus）決定將三磅砲配賦在排級部隊，相當於引進了一次新軍事革命，三磅砲因此成為第一種排用多人操作武器，預告今日排用機槍時代的來臨。砲兵出身的拿破崙也了解火砲在戰場上扮演的無敵殺手角色（當時火砲的攻擊模式是在近距離發射葡萄彈[17]），他終其一生，作戰時必先確定己方火砲數目多於對手的火砲數目。機槍於一次大戰現身戰場時，

17 葡萄彈（grapeshot），由許多小鐵球組成的砲彈，排列方式類似葡萄藤上的葡萄。

雖然被稱為「步兵的精華」，實則只是延續火砲的功能。因為火砲的角色轉變為非直射武器（也就是在士兵後方幾哩遠發射，砲彈越過士兵攻擊敵方），而機槍則取代了火砲的直射、中距離殺傷的角色。

在倫敦的「威靈頓紀念碑」不遠處，有一座英國的「一次世界大戰機槍隊紀念碑」，展示的是一尊名為大衛的少年雕像。一次大戰幾乎將這個大國的骨髓吸噬殆盡，而紀念碑基座上鐫刻的聖經經文，則凸顯了機槍在那次恐怖戰爭中的角色。

掃羅殺死千千，
大衛殺死萬萬。

「他們殺的是我朋友」：群體在現代戰場的角色

要注意的是，在許多戰鬥員決定不互相殺戮的情境中，並沒有出現群體的影響力。例如，本書第三部「殺人與身體距離」中提到威利斯上尉隻身一人時，突然遭遇一位北越士兵，他「猛搖頭」，達成了「和解、停火、君子協定、或兩人談好了」的結果，然後那名敵方士兵「慢慢後退，在黑暗中消失不見，威利斯則踉踉蹌蹌地繼續緩步前進。」

同樣地，在本書第一部「殺人與抗拒殺人的本能」中提到一位獨自在越共地道中爬行的地老鼠麥可．卡斯曼。他打開手電筒時突然發現「不到十五呎遠的地方，一個越共坐在地上，手上抓著一把飯放進嘴巴……過了一會，他把飯包從膝蓋上拿下來，放到身旁地道邊的地上，然後轉身慢慢爬走。」卡斯曼這時也關掉手電筒，朝另一個方向慢慢爬離。

但大部分士兵決定要殺戮時，群體確實存在，也發揮了影響力。一個經典案例是二次大戰美國獲勳最多的軍人安迪．墨菲（Andie Murphy）。他以一人之力對抗德軍一個連的兵力，因此獲贈「榮譽勳章」（Medal of Honor）。當他被問到這樣做的動機是什麼時，這位獨行者簡單地說：「因為他們殺的是我朋友。」

第二十二章　情感距離：「對我來說，他們連動物都不如。」

增加雙方戰鬥員之間的距離──強調他們的差異，或是強化攻擊者與其受害者間的責任關係──就會使攻擊行為變本加厲。

──班．夏立特，《衝突與作戰心理學》

情感距離的社會障礙

我們已經討論過身體距離對殺人行為產生影響力的過程，但是，身體距離不是影響戰爭的唯一因素。情緒距離也在士兵克服抗拒殺人心理的過程中扮演重要的角色。就殺人者得以否認自己殺的是人類這件事情上，文化距離、道德距離、社會距離與器械距離等因素，與身體距離一樣會產生效果。

一九六〇年代流行一句相當逗趣的說法：「他們想要打仗，要是沒（敵）人來怎麼辦？」這句話看似詼諧，實則不然。戰時雙方進行近距離戰鬥，卻又相持不下時，經常會出現一種危險情境，即雙方的戰鬥員開始熟悉對方，知道對方是誰，最後可能發生拒絕互相殺戮的結果。這

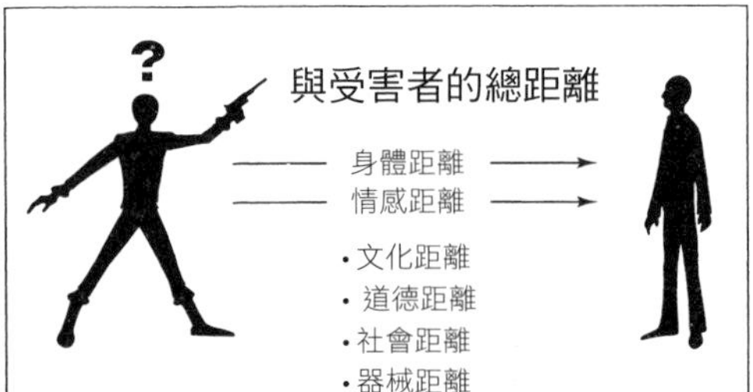

種危險情境以及危險產生的過程，可以從一位二次大戰時在俄國戰場上作戰的德國士兵亨利・梅特曼（Henry Metelmann）的記載中看到。

梅特曼在戰事稍歇時，看到兩名俄國士兵從散兵坑裡面出來，

> 我也朝他們走過去……他們先自我介紹，然後拿出菸請我抽。我雖然不抽菸，但覺得既然有人請，就抽吧。天啊，菸還真難抽，害我咳個不停。後來一位同袍跟我說：「你膽子還真大，跟兩個俄國兵就站在那邊，咳的聲音全世界都聽得到。」……我跟那兩個人聊啊聊的，還告訴他們可以再靠近我的散兵坑一點，因為有三個戰死的俄國兵在裡面。其實，我不敢說的是，殺死那三個俄國兵的就是我。他們聽了以後想要取回那三個人的狗牌[18]還有薪餉簿……我也稍微幫了他們點忙。當我們彎下腰找東西時，我們發現一本薪餉簿裡面夾著幾張照片，那兩個俄國兵把照片拿給我看，我們三個人就這樣站著、看著照片……我們又握了一次手，一個俄國兵拍了拍我的背，然後他們就走掉了。

梅特曼接著被叫去把一輛半履帶車轉回頭開到野戰醫院。當他一個多小時以後回到前線時，他才發現德軍已經攻陷了俄軍陣地。雖然他也有一些自己的朋友陣亡，但是他發現自己更關心「那兩個俄

18 掛在脖子上的金屬吊牌，刻有姓名、血型、單位等資料，以便辨識死傷士兵的身分。

國兵」怎麼樣了。

> 他們說：「他們被殺了。」
>
> 我說：「怎麼回事？」
>
> 有一個人說：「他們一開始不肯投降。我們用吼的，叫他們手舉高出來，他們還是不願意，所以我們有個人就把戰車開過去，還真把他們給輾死了，然後就沒聽到他們的聲音啦。」
>
> 我覺得非常難過。我沒多久前遇上他們的時候，他們把我當人看、當同志看，他們還叫我同志。我知道這樣講很奇怪，但是我聽到他們是因為這樣子、因為兩邊都像神經病一樣拼命才死掉，比我知道自己朋友死掉還難過。到現在我還是很難過。

這種認同受害者的情形也可以在「斯德哥爾摩症候群」（Stockholm Syndrome）上見到。大部分人以為「斯德哥爾摩症候群」就是綁架事件中，受害者認同綁架者的過程，其實這個過程更為複雜，可以分為三個階段。一，一開始，受害者逐漸對綁架者產生認同感。二，接著，受害者多半逐漸降低對危機處理單位的認同感。三，最後，綁架者對受害者的認同與連結逐漸增強。

在許多「斯德哥爾摩症候群」案例中，最有趣的是一九七五年發生在荷蘭的摩鹿加人（Moluccan）劫持火車案。在這個案例中，恐怖分子已經先殺了一名人質，也挑好了第二名要殺害的人質。第二名人質要求寫給家人一封遺書獲准。這人是一位記者，應該相當擅長文字，因為他的遺書讀來讓人心碎，連恐怖分子也很難過，最後決定改殺另外一位人質。

這種認同過程有時候也會以大規模的方式發生。一次大戰期間就出現多次因為交戰雙方過於熱絡，導致非正式停戰的情形。一九一四年耶誕節時，多個戰線上的英德士兵曾經互道寒暄、交換禮物、拍照，甚至一起踢足球。理查．荷姆斯指出，「雖然最高統帥部堅稱目前處於戰時狀態，但部分地區甚至到新年還處於停火狀態。」

艾里希．弗洛姆（Erich Fromm）說，「大部分時候，暫時性或慢性情感退縮會伴隨毀滅性攻擊行為出現，已經有非常充分的臨床證據顯示這個假設是正確的。」上述幾個案例顯示的是一種心理距離瓦解的情境。而心理距離正是移除自己將心比心的感覺，達到「情感退縮」的重點因素。能夠促發這個過程的幾種機制如下：

- 文化距離，例如殺人者因為對方種族與自己不同，從而否認對方是人而下手殺人。
- 道德距離，例如堅信自己的道德觀比較優越，又如在許多內戰中出現的私刑報復行為。
- 社會距離，例如在階層化社會中，一個階級一輩子都認為另一個階級稱不上是人。
- 器械距離，例如以熱顯像儀、狙擊鏡或其他足以提供緩衝距離的器械，讓殺人者得以否認自己手下的受害者是人，就像手持任天堂遊戲機把手、在電視螢幕前以不會產生任何後遺症、非現實的方法殺人一樣。

文化距離：「低等生物」

我們會在本書第八部「美國的殺人」中，討論一位軍方精神科醫生替美國海軍開發了一套讓殺人者產生願意殺人的方法。這套「方法」的主要是透過觀看暴力影片，達到古典的制約與系統性減敏感（systematic desensitization）效果，但是這個方法也整合文化距離發揮影響力的過程，以便：

> 讓人認為他們將來在戰場上要面對的潛在敵人是一種低等生物，因為透過偏見（影片）呈現的敵人，連人都不如：影片中取笑一些當地愚蠢風俗、將當地人民描繪為邪惡的半人半神體。
>
> ——引自彼得．華生，《戰爭對心智的影響》

本書先前提到，遭綁架的人質如果戴上頭套，則死亡的機率就會大增。文化距離也可以視為一種能達成同樣效果的情緒頭套。班．夏立特的研究顯示，「我們攻擊對象的距離愈近，或與他愈相像，則我們就愈容易把他當自己人。」也就是說，殺掉他的難度愈高。

這種製造文化距離的過程也可以反向操作。如果對方與自己的差異愈大，就愈容易殺掉他。如果宣傳機器能夠讓士兵相信他的對手其實不是人，而是「低等生物」，那麼，他對殺戮同類的天生抗拒就會因此減少。否定敵人也是人的方式，多半是以 Gook、Kraut、Nip、raghead[19]等蔑稱稱呼敵人。越戰時，除了用蔑稱稱呼敵人，還有一種以數字指稱敵人的方式，稱為「殲敵數」（body count）。「殲敵數」心態也是一種製造文化距離的工具。一位越戰老兵告訴我，他之所以覺得殺掉北越兵與越共不過就像「踩死螞蟻」一樣，原因就是「殲敵數」心態作祟。

近代製造文化距離的箇中高手大概非希特勒莫屬。他認為亞利安人這種主宰人種（Ubermensch）的責任，就是將低下人種（Untermensch）充斥的世界清潔乾淨。

希特勒宣傳機器針對的是那些少不更事的德軍士兵。這些年輕士兵想要將自己被迫去做的事情合理化，卻無計可施，因此，納粹宣傳等於讓他們更容易相信那些鬼話。一旦這些年輕德軍像圈牛一樣圈人、像殺牛一樣殺人，他們很快就會認為那些人其實是牛，或是套用納粹的話：低下人種。

根據美軍退役上校、著名軍事史學家崔佛・杜皮（Trevor Dupuy）的說法，德軍在二次大戰全期造成英美部隊傷亡的比例，比英美部隊造成德軍傷亡的比例固定高出百分之五十。納粹領導人聽到這個結果，大概會第一個跳出來說，原因就是這種精心孕育的種族與文化優越感，才能讓士兵在戰場上得勝。（但是，我們在本書第五部「殺人與暴行」中會討論到，這種促使士兵將殺人合理化的方法也有陷阱，納粹最後戰敗即肇因於此。）

納粹絕非是唯一在戰場上揮舞種族仇恨之劍的一方。歐洲帝國主義者也是靠著各種文化距離因素

19 Nip 是 Nippon 的蔑稱，類似中文語境中的「小日本鬼子」。關於其他蔑稱的意義，請見本書第十一章。

才能打敗並統治「黑皮膚種族」。

但是，製造文化距離是一把傷人也可能傷己的雙刃劍。只要壓迫者認為受害者與自己並非同種，等到受害者佔了上風，也可以利用這種文化距離殺害、壓迫殖民主。這把雙刃劍在「印度叛變」（Sepoy Mutiny）或「茅茅起義」（Mau Mau Uprising）[20]等被殖民國家奮起反抗的事件中，都朝殖民主身上砍了下去。在全世界最後幾次推翻帝國主義的戰爭中，被統治人民能夠奪得權力，主要因素也是靠著這把雙刃劍反撲達成的。

美國相形之下是比較具有平等意識的國家，因此，戰時要動員人民全心全意擁抱種族仇恨會比較困難一些。但是在對日作戰時，因為敵人是如此不同又陌生，美國人才能夠有效利用文化距離（並結合一劑強效的道德距離處方，原因是我們要「報復」珍珠港事件）。因此，根據史托佛（S. A. Stouffer）的研究，二次大戰中有百分之四十四的美軍表示，他們「真的很想殺日本兵」，但是只有百分之六的美軍對於要殺戮德軍抱持同樣的熱血態度。

在越南、阿富汗與伊拉克戰爭中，因為我們的敵人在種族與文化上，與盟友根本沒有差別，因此，運用文化距離的手段可能會造成反效果，所以我們盡量（在國家政策層面上）不強調我們與敵人的文化距離。我們在這些戰爭中運用的主要還是心理距離因素，這種心理距離是由對抗共產主義與恐怖主義的道德「聖戰」衍生出的道德距離。即使如此，我們還是無法完全將種族仇恨的精靈關在瓶中。

我訪談的大部分越戰老兵都深愛越南文化與人民，許多人還娶了越南女子為妻。這種能夠融入、接受、欣賞甚至喜愛其他文化的平等主義精神就是美國文化的優勢。美國佔領德國與日本後，能夠將這兩個被佔領國轉變成朋友與盟邦，靠的也是這種精神。雖然如此，還是有許多駐紮在越南內地的老兵，並沒有受到越南文化與人民正面、友善的影響；相反地，他們只遇到想殺他們、或是可能是越共支持者的越南人。這是一種能夠滋生強烈猜忌與深刻仇恨的環境。一位越戰老兵就對我說，對他來說，「他們連動物都不如。」

大部分其他國家若是處於像越戰一樣的游擊戰環境中，犯下的暴行可能會比美國多，原因就是美國能夠接納其他文化的能力。而美國的暴行與多數殖民強權的紀錄相比，則肯定少得多。雖然如此，我們在越戰時還是犯下美萊村屠殺暴行。光是這個單一事件，讓我們在越戰付出的心力受到嚴重衝擊、甚至可能付諸流水。此外，在伊拉克的阿布．格黑德（Abu Ghriab）監獄醜聞中曝光的美軍虐囚照片，不僅鼓動了敵人的情緒，也銷蝕了我們作戰意志。

在戰時，為了殺人而釋放種族仇恨的精靈不過彈指間的事，但是一等到戰爭結束，就很難將它收回瓶中。種族仇恨的精靈會在外徘徊幾十年、甚至幾百年。昔日在南斯拉夫或今日在黎巴嫩，都看得到它的蹤影。

我們很容易出現沾沾自喜，自以為是的優越感，一旦如此，我們就會認為，那個徘徊在外的仇恨

20 印度叛變（Sepoy Mutiny），一八六〇年代印度當地僱傭兵反抗東印度公司統治的反抗事件，最後以失敗告終。英國以「叛變」稱之，但印度獨立後稱此事件為「獨立戰爭」。茅茅起義（Mau Mau Uprising），一九五〇年代肯亞反抗英國統治的一次起義事件，最後以失敗告終。

只存在於像黎巴嫩或前南斯拉夫等遙遠的地方。但真相是，蓄奴制度雖然已經終結了一百多年，我們到今天還依然在想方設法壓制種族歧視。我們在二戰與越戰運用文化距離雖然相當節制，但我們處理敵人問題時依然因此蒙受污名。

在將來的戰爭中，我們還是有可能為了取得優勢又受到誘惑，而開始使用文化距離這把雙刃劍。但是我們現在有機會在事前三思這種作法要付出什麼代價？在戰時與戰爭結束、我們寄望的和平來臨後，我們要付出的代價是什麼？

道德距離：「他們的目標是神聖的，怎麼會有罪？」

> 我們攻擊心臟正在跳動的敵人，卻遭到詆毀，說我們是「嬰兒殺手」、「女人殺手」……我們也很厭惡自己的所作所為，但這是必要的、非常必要的。現在已經沒有非戰鬥員這種生物了。現代戰爭就是總體戰爭。前線的士兵要不是靠著工廠工人、農人、以及背後其他每一位供給者，是沒有辦法發揮功能的。母親，我們討論過這個問題，我知道妳懂我的意思。我的部屬既有勇氣又有榮譽感。他們的目標是神聖的，他們履行自己的職責，怎麼會有罪？如果我做的是可怕的事情，那麼拯救德國可能也是一件可怕的事情。」
>
> ——彼得．史塔沙（Peter Strasser）中校，一次大戰德國海軍飛船部隊指揮官。該部隊是戰史中早期負責執行戰略轟炸任務的單位。本文引自關恩．戴爾，《戰爭》

道德距離即是將己方的作為與目標正當化。一般來說，道德距離可以分成兩個成分。第一個成分通常是將敵人的罪惡定性並予以譴責，當然，結果必然是懲罰或報復。第二個成分是確認己方目標的合法性與正當性。

道德距離要建立的論述包含：敵方目標很明顯是錯誤的、敵方領導層是罪犯、敵方士兵要不是單純被誤導，就是與領導人沆瀣一氣。

就像警察傳統上倚靠道德距離行使暴力行為，戰場上也可以如法炮製。艾佛瑞．法格斯發現製造道德距離的過程是：

> 要先認定敵人是罪犯，罪名是發動戰爭。然後要在戰爭爆發前或爆發後不久，就確立發動戰爭者的姓名。接著要將敵人從事戰爭的方法定調為犯罪行為。而勝利的定義，並非一方榮譽與勇氣戰勝了對方的榮譽與勇氣，而是如警察追捕破壞法律與秩序的嗜血惡棍一樣，以高潮作收。至於其他的一切，則必然是美好與神聖的。

法格斯認為，這種宣傳方式，在現代戰爭中愈來愈有影響力。他的看法很可能是正確的。事實上，在美國與多國聯軍於阿富汗與伊拉克對抗塔利班與蓋達組織的行動中，這種宣傳方式可能也占有一席之地。其實這種宣傳方式了無新意。就西方世界而言，這種宣傳方式最起碼可以追溯到西方文明無可置疑的道德領袖教宗，替我們稱之為「聖戰」的那一場悲慘血腥戰爭建立起道德正當性。

要有正當的懲罰理由：「毋忘阿拉莫（Alamo）/緬因號[21]/珍珠港/九一一」

確立敵人的罪行，以及這種罪行需要加以懲罰或報復，是行使暴力行為基本、廣為接受的正當手段。若是國家命令士兵殺掉一名惡行昭彰的罪犯，那麼，這種殺人行為就可以合理化為只不過是一件執行正義的舉動。

替懲罰建立正當性的機制是一項非常基本的工作，有時候甚至可以人為操控。二次大戰時，一些日軍的指揮官就精於此道。根據荷姆斯的說法，辻政信大佐（Masonobu Tsuji）

> 這位策劃日軍進攻馬來亞半島的主要人物曾經寫過一本小冊子，目的之一是要讓士兵上緊發條、作戰時能奮勇向前。「你們登陸後遭遇敵軍時，就想像自己是個終於找到殺父仇人的復仇者。對方死了，可以減輕心頭揮之不去的怒氣。如果你沒殺死仇敵，就永不心安。」

要有眾意咸同的法律靠山：「我們認為這些真理是不證自明的。」

在人類諸事的發展過程中，當一個民族必須解除其和另一個民族的政治聯繫，並取得自然法則和自然之神賦予世界各國的獨立與平等地位時，該民族基於對人類公意的尊重，必須宣布他們不得不獨立的原因。

我們認為這些真理是不證自明的……

——美國獨立宣言

確立己方所作所為是合法的與懲罰動機是一體的兩面。內戰中得以使用暴力的一個主要方式，就是主張己方所為係基於合法目的，因為內戰雙方的戰鬥員具有高度相似性，敵我難以運用文化距離從事暴力行為。但另一方面，道德距離在所有的戰爭中都是促成暴力的一個因素，只是程度不一而已。

道德距離的一種主要表現方式，可以稱之為「主場優勢」。護衛自己的棲身之所、家庭或國家都是取得道德優勢的方式。動物界中也可以見到這種悠久傳統。我們檢視國家取得使用暴力的權力時，也不能忽略道德距離的影響。溫斯頓．邱吉爾就說過：「人最重要的責任就是為了自己生活的土地而死、而殺，並且要用非常手段懲罰在敵人壁爐邊烤火取暖的自己人。」

一般來說，美國戰爭的特色是傾向運用道德距離而非文化距離因素。原因在於美國是多元種族國家，文化距離在比較注重平等的美國文化中難以開發。美國獨立革命前發生的「波士頓屠殺」事件

---

21 阿拉莫位於德州聖安東尼奧市。一八三六年德州獨立戰爭時，墨西哥軍隊全殲駐守於此的德州部隊。「毋忘阿拉莫」從此成為一句激勵士氣的口號。「緬因號」事件指美國海軍「緬因號」於一八九八年於古巴哈瓦納港爆炸沉沒，艦上二六六名官兵死亡。美國指責西班牙政府一手策劃此案，導致三個月後爆發美西戰爭。

[22]，運用了某種程度的懲罰正當性因素。獨立宣言則代表「眾意咸同的法律靠山」，替此後兩百年間美國從事的戰爭定調。一八一二年戰爭[23]則是運用「主場優勢」的自衛作戰，當時白宮遭焚燒半毀，以及麥亨利堡（Fort McHenry）被炸（哦，你可看見，透過一線曙光）[24]的兩起事件，讓懲罰正當性得以成為公意。美國因為關心受欺壓人民，而以法律正當性為由從事暴力行為的道德基礎，可以在南北戰爭中許多北軍士兵衷心認為應該終結奴隸制度的動機中見到（我的眼睛看見主降臨的光榮）[25]。而在砲轟薩姆特堡（Fort Sumter）[26]作戰中，也可以看到某種程度的懲罰動機。

我們在過去一百年間用來開啟戰端的理由出現了些微調整的跡象，從確立道德正當性轉移到專注在道德距離中的懲罰因素。美西戰爭中的「緬因」號戰艦（Maine）沉沒事件、第一次世界大戰中的「盧西塔尼雅」號郵輪（Lusitania）沉沒事件、第二次世界大戰中的珍珠港事件、韓戰時美軍無故遭受攻擊事件、越戰的北部灣[27]事件、波灣戰爭的入侵科威特事件、阿富汗與伊拉克戰爭的九一一事件，以及可能藏匿大規模毀滅性武器事件。以上各次戰爭，美國都運用了懲罰正當性作為開啟戰端的理由。

值得注意的是，雖然美國以懲罰正當性為由開啟這些戰爭的序幕，但接著上演的道德正當性，使得部分戰爭出現非常美式的色彩。二次大戰時盟軍解放了納粹集中營後，艾森豪將軍即認為二次大戰是一次「聖戰」。而冷戰與全球反恐戰爭也一直被定位為對抗極權主義、迫害與恐怖主義的道德之戰。

一般來說，道德距離與文化距離相比，出現暴行的機會比較低，比較符合如聯合國等機構要維護的「規範」（例如阻止攻擊行為、維護每個人的人性尊嚴等）。但道德距離也像文化距離一樣有其風險。當然，這個風險就是每個國家似乎都認為上帝是站在自己這一邊。

社會距離：「豬仔表上的死者」

一九七〇年代時，我在美國陸軍八十二空降師擔任士官。有一次在一個姊妹營的作戰室看到一張人員差勤管制表。大部分作戰室門口牆上都有這種大型的管制表，一般來說表上會依照階級順序列出所有人員姓名。但是我看到的那張表有點不一樣。差勤表上先列出軍官，下面有一道分隔線，分隔線下面標明：「豬仔表」。豬仔表列出的是該作戰室所有士官兵的姓名級職。「豬仔表」的作法其實很

22 「波士頓屠殺」（Boston Massacre）事件：一七七〇年三月五日，駐守波士頓的英軍遭到一位波士頓居民辱罵引起糾紛，導致群眾嘩動，最後演變為五人死亡、六人受傷的慘劇。後世史家認為這起事件是美國民眾不滿英國殖民統治、導致獨立革命發生的重要因素之一。

23 一八一二年戰爭：美國獨立後，於一八一二年對英國宣戰，並揮軍北進意欲兼併當時仍為英國殖民地的加拿大。為期卅二個月的戰爭中，英軍一度攻進華盛頓特區，放火焚燒白宮。

24 「哦，你可看見，透過一線曙光」（Oh! say, can you see, by the dawn's early light）是美國國歌的第一段歌詞。一八一四年九月三日夜間，英軍以艦砲轟擊位於巴爾地摩的麥亨利堡。遭英軍軟禁的詩人法朗西斯．史考特．基斯（Francis Scott Key）隔天清晨在英軍軍艦上目睹麥亨利堡上仍有一面美國國旗迎風飄揚。他被這景象深深感動，隔天隨手在一封信紙背後寫下了幾行詩，成了日後美國國歌的濫觴。

25 「我的眼睛看見主降臨的光榮」（Mine eyes have seen the glory of the coming of the Lord）是南北戰爭期間一首著名的愛國歌曲〈共和國戰歌〉的第一句歌詞。

26 薩姆特堡是一八一二年戰爭結束後建造的防禦工事，位於美國南卡羅萊那州查爾斯頓港內。一八六一年四月十二日，南軍砲轟薩姆特堡，開啟了南北戰爭的序幕。

27 Gulf of Tonkin，舊稱「東京灣」。

常見，多數時候只是搏君一笑的幽默而已。但進一步來說，這個觀念通常代表的是軍官與士官兵間不言自明的社會距離。我在美國陸軍當過士兵、士官與軍官；我自己、妻子與小孩都體會過這種階級差別以及伴隨而來的社會距離。在軍事基地中，軍官、士官與士兵各有各的休閒室，他們的妻子參加的社交活動多半是分開的，基地內的住所也劃分在不同的區域。

我們想要了解「豬仔表」在部隊中的角色，必須先了解，做一位下令讓朋友赴死的人有多困難，以及下令光榮投降、結束一切苦難，是另一種多麼輕鬆的決定。帶兵打戰的要義是，優秀的指揮官必須真誠地（以一種保持距離的奇怪方式）愛護部屬。戰爭的弔詭在於，最願意將自己所親所愛的人置於險境的領導者，可能就是最能打勝仗的人，也因此是最能保護自己部屬的人。部隊中社會階級結構產生的排斥機制，目的是讓指揮官能夠下達讓部屬赴死的命令，但指揮官也會因為這種排斥機制的存在而感到非常孤獨。

這種階級結構在英國陸軍中更為突出。我在英國陸軍參謀學校就讀時，同校的英軍軍官朋友堅信（我也同意），他們一輩子在英國階級系統中生活的經驗，是他們能成為優秀軍人的原因。在過往的年代，社會距離的影響必然非常強大，當時所有的軍官都出身貴族階級，一輩子都在行使手中握有的生死權力。

在拿破崙戰爭前的所有戰爭場景，是農奴手中拿著矛或前膛裝填槍，看著敵對方另一個跟自己沒有兩樣的可憐農奴。這時我們就可以理解，他怎麼可能會特別想要殺害相當於自己鏡像的那個人。因此，古史中大部分近戰時的殺人行為都不是由當時戰鬥員的主要組成分子農奴與農夫動手執行的。相反地，作戰時動手殺人的是社會的菁英分子與貴族，通常是在作戰結束後的追擊階段，騎在馬上或在馬拉戰車上進行殺人行為。他們能夠殺人的原因之一，就是社會距離。

器械距離：「我沒看到人……」

> 新武器系統的發展，讓士兵得以在更遠的距離更精準地朝目標發射更致命的武器，即使在戰場上一樣如此。而此時敵人慢慢變成只是一個圍在照門環內、在熱顯像儀上發亮、或是穿著防彈衣的輪廓，沒名也沒姓。
>
> ——理查．荷姆斯，《戰爭行為》

一般來說，社會距離這種促使殺人的方式，已經在西方戰爭中逐漸褪色。但就算它在逐漸講求平等的年代消失了，一種新的、以科技為基礎的心理距離正取而代之。波灣戰爭時，人們以「任天堂戰爭」形容這種心理距離，到了伊拉克與阿富汗戰爭時，形容的方式則轉變為「電玩作戰」。

在戰場上，步兵的角色向來是在近距離一對一地殺敵，但是到了最近幾十年，這種近戰型態出現大幅變化。一九八〇年代之前，美國陸軍中根本沒有多少人使用夜視鏡這種稀奇、少見的裝備。到了現在，我們多半是在夜晚作戰，幾乎每一位作戰士兵都配發了熱顯像儀或夜視裝備。熱顯像儀「看見」的是身體散發的溫度，就好像看到光線一樣。因此，雨、霧、或煙都不會阻礙熱顯像儀成像。過去敵方士兵只要深藏在林線或草叢中就能夠完全取得掩蔽，但是，現在士兵已經能夠靠熱顯像儀看穿迷彩偽裝了。

透過夜視裝備，目標成了一團綠色，而不是人。士兵因此獲得了一種非常有效的心理距離。熱顯像科技與現代戰爭完全結合而產生的器械距離也已經延伸到日間戰場。許多案例顯示，對每一位士兵來說，現代戰場就像當年一位以色列戰車砲手形容的一樣。這位名叫蓋德的砲手告訴荷姆斯：「你眼前看到的就像電視螢幕上的畫面……這就是我那時看到的。我看到有人在跑，我就朝他射擊，接著他倒下來。就像電視上一樣。我沒看到人，這倒還真是好。」

第二十三章　受害者的本質：相關性與獲益

夏立特因素：方式、動機與機會

士兵作戰時要是有機會殺人，也有時間思考殺人，他就會像典型謀殺推理作品中的殺手一樣，評估自己的「殺人方式、動機與機會」。以色列心理學家班．夏立特曾經開發了一種以受害者本質為中心的「目標價值評估」（target attractiveness）模型。我將這個模型稍微修改後，納入本書討論的各種促使殺人的因素的模型內。

夏立特的模型考慮到下面兩點：

一，既有的殺人策略的相關性與有效性（也就是殺人方式與機會）。

二，從殺人者之所得、受害者之所失的角度，評估殺人的獲益，以及受害者的相關性（也就是動機）。

既有策略的相關性：殺人方式與機會

> 要能夠殺人卻不必冒著自己被殺的風險，在在考驗人類的聰明才智。
>
> ——阿登．杜．皮克，《作戰研究》

戰術與技術優勢，可以增進士兵現有作戰策略的有效性。或是套用一位士兵的話：「你最好他媽的非常有把握，不要因為攻擊敵人，卻讓自己吃了顆子彈。」而要做到這點，必然要以伏擊、側翼攻擊或從敵後方攻擊取得戰術優勢。在現代戰爭中，還可以藉由夜視與熱顯像裝備進行夜間射擊，攻擊缺乏這種技術優勢能力的敵人。此類戰術與技術優勢讓士兵取得「方式」與「機會」，增加他們殺死敵人的機率。

本書第三部「殺人與身體距離」中，曾經提到一位華登上士撰寫的作戰報告，從那份報告中就可以見到這些優勢發揮影響力的過程。華登士官是一位狙擊手，他在那次任務中之所以能完成殺人任務，原因是他的步槍裝了夜視瞄準鏡與滅音器，可以在非常長的距離，於夜間朝敵人射擊。這種殺人方式完全不會產生後遺症，因為殺人者完全沒有置身險境的顧慮。

我們在前面的章節也討論過，當敵人逃跑或背向己方時，遭到殺害的機率就會增加。原因之一是他這麼做，無異提供了讓對手不必擔心自己安危，卻可以殺他的方式與機會。史帝夫．班考能夠躡手躡腳地從背後接近一名越共士兵，然後殺了他，就是取得了方式與機會。班考說，他能夠鼓起勇氣動手的原因就是：「他們不知道我在那兒，」才能「慢慢地扣下扳機。」

受害者的相關性以及殺人者的獲益：動機

士兵一旦有信心「能夠殺人卻不必冒著自己被殺的風險」，下一個要考慮的問題就是，我該殺哪一個敵方士兵？套用夏立特的模型術語，他要考慮的問題就是：殺掉某個敵方士兵，是否與當時的戰術情況相關？是否能獲益？

最常見的作戰殺人動機就是自衛或保護同袍時要面對的「殺或被殺」情境。一名士兵如果可以從一群敵人中挑出一人殺害，他比較會針對對自己所得最大、對敵人所失最大的人下手。但若沒有某一位敵方士兵出現特定行為，形成對己方的威脅時，那麼，己方士兵就會以更細緻的方式，挑選敵方的最高價值對象作為殺害目標。

一種固定出現的選擇是以敵方的指揮官作為目標。一位海軍陸戰隊狙擊手告訴楚迪（D. J. Truby）：「我們不打一般士兵，因為他們通常是沒有經驗、慌慌張張的充員兵，或更糟糕的天兵……我們要打的是大官。」翻開古往今來的軍事史，指揮官以及領導者總是敵方武器標定的射擊對象，因為從敵之所失的角度看，他們代表己方的最高獲益。二次大戰時，第八十二空降師的指揮官詹姆士·賈芬（James Gavin）將軍一定隨身攜帶一把當時美國步兵的標準武器 M1 格蘭式步槍。他還對年輕軍官耳提面命，要他們不要攜帶任何在敵人眼中過於顯眼的裝備。

另一個決定該殺誰的標準，多半時候建立在誰負責操作殺傷力最強的武器這個因素上。以史帝夫·班考為例，他選擇的越共士兵是「坐在最靠近機槍的那個人」。

每一名士兵投降時，都有一種本能，知道自己應該要做的第一件事是丟掉手中的武器。然而，更聰明的士兵也知道要脫掉鋼盔。荷姆斯指出，「第二次世界大戰時，彼得．楊（Peter Young）旅長對著頭戴鋼盔的德軍開槍毫不留情，就像『拿著榔頭朝釘頭敲下去一樣』，但他絕對沒辦法對著沒戴鋼盔的德軍射擊。」雖然鋼盔有機會擋下子彈，或在砲兵彈幕射擊時保住一命，但是聯合國維持和平部隊總愛戴傳統的貝雷帽，也是基於這種對鋼盔的心理反應。

沒有相關性或獲益的殺戮

殺人者完成殺人行為後會經歷一段合理化的過程，此時的關鍵為能否確認受害者為戰鬥員。若一名士兵殺的是小孩、婦女或任何沒有潛在威脅的人，那麼他的殺人行為就屬於謀殺（而非正當、得到授權的作戰殺人），合理化過程就會非常困難。就算該名士兵是自衛殺人，但是由於他殺害的對象並不具有相關性或能夠獲益等正常情形，因此他還是會對自己的行為產生非常大的抗拒心理。

越戰時曾任遊騎兵部隊伍長的布魯斯雖然有多項個人殺戮戰果，但他也有一次實在沒有辦法下手的經驗，因為那次他奉令要殺的越共士兵是位女性。許多越戰的故事與書籍都曾詳細記載殺戮女性越共士兵引發的驚駭與不安心理。雖然在戰場上與女性作戰或殺害女性對美國人來說是全新的經驗，在軍事史上也不常見，但是並非毫無前例。一八九二年法國遠征達荷美[28]時，強悍的法國外籍兵團士兵就遭遇過一支由女性戰士組成的奇怪部隊。荷姆斯指出，當時許多心狠手辣、作戰經驗豐富的法國士兵「還沒對著這些半裸的亞馬遜女人[29]開槍或以刺刀攻擊，只不過猶豫了幾秒鐘，沒想到就天人永隔。」

作戰時若出現婦女與小孩，攻擊行為就會因此遭到抑制，但前提是己方的婦女與小孩沒有受到威脅。如果他們在場、而且生命受到威脅，再加上戰鬥員願意為這些人負起責任，那麼，作戰心理就會改觀：從雄性間小心翼翼、自我克制的儀式性作戰，轉變為像動物保護棲身之所般無節制的狠勁。

因此，戰場暴力也會因為婦女與小孩的出現而增加。以色列人因為一九四八年以阿戰爭的經驗，此後就不允許女性擔任作戰任務。多位以色列軍官告訴我，當時以色列不斷出現男性軍人無法控制自己的暴力事件，原因有二，一是他們目睹女性戰鬥員作戰陣亡或受傷，二是阿拉伯人非常不願意向女性投降。

下述這段荷姆斯的觀察，顯示他深刻了解婦女與小孩於戰時能發揮的抑制力量：

> 巴巴里猿（Barbary apes）想要接近資深雄猿時，會先找一隻幼猿帶著一起過去，目的是抑制資深雄猿的攻擊性。有些士兵也會採取類似的作法。一次大戰時，一位目睹德軍從戰壕中出來投降的英國步兵是這樣說的：「他們手上拿著家人的照片、交出手錶和其他值錢的東西，希望能保住一命。」

28 達荷美（Dahomey），位於非洲西部，現稱貝南共和國。法國從一八七〇年代初期開始殖民該國。

29 亞馬遜女人（Amazon），指高大、孔武有力、好戰的女性。

即使如此，有些時候就算拿出家人照片也沒有用。例如這個例子：「當德國人從戰壕中走出來的時候，一名不是我們這個營的士兵，用手中的路易士機槍（Lewis gun）對著他們每個人的肚子狂射了一輪子彈。」這名士兵之所以能夠殺害沒有防衛的人，一個個地把德軍殺掉，可能是受到另一個促使作戰時能夠進行殺人行為因素的影響。這個因素就是殺人者的天性，也就是我們下一章要仔細討論的主題。

第二十四章　殺人者的攻擊天性：復仇、制約與喜歡殺人

二次大戰時，部隊是在草地靶場（也就是固定距離靶場）進行射擊訓練，士兵射擊的目標是圓形靶。射擊若干發後，靶位人員就會檢查靶紙，並回報該名士兵的彈著。

到了現代戰爭時期，射擊訓練基本上是運用史金納（B. F. Skinner）的「操作型制約」（operant conditioning）技巧，開發士兵的射擊行為。這種訓練的實施方式是盡量模擬實際作戰情境，要求士兵全副武裝站在散兵坑內，他的前方則會蹦出一具人形靶。這些人形靶的功能是誘發刺激反應，觸發射擊目標的行為。如果士兵擊中目標，人形靶就會立即倒下，也就是立即給予士兵回饋反應。士兵依據中靶次數多寡，換取優秀射手徽章，也就是提供士兵正面強化（positive enforcement）反應。得到徽章的士兵通常還可以因此擁有一些福利或獎勵，例如嘉許、表揚、三天榮譽假等。

傳統的射擊訓練已經轉變為作戰模擬訓練。彼得·華生（Peter Watson）指出，接受過這種模擬訓練的士兵「經常反應，他們遭遇真正的危急情境時，就只是執行並完成訓練時學到的正確方法，事後才想到原來剛才發生的事情不是模擬情境。」一些越戰老兵也有多次的類似經驗。若干獨立進行的研究也顯示，二次大戰後，美軍射擊率大幅上升的原因，正是因為受到這種強大制約過程的影響。

理查·荷姆斯曾指出，接受二次大戰傳統射擊訓練的部隊，與受到現代訓練方法制約的部隊士兵相比，前者作戰效能非常低。荷姆斯訪談參加福克蘭群島戰爭的英國士兵，詢問他們是否發生過類似馬歇爾描述的二戰士兵不開槍的經驗，發現接受現代方法訓練的英軍士兵完全沒有發生這種現象，但

根據他們的觀察，以二戰方式進行射擊訓練的阿根廷士兵的確出現不開槍的現象，因此，阿軍的主要有效火力是來自機槍與狙擊手。

這種確保戰爭能夠進行的現代方法，在一九七〇年代發生的羅德西亞戰爭中，充分顯現了價值。羅德西亞安全部隊是一支訓練有素的現代軍隊，他們對抗的則是一群訓練不佳的游擊隊。安全部隊在戰爭全期的殺戮率一直能保持在約八比一，靠的就是較佳的戰術與訓練。此外，安全部隊的突擊單位的殺戮率則能夠成長到卅五比一到五十比一之間。羅德西亞人並沒有空中與砲兵優勢、他們的武器比起靠蘇聯協助的對手來說，也沒有佔多大優勢，但是在這種環境下，他們卻依然能夠取得這種成果。他們唯一擁有的是比較優良的訓練，以及靠著優良訓練讓他們取得的戰術優勢。

促使士兵能在作戰時殺人的現代制約技術，不僅有效性無可辯駁，對現代戰爭的影響也非常巨大。

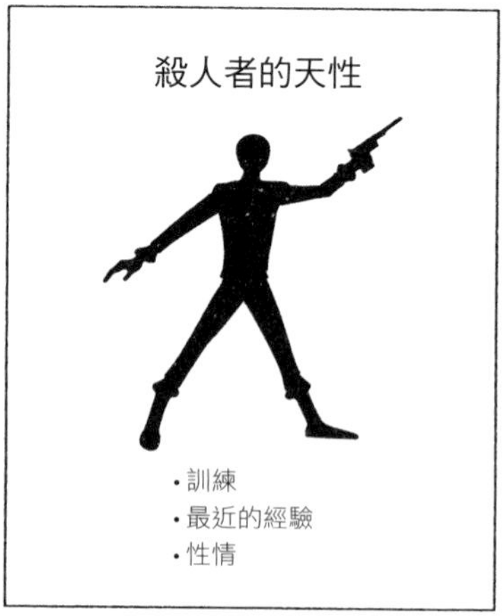

最近的經驗：「替我兄弟報仇」

F連倍受士兵愛戴的平頭連長包勃·法爾（Bob Fowler）因為脾臟中彈流血而死。非常敬慕他的傳令兵拿起一支衝鋒槍，憤恨地將才剛剛投降、沒有武器、站成一排的日軍一個個殺死了。

——威廉．曼徹斯特，《黑暗，再見》（*Goodbye, Darkness*）

朋友或敬愛的指揮官剛陣亡，也是促使士兵發生戰場暴力的因素。朋友與指揮官之死，能夠讓士兵一時糊塗、不知所措、讓情緒牽著走，從而讓他們產生殺人行為。我們的文學作品中多的是這種例子，甚至法律條文中也有如「暫時性精神錯亂」（temporary insanity）、「情有可原」（extenuating and mitigating circumstance）的觀念。我們討論促使士兵在戰場上產生殺人行為的各種因素時，也必須納入這種在歷史上屢見不鮮、在暴怒之下產生的報復性殺人現象。

士兵作戰時的一舉一動，是由他所處的環境造成的，而且暴力會滋生暴力。但士兵作戰時的行為，在相當程度上也受到先天性情的影響。這是我們現在要仔細討論的問題。

「天生殺手」的性情

有一種稱為「天生殺手」的人：他們的最大滿足來自於男性間的情誼、刺激感與克服生理障礙。他雖然不願意殺人，但是，如果他的作為是在一個讓他找到合理化藉口的道德架構下發生（例如戰爭），再加上他的作為也可以讓他進入他本就渴望投身的環境，那麼，他也不會反對自己的行為。不管這種人的性情是天生的，還是後天培養的，他們之中大部分人最後都加入了軍隊（其中很多人因為和平時期正規部隊的生活太規律、無趣，後來又成了傭兵。）

但是，軍隊成員不見得都是這類人。這類人其實很少，就算在一支小型的職業軍隊中，他們的比例也不算多，而且多半集中在從事突擊任務的特種作戰單位內。在成員由徵集方式組成的大型軍隊中，這類人可以說幾乎不存在。其他壓根不想作戰的普通人，才是軍隊必須說服在戰場上執行殺人任務的對象。而這些軍隊在一個世代前，還不知道自己在這件事情上根本力不從心。

——關恩．戴爾，《戰爭》

史旺克與馬強德在他們那份二次大戰的研究中指出，那百分之二具有天生攻擊性病態人格的士兵，很明顯並沒有正常的抗拒殺人經驗，也不會發生因為長時間作戰導致的精神傷病。但是，以「病態人格」或其現代同義語「反社會人格」（sociopath）等隱含負面意義的字形容這類人，其實並不洽當，因為一般而言，他們的行為其實就是一名作戰士兵應該具備的行為。

若說所有老兵中的百分之二都是具有病態人格的殺手，當然是不正確的。許多研究都顯示，老兵不喜歡執行暴力行為的程度不會比菜鳥低。比較正確的說法是，男性人口中，有百分之二的人，若在沒有選擇或有正當理由的情形下，會無悔無怨地殺人。我在此必須要特別強調的重點是：這類人其實是擁有冷靜穩健作戰能力的一群人，也正是社會歌頌、好萊塢電影要我們相信的士兵典型。我為了撰寫本書訪問過許多老兵，其中一些可能就屬於那百分之二，他們在戰後回國發展，每一個人對社會繁榮與福祉的貢獻都在水準之上，毫無例外。

戴爾以他自己從軍的個人經驗，了解到：

> 攻擊性當然是我們基因組成的一部分，也是必要的一部分。但是，正常人的攻擊基因額度連讓他對熟識的人下手都辦不到，更不要說在異國與陌生人作戰時殺人。跟我們生活在一起的同類中，有數以百萬計人有過無情殺人的經驗：用機槍、火焰噴射器或從兩萬呎高空丟炸彈殺人，但是我們並不會因此害怕這些人。
>
> 這些人中的絕大部分，或在現在、或在過去某一段時間曾經從軍，在戰場上殺過人，但是我們都知道，他們的戰場殺人經驗，與會傷害同為公民的我們的攻擊性人格無關。

而馬歇爾提出的百分之十五到百分之廿的射擊率，並不見得就與史旺克與馬強德提出的百分之二這個數字有矛盾之處。原因是許多士兵是在非常強大的權威力量下開槍，也可能有許多士兵因為處於虛張聲勢階段，不是胡亂開槍、就是朝著天空開槍。而等到百分之五十五的射擊率（韓戰）或百分之九十到九十五的射擊率（越戰）的數字出現時，則代表這些人是在愈來愈有效的制約過程構成的環境中開槍。

戴爾提出，二次大戰時，美國陸軍航空隊達成的所有殺戮戰果，是由百分之一的戰機飛行員完成的。這個數字也大致符合史旺克與馬強德的估計。沒有人會否認，有三百五十一架確認擊墜敵機紀錄的二戰德國空戰王牌飛行員埃里希．哈特曼（Erich Hartmann）是有史以來最偉大的戰機飛行員。他曾經宣稱，他擊墜的敵機中，百分之八十根本不知道當時他們就在同一個空域。如果他的說法屬實，那麼，我們就能夠更深刻了解這類殺人者的本質。這類殺人者完成的殺人行為，就像狙擊手或戰機飛行員成功執行的殺人行為一樣，就是單純的伏擊與背後射擊。他們不必靠挑釁、憤怒或情緒賦予的權力執行殺人行為。

幾位美國空軍的資深軍官告訴我，美國空軍在二戰後遴選戰機飛行員時，發現二戰空戰王牌飛行員只有一項共同特質，就是他們兒時都有鬥毆經驗。是鬥毆、而不是霸凌，因為真正的霸凌者，多半會迴避與旗鼓相當的對手鬥毆。如果讀者能夠在腦中回憶或設想一位青少年在校園中打架時產生的怒氣與侮辱舉動，然後將這種行為放大為一種生活方式，你就可以了解這類人的本性以及他們產生暴力行為的能力。

人類的確具有能導致攻擊性格的基因，這點證據已經相當充分。不論在哪一種物種中，最優秀的獵人、戰士、以及攻擊性最強的男性，都能夠求生存活，好將自己的這種生物天性傳給後代。此外，這種攻擊天性得以發展，也得力於環境因素。基因的先天性配合與環境的發展，就能造就一名殺人者。但還有一個因素也會產生影響，即是否具有將心比心的能力。將心比心也同樣可能來自生物與環境兩方面的影響力，但無論影響力的源頭為何，人類一定可以分為兩類，一類是能夠感受並體會他人受苦承痛的人，以及無法感受並體會他人受苦承痛的人。反社會人格者就是具備攻擊性人格、但缺乏將心比心能力的結合體。而具備攻擊性人格，也具備將心比心能力的結合體，就會造就出另一種與反社會人格者完全不同的人。

我訪談的一位老兵表示，他認為這世界大多數人都是羊這種溫和、有禮、仁慈的動物，基本上就是沒辦法產生真正的攻擊性行為。但這位老兵還指出，另外還有一部分人是像狗這種忠誠又警覺的動物（他就是其中之一），必要時非常有能力執行攻擊行為。根據這位老兵的人類分類模型，這世界上還有狼（反社會人格者）、一群野狗（幫派與好戰的軍隊）。此外，牧羊犬（世界各地的軍警）則因為環境與生物本能的影響，天生就是站在上述掠奪者的對立面。

部分心理學與精神病學的專家認為，掠奪者的本質很單純，就只是反社會人格者，用上述觀點分析他們無異美化了那些殺人者。但是我認為人類中還存在另一種群類。我們知道某人是反社會人格者，是因為他出現了病理或心理失調。但是，心理學家卻認不出這些人屬於不同的群類，屬於那群以「牧羊犬」比喻的人，原因是他們的人格表現看不出來有病理或心理失調的問題。沒錯，他們是社會的珍貴資產，對社會貢獻良多，但我們只能在作戰時或警力出動時，才能觀察到他們的人格特質。

我訪談老兵時，一次又一次遇見這些「牧羊犬」類的人。一位曾在越戰作戰的美國陸軍中校說：「從小我就知道，有一種人，只要機會來了，就一定會傷害你。我一輩子都在準備，誰知道哪一天會碰上這種人。」這種人經常攜帶武器，永遠處於警戒狀態。他們不會誤用或將攻擊性行為施加在錯誤對象上，就像牧羊犬絕不會將羊群帶失一樣。但不少這種人打心底想要來一場以公平正義為由的戰鬥，正當、合法地發揮他們的技能對付大野狼。

理查．海克勒在他的著作《追尋戰士精神》中，是如此描述這種熱切的渴望：

> 天性的召喚一聲急似一聲，渴切想要驗證自己的身手，希望遇上比自己更厲害的角色。住在我們每個人內心的戰士，懇求戰神馬爾斯（Mars）賜給我們那個兵家必爭的戰場，讓我們投入那可怕的當下，以得到救贖。我們期待能遇上哥利亞（Goliath），如此，我們才有可能知覺原來大衛（David）還活著，活在我們身上[30]。我們祈禱諸戰神，引領我們去到耶利哥城（Jericho）的牆邊[31]，如此，我們才能有勇氣，堅定、有力地吹響號角。我們渴望在戰場上被遠不及我們的敵人打敗，如此，我們才會因為戰敗而成長。我們企望能遇上最後能授予我們尊嚴與榮譽的戰鬥……別誤會，我們對危險的渴望一直都沒有消失：那渴望既美好也可怕，既壯麗也悲慘。

也許，我們還可以用上另一個比喻。根據卡爾．榮格[32]的說法，在每一個人的集體潛意識中，都有一些頑固的行為模式，稱為「原型」。集體潛意識是一個代代相傳的潛意識大池，裡面的意象都得自先祖的普遍經驗，為全人類所共有。這些強大的原型能夠以引導人類生物的本能能量驅趕我們。這些原型包含：母親、智慧老人、英雄、與戰士。我認為榮格也許是以「戰士」與「英雄」，而非「牧羊犬」指稱那類人。

我前面提過，二次大戰期間，百分之四十的空對空作戰殺戮戰果，是由百分之一的戰機飛行員達成的。史旺克與馬強德則提出，有百分之二的士兵具有天生攻擊性病態人格，派帝．格里菲斯指出拿破崙戰爭以及南北戰爭期間的低殺傷率，馬歇爾則指出是二戰期間的低射擊率。上述幾個數字，對於戰時只有非常小比例的戰鬥員具備主動殺敵意願的現象，至少提出了部分解釋。不論用什麼方式形容他們，反社會人格者也好，牧羊犬也罷、或是戰士、英雄，他們的確都存在，他們是一群特殊的少數群類，是國家面臨危難時迫切需要的一群人。

30 聖經典故。「撒母耳記」上第十七章記載大衛以彈弓殺死非利士人勇士哥利亞的故事。
31 舊約聖經「約書亞記」第六章，以色列人繞牆七日後，攻陷耶利哥城。
32 卡爾．榮格（Carl Jung），瑞士心理學家，分析心理學的始祖。「集體潛意識」、「原型」等觀念都是他的創見。

第二十五章　全面關照：死亡的數學

士兵如果經常反省手上的武器會不會打爛敵人的膝蓋、讓某人成為寡婦；如果他經常想著，敵人也是人，與他一模一樣的人，也在執行像他一樣的任務，也承受像他一樣的壓力與負擔，他就無法在戰場上無法發揮戰力……要是沒有塑造出來的敵人形象，要是沒有接受過將敵人非人化的訓練，就無法保證戰果。而若是塑造敵人形象過了頭、非人化的訓練太超過，仇恨就會出現。這時，人類對戰爭的節制行為很容易就會被棄置一角。相反地，要是士兵過於深究敵我共有的人性，可能就無法達成以公理與正義為目標的崇高任務。這個「難解之結」就像一個由無數條仇恨與情感的線交錯纏繞而成的困境，主導戰場上的敵我關係。

——理查．荷姆斯，《戰爭行為》

本書第四部討論的所有殺人模式都凸顯了這個問題。現代軍隊借助操控變項的方法，引導暴力的流向；殺、或不殺，可以像開關水龍頭一樣控制。但這是一種精細而且高風險的操作過程。水龍頭開得過鬆，就會導致類似美萊村屠殺事件的結果，得不償失。水龍頭關得過緊，士兵就會被暴力傾向更強的人擊敗、殺死。

將身體距離因素加上本書迄今指出的其他使人擁有殺人能力的因素，就可以發展出一個「等式」，等號的另一端就是在某個特定的殺人情境下，抗拒殺人力道的總和。

在這個等式中，等號的一端出現的變項包含米爾格蘭因素、夏立特因素，以及殺人者的天性。

米爾格蘭因素

米爾格蘭在實驗室環境中，針對殺人行為進行的著名研究（實驗對象願意執行、並且知道自己會殺死另一名實驗對象的行為）指出了三個能夠影響殺人行為的主要情境變數。這三個變數在我的模型中，是以下列方式描述：一，權威的要求。二，群體寬恕（與「責任分散」的觀念非常類似）。三，與受害者的距離。每一項變數都可以進一步「可操作化」為下列次因素：

權威的要求

- 權威人士與其目標對象的接近程度
- 目標對象主觀上對權威人士的敬重
- 權威人士要求目標對象執行殺人行為的強度
- 權威人士之權威與要求的正當性

群體寬恕

- 目標對象對群體的認同

・目標對象與群體的接近程度
・群體支持殺人的強度
・鄰群的人數
・群體的正當性

與受害者的總距離

・殺人者與受害者的身體距離
・殺人者與受害者的情感距離，包含：
——文化距離。包含能讓殺人者將受害者「非人化」的種族差異。
——道德距離。可以分兩方面討論，一是堅定認為自己的道德優越，二是出於「報復」心態而產生的行為。
——社會距離。即在階層化的社會中，一輩子都認為某一特定階級的人類稱不上是人。
——器械距離。包含不會產生後遺症、透過

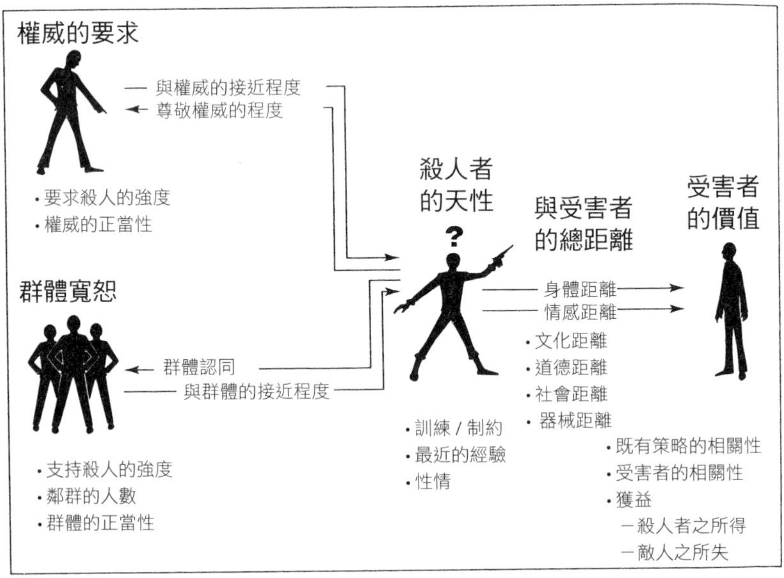

電視螢幕執行的電玩式非現實殺人、熱顯像儀、狙擊鏡，或其他提供緩衝功能的器械。

夏立特因素

我也運用了夏立特這位以色列軍事心理學家開發的受害者本質模型。影響殺人的因素如下：

- 殺害受害者既有策略的相關性與有效性
- 受害者代表的威脅與殺人者、以及殺人者所處的戰術情境的相關性
- 殺人者的獲益，包含：
  - ──殺人者之所得
  - ──敵人之所失

殺人者的天性

這部分牽涉的因素包含：

- 士兵的訓練與制約（馬歇爾對美國陸軍訓練計畫的貢獻，是使士兵射擊率從二戰時的百分之十五到廿，提高為韓戰時的百分之五十。到了越戰，射擊率則提高為接近百分之九十到九十五。）

• 士兵最近的經驗（例如，敵人殺死了某位士兵的朋友或親戚，與他在戰場上的殺人行為間有非常密切的關係。）

性情是導致士兵產生殺人行為最難研究的領域。雖然如此，史旺克與馬強德還是提出了作戰士兵中有百分之二天生具有「攻擊性病態人格」的主張，而且這類人顯然不會出現殺人後經常產生的創傷。其他觀察家以及美國空軍內部研究戰機飛行員攻擊性行為問題的人士，已經初步證實史旺克與馬強德的研究成果。

實例之一：美萊村屠殺事件

我們可以從卡萊少尉與他領導的步兵排在惡名昭彰的美萊村屠殺事件中扮演的角色，窺見部分上述因素的影響。提姆·歐布萊恩[33]寫道：「想知道美軍在美萊村那個風聲鶴唳的危險之地發生的事情，就必須先了解在華盛頓州路易斯堡[34]發生的事。你得先了解什麼是基礎訓練。」歐布萊恩是在上刺刀術訓練課程時，同時體會到文化距離與制約訓練的力量（但是他並沒有使用這些詞彙）。當時教育班長對著他的耳朵吼著說：「那些dinks全都是狗娘養的賤人！你不是要把他們的腸子掏出來嗎？就要刺低一點！蹲低一點！刺！」荷姆斯也有類似的結論：「美萊村發生的事件，追本溯源，就是我們將越南人非人化造成的結果。我們口中『不就是一群gook嗎？』的遊戲規則，意味下手殺死越南平民根本無所謂。」

美萊村屠殺事件發生前，卡萊少尉領導的步兵排已經遭遇敵人多次攻擊，造成部分死傷；敵人不僅來無影，去時似乎總是混入平民圈內。屠殺事件發生前一天，該排倍受愛戴的考克斯班長（Sergeant Cox）因為誤觸詭雷陣亡（強化了受害平民的「相關性」，再加上朋友被敵人殺死的最近經驗，同時升高了群體齊心殺人的強度。）根據當時一位目擊者的說法，卡萊的連長麥迪納（Medina）上尉在任務提示時表示，「我們的任務是速進，然後消滅所有障礙。每一個都要殺掉」「連長，女人和小孩也要嗎？」「沒聽到我說嗎？『每一個』」（一位合法、應受尊重的權威人士的中強度要求）。

我們看到照片上一堆又一堆美萊村的女人與小孩屍體時，似乎無法理解為什麼有美國人會幹下這種暴行。然而，我們不也難以相信，為什麼在米爾格蘭的實驗中，會有百分之六十五的實驗對象在實驗室中，眼看著「受害者」呼喊求情，只因為有一位不認識的權威人士要求他服從，他就願意將人電死？我並非替這種行為辯解，但是，了解士兵受到各種因素累加的影響，至少能讓我們了解美萊村悲劇發生的原因（也可能得以預防未來再發生類似事件）。這些因素包含：士兵接收的殺人命令是來自一位正當的、最接近自己的、必須尊敬的權威人士。他們身處於與自己關係最密切的、必須尊敬的、正當的、以及齊心一志的群體。他們受訓時接受過減敏感與制約課程。最近有同袍戰死。他們與受害

33 提姆．歐布萊恩（Tim O'Brien），美國小說家。越戰時與卡萊少尉同屬美軍第廿三步兵師。退伍後擔任記者，他將自己的越戰經歷改寫成半自傳體短篇小說，集結為《士兵的重擔》一書，廣受好評。

34 路易斯堡（Fort Lewis），位於華盛頓州 Tacoma 市的美國陸軍訓練基地。

者之間不僅有一道寬廣的文化與道德鴻溝，也認為這道鴻溝理所當然。就在他們的既有策略已經無法擊敗或重挫敵人時，眼前出現了一個能夠造成敵人相關性損失的行動選擇。

戴爾引用一位老兵的話，充分顯示了這些因素在「正常、基本上既得體又有禮」的美軍身上造成的巨大壓力：

> 這樣講吧。如果把同一批小朋友派進叢林裡面去一段時間，好好嚇嚇他們，不讓他們睡個好覺，接著搞一些事情出來，讓他們的恐懼變成仇恨。被分派帶領他們的班長呢，看過太多同袍不是誤觸詭雷而死，就是對人太信任而死；也認為越南人又笨、又髒、又軟弱，跟他自己完全兩個樣。這時候只要再施加一點群體壓力，這些現在在我們身邊的溫雅孩子，就會各個變成姦淫虜虐的高手。戰爭是什麼？不過就是殺、姦、偷而已。

實例之二：自殺炸彈客

了解促使殺人行為發生的各種因素，對於了解自殺炸彈客也有幫助（此處要注意的是，許多專家反對以「自殺炸彈客」這個詞描述那些殺人者，因為他們的行為不是自殺、而是殺人。他們願意犧牲自己，目的是為了殺人。）。在二戰期間的日本神風特攻飛行員身上、以及今日在美國學校中發生的青少年屠殺事件中，都可以看到這種自殺—殺人行為。但是就本書的研究目的來說，我只專注討論伊斯蘭世界的自殺殺人者，包含九一一的劫機者，以及伊拉克、阿富汗與世界其他地區的穆斯林自殺炸彈客。

分析伊斯蘭狂熱分子的殺人行為時，可以發現要求服從的權威人士是以一位宗教領袖（或多位宗教領袖）的形式出現。他們是殺人者一生中影響力最強的權威之一。事實上，要求服從的宗教權威人士可能是殺人者生命中、除家庭成員外唯一的權威。殺人行為發生時，這位宗教領袖也許不必在殺人者近旁，但是殺人者相信他事後會在靈界迎接自己。信仰才是關鍵。

群體寬恕因素則由殺人者的同志提供，而且擔任這個角色的多半是肯定、支持殺人者行為的家庭成員。事實上，雖然殺人者執行殺人行為全程可能都是隻身一人，但萬一任務失敗，這個群體也不可能不知道。也就是說，要是殺人者未能完成任務，強大且立即的群體擔責現象就會出現。（我們在此暫不討論一些實際發生、且經常發生的情形，如以炸彈客的家人作為執行任務的人質、另找人執行引爆炸彈的任務，以及其他類似的強力脅迫或逼嚇方法。）

從許多方面而言，促使自殺炸彈客執行殺人行為的各種因素中，最有影響力的應該是殺人者的天性。浸身伊斯蘭文化中的人何止百萬、千萬，但是只有非常小比例的穆斯林自願從事這種任務，其結果是形成了一種強大的自我選擇機制，從內部尋找願意以這種方式殺人的人。

殺人的距離因素在這類案例中也很特殊。殺人者事實上離受害者真的「既近且密」，但是他根本不必看到自己的行為會產生什麼結果！這種促使殺人行為產生的心理機制與從一萬呎高空投彈的轟炸機飛行員或從兩哩外發射砲彈的砲兵類似，影響力非常強大。

最後一個影響這類殺人行為的因素是受害者的本質。我要特別強調，引爆自殺炸彈是一種針對「硬目標」下手的戰術。傳統型的「活躍槍手」想要在以色列這種到處都是持槍警衛的國家或在美國作案、或在伊拉克與阿富汗對抗聯軍，他在還沒來得及點算自己的「殲敵數」前，就會遭到擊斃。在上述的戰術環境中，自殺炸彈是恐怖分子可以達到大規模傷亡目的的少數方式之一。

每個人都是槍決行刑隊

總結來說，戰場上多數促使殺人行為發生的因素，都可以在槍決行刑隊行刑時出現的責任分散現象中得見。因為作戰時，每一名士兵其實就是一個超級大型槍決行刑隊的一員。行刑隊的指揮官除了是下達命令的人，也是提出要求的權威人士，但他本人卻不必親自動手行刑。此外，行刑隊提供的是

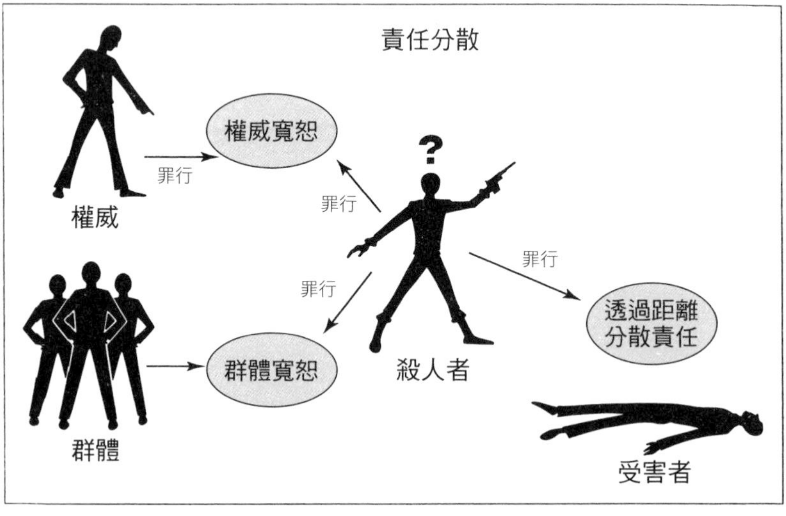

服從與寬恕的過程。將受害者的眼睛用眼罩矇住，則可以創造行刑者的心理距離。行刑者若是知道受害者的罪行，就可以創造相關性與將殺人行為合理化的理由。

這些促使殺人的因素等於是一個功能強大的工具包，可以藉此繞過、或克服士兵抗拒殺人的心理。但愈是不願面對抗拒殺人的心理，在後續合理化殺人的過程中，就會產生更大的創傷（本書第七部「越戰的殺人」中會詳加討論這個主題）。殺人是要付出代價的。社會必須了解，他們的子弟終其一生都無法與當時的殺人行為分離。本書各章節的研究讓我們了解，就算槍決行刑隊的心理機制能夠確保殺人行為順利進行，但是行刑隊員因此也要付出巨大的心理代價。同樣地，我們的社會必須從現在開始了解戰爭殺人行為要付出的龐大代價與發生過程，一旦了解這點，就能夠看到完全不同的殺人面貌。

第五部
殺人與暴行：「這兒沒有榮譽、不講道德」

國家在戰時的基本目標是塑造敵人的形象，目的是盡量清楚區別殺人行為與謀殺行為。

——葛倫．葛雷，《戰士》

「暴行」的定義之一，是指針對非戰鬥員的殺戮行為。非戰鬥員包含已經不從事作戰任務或投降的戰鬥員以及平民。但是在現代戰爭、尤其在游擊戰爭中，上述區別愈來愈模糊。

暴行與戰爭總是形影不離。不了解暴行，就無法了解戰爭。讓我們先以檢視暴行光譜全景的方式了解暴行。

第二十六章　暴行光譜全景

我們往往認為，納粹在二次大戰期間的暴行，都是由一群病態人格者或有虐待傾向的殺人者犯下的，而所幸這種人在人類社會中不多。但現實情形是，戰時想要區別謀殺與殺人這兩種行為極度困難。

我們討論暴行時，若是從戰場上個別行為歸屬的光譜，而非個別行為的精確定義入手，也許就可以更了解這種現象的本質。

本章討論的暴行光譜只涵蓋針對個人或特定對象執行的殺戮行為，不包含因為炸彈或砲彈導致平民死亡、一視同仁的殺戮行為。

殺戮高貴的敵人

暴行光譜的末端，是殺死正要殺你的武裝敵人的殺戮行為。位於這一端的殺戮行為其實絕非暴行，而是度量其他種類的殺戮是否屬於暴行的標準。

敵人若是「光榮」戰死，則殺人者自己的高貴情操與榮耀，也可以因此獲得確認與肯定。一位一戰英國軍官以欽佩的語氣對荷姆斯描述德軍機槍兵戰死前還是忠於職守的情節，原因即在此。這位英國軍官表示，德軍是：「第一流的軍人！他們寧死不屈，我們可是吃足了苦頭。」T. E. 勞倫斯（阿拉伯的勞倫斯）[35]在他的書中頌揚一戰時一支德軍部隊的精神永垂不朽，原因亦復如是。勞倫斯筆下的這支德軍部隊，在鄂圖曼土耳其帝國軍隊崩潰時，依然寸步不移對抗阿拉伯反叛軍：

35 一次大戰時，德意志帝國與鄂圖曼土耳其帝國屬同盟國陣營。部分意欲脫離鄂圖曼土耳其帝國統治、爭取獨立的阿拉伯人民則組成反叛軍則加入協約國陣營。「阿拉伯的勞倫斯」為英國人，亦為協約國陣營。

我愈來愈敬佩那些殺死我方弟兄的敵人。他們離鄉兩千哩，沒有希望、沒有嚮導，面對的是最勇敢的人也會發瘋的環境。但是他們的部隊依然團結一心，像鐵甲戰艦般意志昂揚，靜默無聲地轉向、穿越潰敗的土耳其與阿拉伯軍隊。他們一旦遭遇攻擊，就立即停止行進、各自進入戰術位置、等待射擊命令。他們不急切、不哭號、不猶豫。他們是一支榮耀的部隊。

這是一種可以使殺人者揹負的良心負擔減至最少、甚至不會產生良心負擔的「榮耀殺戮」。士兵可以藉著頌揚死去的仇敵、進一步合理化自己的殺人行為；此外，因為他的殺戮對象擁有高貴情操，他也因此可以獲得名聲與良心的平靜。

灰色地帶：伏擊與游擊戰

現代戰爭的許多殺戮結果，是由伏擊與襲擊任務造成的。敵人在這類攻擊型態中，並不構成立即威脅，卻依然遭到殺害，而且連投降的機會都沒有。史帝夫·班考的故事就是這種殺人行為的最佳例子：「他們不知道我就在這兒……但我看他們可是看得清清楚楚……我耐心靜氣，慢慢扣下扳機，一邊想著：『這樣死掉真是他媽的爛透了！』」

雖然這種殺人行為絕非暴行，但是與「光榮戰死」相比，不僅有天壤之別，殺人者也會更難面對與合理化自己的行為。在廿世紀之前，這種殺人方式很少出現在戰場上，許多文明社會透過宣告這類戰爭形式是不榮譽的方式，達到局部保護自己良心與心理健康的目的。

越戰時（以及一個世代之後發生的阿富汗與伊拉克戰爭）士兵心理受創特別嚴重的原因之一，就在於其游擊戰的本質，即士兵經常身處戰鬥員與非戰鬥員界線模糊的戰場環境：

那些情緒緊繃、隨時都待命作戰的美國士兵，一旦奉命封鎖村莊，他們會覺得審訊人員常用來辨認越共與一般百姓、戰鬥員與非戰鬥員的細微差別與指標，根本可望不可及。這些士兵判斷某人是不是越共的時機往往間不容髮，再加上語言障礙又讓判斷更困難。越南村民有時候就會因為這種模糊不清的界線而喪命。有一次一支美軍部隊伏臥在「檳水」（Ben Suc）村的聯外道路不遠處警戒，提防越共出沒。這時一位越南人踩著腳踏車朝美軍的位置騎過來，他穿著一條黑色寬鬆褲，也就是越共穿著的農服式樣。他進入美軍視線，大約又騎了廿碼後，一把機槍在他前面卅碼處開火，噠嗒作響，接著那人翻落到路旁的泥溝中。

一名士兵冷猙猙地說：「那傢伙是個越共、鐵定是。看他的衣服就知道。他這時離村一定有鬼。」

查理．馬洛依少校接著說：「看到穿著黑色農夫褲的人能怎麼辦？等他拿出自動武器打我們？我告訴你，我可不幹。」

那些士兵從頭到尾都不知道那個越南人是不是越共。這場戰爭讓人無所適從，因為敵人不是外人，而是住在當地、混雜在當地人中作戰的人。

——愛德華·杜游（Edward Doyle），《三場戰爭》（*Three Battles*）

我們讀著這些士兵的對話，不妨將心比心，體會他們的處境。他們的訓練就是學習在劍拔弩張的情境下殺人，他們其實沒有必要合理化自己的行為。那麼，他們為什麼要努力強調：「那傢伙是個越共、鐵定是。看他的衣服就知道。他這時離開村莊一定有鬼。」也許，我們聽到的是一位急著想要合理化自己行為的人在自說自話。他在那種情境下沒有選擇，只能被迫採取那些作為，甚至也許被迫要犯下那種錯誤。他非常盼望有人告訴他，他的行為是正確的、也是必要的。

有時候，士兵還會遇上更棘手的情境。這位美國陸軍直昇機飛行員在越戰時的遭遇就是一個例子：

> 我們左邊可以看到幾架墜毀在稻田裡的休依[36]。奇怪的是，就在我飛到稻田中央時，看到一名老婦人站在那慢條斯理地插秧，她的位置幾乎就在稻田正中央。我一邊操作直昇機之字形移動、一邊回頭看著她到底在幹什麼。她是個瘋子？還是個我行我素、認定打仗也不能阻止她種田的人？我又看了一眼稻田裡還在燒著的那幾架休依，才恍然大悟她站在田裡的原因。我馬上把頭轉過去。
>
> 我吼著說：「郝爾，打那個老女人！」但是郝爾（艙門機槍手）因為一直在他負責的那一側艙門忙著，根本沒看到她；他聽見我的話時，眼睛看我的樣子，就好像我是個神經病。

這時我們已經飛過她的位置，沒辦法朝她射擊。我沿著稻田邊繼續飛著之字形，好躲避下面的狙擊手開火，同時告訴郝爾怎麼回事。

「郝爾，村子邊的樹林有任何風吹草動，那女人都可以看得一清二楚。下面的機槍手就以她的方向為準，她的臉朝哪裡，就打哪裡。底下那麼多休依就是這樣才被打下去的。他媽的！她在替機槍手通風報信。打她！」

郝爾對我比了比大拇指，我轉了個彎準備再飛過稻田一趟。但是傑利和保羅（另一架直昇機的組員）已經先一步看到她，把她打死了。我也不知道自己為什麼又飛過下面還在燒著的休依，腦袋一片空白，只想著還好那老女人已經死了。

——D. 布雷（D. Bray），《出沒潛行、拯救戰俘》（*Prowling for POWs*）

那名女性是被迫通風報信的嗎？她是貨真價實的越共同路人，抑或是名受害者？越共有沒有拿槍對著她或她的家人？

換個人面對同樣情況，會不會做出與那些飛行員不一樣的事情？也許會。但也許他們做了不一樣的決定，就沒辦法還活著說出來他做了哪些事。這些飛行員肯定不會因為他們的行為遭到起訴，但類似的疑惑很可能一輩子都會跟著他們。

36 休依（Huey）。美軍在越戰期間使用的通用直昇機名稱。

現代戰爭中出現的這類灰色地帶殺人行為，有時後會引發非常大的創傷：

聽好，我不喜歡殺人，但是我殺過阿拉伯人（請注意說話者在潛意識中將敵人非人化）。也許我該告訴你一個故事。有一輛車朝我們開過來，我們沒看到上面有白旗。當時正是（黎巴嫩）戰爭期間。前五分鐘另一輛車開過來的時候，上面的四個巴勒斯坦人用 RPG[37] 殺了我們三個弟兄。所以我們看到那輛新的標緻車朝我們開過來時，我們就對著它開火。裡面坐著一家人，有三個小孩。我哭了出來，但是我不能冒這個險，那時我們真的覺得有問題……孩子、父親、母親，全在裡面、全都被殺了，但是我們就是不能冒這個險。

——蓋比．巴珊（Gaby Bashan），一九八二年在黎巴嫩作戰的以色列後備役軍人。引述自關恩．戴爾，《戰爭》

這個例子再度顯示了在游擊戰與恐怖戰爭時代，現代戰爭的殺人行為逐漸從黑白分明轉變為濃淡不一的灰色。我們繼續朝暴行光譜的另一端移動，就會看到顏色愈來愈黑。

深色地帶：殺害不高貴的敵人

戰時在近距離謀殺犯人與平民，毫無疑問會造成反效果。處決戰俘會讓敵人的意志更堅定、更不可能投降。然而在戰火喧囂中，這種事情經常發生。

我訪談的幾位越戰老兵都說他們「從不帶俘」，但是他們都不願意進一步解釋這是什麼意思。在軍校與受訓時進行敵後行動演習時，一旦遇上無法帶俘的狀況，大家往往心照不宣：得把戰俘給「料理掉」。

但是在敵我打得昏天暗地的戰場上，「料理」戰俘說來容易做來難。要執行近距離作戰，必須先要否認敵人也是人。但接受投降則相反，因為這樣代表認同敵人也是人，而且同情敵人的處境。在戰火正熾的時候受降，代表雙方的情緒大轉彎都要完整到位，這可不是件容易的事情。敵人一旦採取虛張聲勢或戰鬥模式，並因此作戰身亡，他就成為一位高貴的敵人。若是他在最後一刻想要投降，就要冒著立即遭戮的絕大風險。

荷姆斯對這個過程曾經發表過一段長篇論述，內容如下：

> 交戰中途投降是件困難的事情。查理士．卡林頓（Charles Carrington）指出：「戰到最後一刻的士兵沒有要求『槍下留人』的權利。」目睹七名德軍機槍手遭槍殺的T.P.馬克思（T. P. Marks）說：「他們當時毫無抵抗能力，原因是他們自己放棄抵抗，我們沒有要他們棄槍。他們放下武器是因為看到一個個中槍倒下的同袍離自己愈來愈近，情勢已經逆轉。」

37「火箭推進榴彈」，一種單兵操作的反戰車與人員殺傷武器

恩斯特·容鄂（Ernst Junger）也同意，防禦方處於下述情境時，沒有投降的道德權利：「既然防禦部隊在攻擊方距離只有五步時還繼續射擊，就必須承擔後果。士兵在殺紅了眼的最後一刻，是無法改變情緒的。他根本不想受降，只想殺人。」

第九槍騎兵團的詹姆士·泰勒士官在一九一四年於蒙塞（Moncel）的騎兵戰中，親身體驗到控制情緒激憤的士兵有多困難：「接著場面有點混亂。馬摩肩、蹄雜沓、呼喊震天……我看到波特中士就這樣硬生生地將長槍刺入一名已經下馬、高舉雙手的德軍。當時我心想，這樣殺人還真過分。」

西部戰線的哈洛·迪爾登醫官轉述了一封年輕士兵寫給母親的信，信中是這樣寫的：「母親，我們跳入戰壕時，他們全都高舉雙手，大喊『Camerad、Camerad』，意思是『我投降』。但是媽媽，我想他們死了活該。謹此停筆，兒亞伯特。」

……如果他等到敵人接近至小型武器可以產生殺傷力的距離時還奮戰不懈，到時候萬一他想請敵人槍下留人，機會大概是一半一半吧。如果他起身投降，很可能先聽到「太晚了、老兄」，然後挨上一槍。如果他決定倒臥假死，但碰上敵軍不願意冒險，決定改以手榴彈肅清戰場，他就會因此給炸死。

雖然如此，荷姆斯的研究發現，這些情境中不斷出現的一件令人訝異的現象是：士兵投降時遭到殺害的數目其實很少。也就是說，強大的抗拒殺人心理在如此激烈對立的情境中依然存在。

殺降當然是錯誤行為。對一支齊心作戰、希望戰後國家與士兵都能問心無愧活下去的部隊來說，殺降也會造成適得其反的結果。但是，這種行為在激戰時不僅的確會發生，行為人也很少因此遭到起訴。大多數時候，只能靠個別士兵對自己行為的反省能力，才能避免犯下這種錯誤。

至於冷血處決，則完全是另外一回事。

黑色地帶：處決

此處「處決」的定義是近距離殺死一位非戰鬥員（平民或戰俘），這位非戰鬥員對殺人者的軍事行動或自身安全都不構成明顯或立即威脅。這種殺人行為會導致殺人者產生嚴重的心理創傷，原因是殺人者沒有太大的心理動機要殺死受害者，他的殺人行為幾乎都是透過各種外在動機而產生。此外，因為這種殺人行為是在近距離執行，殺人者因此很難否認受害者也是人，也很難撇清自己不需要對他的行為負責。

吉姆．莫里斯（Jim Morris）曾經在綠扁帽部隊服役，也曾打過越戰。他後來成為一位作家。下面這個故事是他訪問一位參加馬來西亞平亂作戰[38]的澳洲老兵哈利．巴倫泰處決人犯的回憶。這則訪問

38 一九四八年至一九六〇年間，馬來西亞經濟衰敝，馬來西亞共產黨趁機展開武裝鬥爭，殖民地政府邀集大英國協國家派兵剿平叛亂。馬共稱此戰爭為「抗英民族解放戰爭」。

的標題是：「退休殺手：『他們不是英雄、不是壞人，只是個普通人』」。

我們這回靠在房間對面的那面牆邊。他身體微向前傾，細聲慢語，但非常認真。這回，他不再強裝沒事了，他終於放開了心裡的顧忌。

哈利．巴倫泰：「我們攻擊一個恐怖分子的基地，抓到一個女犯人。她在馬來西亞共產黨內的地位應該不低，因為她戴著政委的肩章。我在行動前就告訴所有人這次不帶俘，但我怎麼可能下手殺個女人？但是我的士官對我說：『快點下手，再不走就來不及了。』天啊，我那時汗流滿面。她長得好正！她說：『怎麼啦，巴倫泰先生，你怎麼在流汗？』我說：『不關妳的事，我是瘧疾發作』。我接著把手槍交給士官，但他搖搖頭……我隊上沒人願意下手。我知道要是我自己不動手，往後就再也帶不動他們。她又說：『你怎麼在流汗啊？』我說：『沒妳的事！』」

你殺了她嗎？

哈利．巴倫泰：「當然，我他媽的把她的腦袋轟爛了！我排上所有人都笑著靠過來。我的士官說：『你是 tuan（馬來語，「老大」、「長官」之意。），你是我們的 tuan。』」

我不是牧師、我現在甚至連軍官都不是……但我希望哈利看到我的表情，知道我喜歡他。如果他已經原諒了自己，我也能理解。但我知道，他很難原諒自己。

以上就是暴行的光譜，也就是暴行發生的過程。接下來讓我們討論暴行為什麼會發生，以及引導士兵製造暴行的黑暗力量。

第二十七章　暴行的黑暗力量

問題：「槍桿子出正義（？）」

那天是個冷颼颼、下著雨的訓練日。我在華盛頓州路易斯堡，聽著一群學員七嘴八舌地討論剛結束的戰俘處置課程。一個傢伙說，讓戰俘走過一塊高濃度神經毒氣區域不就得了？另一個人說，用克雷摩爾雷[39]處理戰俘，既省錢、又省力。他旁邊的人接著說，這兩種方法都太浪費了，最好的方法是讓戰俘除雷、以及去核子或化學污染區域偵查。這時，一直站在一旁聆聽的營部牧師打斷話頭，開始解說學員發言中出現的明顯道德問題。

那位牧師先說明了日內瓦公約的規定，解釋我們國家的軍隊是一支正義之師，上帝也支持我們的任務。但一些現實派的士兵覺得牧師的道德取向不切實際，日內瓦公約也是紙上談兵。一位砲兵前進觀測官說，他在砲兵學校受訓時學到的是：「日內瓦公約禁止以黃磷彈攻擊人員，所以，我們要求發射黃磷彈時，就拿敵方裝備作為標定目標，這樣就解決問題囉。」這位年輕砲兵的邏輯是：「如果我們能想到規避日內瓦公約的辦法，敵人難道就想不到？」另一個傢伙說：「如果我們被俄國人抓到，可能也會跟日內瓦公約說掰掰，與其如此，難道我們不能有樣學樣？」這一群又冷、又濕的學員對牧師的「正義」與「上帝支持」說，大體上是沿著「槍桿子出正義」與「歷史總是勝利者寫的」的方向提出他們的看法。

我在班寧堡的軍官專修班、步兵軍官基礎訓練班、遊騎兵學校以及步兵迫砲排軍官訓練班，也聽到同樣的「日內瓦公約與用黃磷彈攻擊裝備」的說法。一位遊騎兵學校的教官談到處置戰俘問題時，非常清楚地表達了自己的看法：執行突擊或伏擊任務時，絕不能帶俘。我也發現，該遊騎兵營中大部分的優秀年輕士兵，跟我們進行討論時，對於處理戰俘的看法與這所遊騎兵學校的想法沒有兩樣。

一個解決方法：「我會親手宰了你」

我反駁他們時，大致是以這種方式陳述：「一旦敵人知道我們幹了一件屠殺案，就像在『突出部作戰』中德國在馬默迪（Malmedy）所做的事情一樣，那麼，就會有成千上萬的敵軍下定決心絕不投降，他們也就更難擊敗。這種情形就像在『突出部作戰』時，我們聽聞德軍殺俘的結果一樣。此外，我們殺俘正好也讓敵人殺俘有了好藉口。結果是，謀殺幾個跟自己一樣可憐、又累又倦的敵軍，換來的卻是敵軍戰力因此更強大，並造成我們更多弟兄死亡。也就是說：我們害自己的弟兄因為我們殺俘而遭到謀殺。」[40]

39 克雷摩爾雷（Claymore mine），美軍從韓戰時開始研製、並大量配發部隊使用的定向人員殺傷雷。

40 馬默迪屠殺事件，指一九四四年十一月十七日、突出部作戰期間，在比利時馬默迪附近發生德軍屠殺八十位美軍戰俘的事件。消息傳開後，多個戰區的美軍部隊為了報復，也開始在隨後數月間處決德軍戰俘。

「另一方面，我們沒辦法帶俘時，先將他繳械，把他綁起來，然後把他留在某個空曠處。德軍過沒多久就會知道美軍尊重戰俘。等到了最後關頭，你就會看到一整群嚇壞又累斃、寧降不死的德軍。二次大戰時曾經發生一整批俄國軍團投降德軍的事情。德國那時對待俄軍戰俘跟對狗沒有兩樣，但是一整個軍團的人還是跑過去了。想想看，俄軍要是碰上一支更有人性的敵軍，會有什麼反應？」

「你們一定要知道的最後一件事是，如果讓我知道你們這群喜歡標榜自己是英雄的傢伙殺俘，我就會當場把你宰掉。因為你幹的事情是違法的、因為你是錯的、更因為你幹的是件蠢事。要贏得戰爭，這種事情就絕不能發生。」

至於如何將俄國戰俘與降軍編入作戰部隊、以及捕捉戰俘以獲取情報等更重要的工作，我就根本懶得跟他們解釋了。

教訓以及更大的問題

講到這兒，最重要的一件事是：從來沒有人告訴我，不當對待戰俘可能產生的後遺症是什麼？在我的軍旅生涯中，從沒遇到一位指揮官願意起身，清楚明白地告訴我他對處置戰俘的看法，並且辯護自己的立場。事實上，我倒是碰過完全相反的情形。我當士兵與士官的時候，就有一些同為士官兵的主管強烈替自己處理戰俘的立場辯護。他們認為，只要不方便帶俘，就可以殺俘。當時，我也同意這是合理的作法。但是那些主管從來沒有讓我明白，戰時處理戰俘（以及不當對待戰俘）的重要性，以及萬一處理不當會衍生哪些無可挽回的災難。我認為他們當時對處理戰俘問題也是一知半解。

我們的軍人在下一場戰爭中，可能會因為犯下各種戰爭罪行，導致我們喪失長久以來一直能夠運用的基本戰力乘數：受壓迫人民背叛自己國家的傾向。

一位訪談過多位二戰戰俘的人士對我說，許多德軍都告訴他，他們曾參與一戰的親戚都勸告他們：「勇敢起來，加入步兵的行列，然後看到第一個美軍就投降。」美國對人命抱持一視同仁與尊重的態度，這方面的名聲已經流傳好幾個世代。美軍在一戰戰場上的高貴舉動，間接拯救了許多二戰戰場上的士兵一命。

這就是美國對於戰時暴行的立場與背後的思考邏輯。但是，許多國家對於戰時暴行採取的是另一種立場，他們考慮的是另一種理路。我們要了解殺人行為，就必須要了解這種關於暴行的扭曲邏輯。

賦能

> 戰爭並不具備轉變的力量，戰爭只是放大了本就在人心中的善與惡。
>
> ——莫倫伯爵，《勇氣的解析》（*Anatomy of Courage*）

死亡的賦能

我還記得，從我第一次目睹一名傘兵因為無法開傘而墜地死亡，到了我能夠理出自己情緒的頭緒時，已經花了好幾年。一方面，我對那名傘兵之死覺得難過，而另一方面，我看著他從空中一路往下掉的時候，還一直拼命將纏繞的副傘解開，我又覺得驕傲。他的死亡驗明並確認了我心目中的傘兵印象：一群每天都要面對死亡的軍人。那位勇敢的士兵雖然在劫難逃，但也正是活生生的傘兵精神代表。

我和傘兵同袍聊到這件事，一起向那位離我們而去的弟兄敬了一輪酒之後，我開始明白他的死，其實更強化了危險、榮耀與優越感這三個我們這種菁英部隊與生俱來的信念。他的死亡並沒有貶損我們；相反地，他的死亡很奇怪地讓我們變得更壯大、賦予我們更強的能力。這是個不只在、但是必然在菁英作戰部隊出現的現象。世界各國慶祝犧牲慘重的戰役，甚至失敗的戰役如阿拉莫、皮克特衝鋒[41]、敦克爾克撤退[42]、威基島與列寧格勒圍城戰[43]，就是因為在這些戰役中，士兵犧牲彰顯的英勇與榮譽情操。

暴行的賦能

將一名傘兵因跳傘死亡與二戰期間猶太人的犧牲對比，可能會有人覺得沒有禮貌。但我相信，我目睹那名傘兵之死時的心理反應，與犯下暴行之人的心理反應是一樣的，差別只在後者的心理反應規模大得多。

人們有時會認為「大屠殺」（Holocaust）是針對猶太人與無辜人民的無意義殺戮行為，其實這是誤解。「大屠殺」不是沒有意義的行動。它的確可恥、邪惡，但絕非漫無目的。這種謀殺行為背後自有一套強大但扭曲的邏輯。要對抗這種暴行，就要先理解它的邏輯。

取用暴行黑暗力量的人，可以採收到許多利益。參與制定或執行暴行政策的人，通常是以自己的未來交換眼前的利益。如此所得之利雖短，卻相當實際且強大。想要了解暴行的吸引力何在，我們需要先了解，並且清楚辨識出個人、群體與國家想要靠暴行採收到的利益有哪些。

暴行帶來的諸多利益中，最顯而易見、而且理所當然的，就是能夠輕鬆容易地讓他人心生畏懼。殺人者與虐人者製造的原始恐怖與殘忍，會讓人逃跑或躲藏，就算反抗，力道也相當微弱，而受害者則多半沈默順從。我們在報紙上天天都可以讀到這種新聞：大規模謀殺案的受害者面對殺人者時毫不作為：不保護自己、也不保護其他人。漢娜·鄂蘭（Hannah Arendt）在其《邪惡的平庸》（*The Banality of Evil*）一書中，就提過這種不反抗納粹的現象。

傑夫·古柏（Jeff Cooper）對於老百姓的這種傾向，以他從事犯罪學的工作經驗提出看法如下：

> 只要研究近幾年發生的所有暴行案件，就可以發現受害者的完全不作為與膽怯，基本上協助了殺人者下手……

41 皮克特衝鋒（Pickett's Charge），指蓋茲堡戰役最後一天，南軍向北軍發起的衝鋒攻擊代號，該次攻擊以失敗告終。

42 敦克爾克（Dunkerque）撤退作戰，指一九四〇年五月下旬至六月上旬，英法比三國在德軍優勢兵力包圍下，成功將卅餘萬部隊從法比邊界的敦克爾克撤至英國本土的任務。

43 列寧格勒圍城戰（Leningrad），指二戰期間德國對蘇聯的列寧格勒市發起的圍城作戰，歷時約兩年半，德蘇雙方均死傷慘重。

只要是真男人，可能會為了榮譽而不屈從暴力威脅。但許多並非懦夫的男人卻在暴力面前低頭，原因其實很單純：他們對人類的殘暴完全沒有心理準備。他們從未想過這件事（只要看報紙、聽新聞就知道的事情，卻不覺得自己有一天也會碰上，實在不可思議。），也不知道遇上這種事該怎麼辦。也就是說，一旦他們遇上惡行或暴力，反應就只有詫異與不解。

這種賦予社會罪犯或邊緣人執行暴行能力的過程，若是透過革命組織、軍隊與政府以制度化的手段制定為政策，就會運作得更順暢。北越與其代理人越共就是公然制定暴行政策的代表，並且還因此採收到利益。越共在一九五九年總共暗殺了兩百五十名南越軍官，發現暗殺是一種簡單、好用又有效的手段。次年，越共靠這種謀殺與恐怖手段製造的罹難人數跳升至一千四百人，這數目並在往後十二年持續不墜。

主張在越南應該打一場消耗戰的美國人士，在越戰期間一直探討對北越轟炸為何徒勞無功的問題。他們發現，與二戰期間的戰略轟炸相比，轟炸北越任務無效的原因出在方法與目標選擇。但他們忘了，我們自己在二戰結束後進行的研究顯示，不論是對英國或對德國進行的戰略轟炸，除了強化了敵人的作戰意志外，幾乎沒有效果可言。

當美國對北越進行徒勞無功的轟炸時，北越卻非常有效率地一個接一個在南越政軍官員的床上或家中將其殺死。我們之前討論過，從兩萬呎高空製造的死亡，是一種奇怪的、非針對個人的殺人行為，也不會在心理上造成衝擊。但是在近距離、針對個人製造的死亡，代表有一股來自敵方、而且可以明顯感覺出來的高密度「仇恨的風」正吹拂到受害者身上。這種死亡就可能非常有效地催折敵人的意志，因而取得最後的勝利：

> 一隊人馬奉令處死一位著名的地方領袖。他們進入他家殺死他、他的妻子、兒子、媳婦、一對男女傭人與他們的嬰兒。他們勒死這家的貓、用棒子打死他家的狗、將魚缸裡的金魚撈出來丟在地板上。這些共產黨人走了以後，這間房子內一條生命都不剩——「一家」就這樣被劃掉。
>
> ——金・葛瑞夫斯（Jim Graves），《糾結的網》（*The Tangled Web*）

有趣的是，在阿富汗與伊拉克的塔利班與蓋達組織部隊雖然也使用暴行，但他們揮舞暴行工具的時候卻非常拙劣，效果也適得其反。一位前北越部隊高階指揮官被問到美軍在阿富汗與伊拉克戰術運用的看法時表示，我們的對手犯了兩個大忌，一是殺人不分清紅皂白（多半以自殺炸彈與汽車炸彈的方式），二是攻擊美國本土，這兩點是當年北越部隊一直小心翼翼避免犯下的錯誤。

暴行可以成為有效的工具，但它也是個拙劣、面目可憎的僕人，必須時時小心看管。蒙古帝國當年未經一戰就讓許多國家臣服其統治，靠的是過往將抗拒其統治的國家或城市全數屠滅得到的名聲。「恐怖分子」（terrorist）這個字的意思很簡單，就是指「運用恐怖的人」，我們不必繞道天涯海角或是在歷史中上下探尋找，就可以發現一些以無情、有效的恐怖手段成功奪權的個人與國家。

殺人的賦能

大規模謀殺與處決也是一種大規模賦予殺人能力的方式。

這就像與魔鬼訂約以後，一群惡靈吸噬納粹黨衛軍受害者的血與骨而得以生存、繁衍（這種例子不勝枚舉，此處且以納粹黨為例）。這群惡靈享用國家奉獻的血祭後，便將邪惡的力量賦予給國家作為獎勵。每殺一個人，都等於是以血驗明並確認納粹惡靈的種族優越，從而在道德距離、社會距離、與文化距離的基礎上，建立起一種強大的「偽物種差異」（pseudospeciation），也就是將受害者歸類為較劣物種。

戴爾的《戰爭》一書中，有一張日軍以刺刀處決中國戰俘的照片，非常值得分析。中國戰俘一個個跪在看不到盡頭的深溝中，雙手綁在腦杓上。溝沿上則站著一排也看不到盡頭的日軍，手上拿著已經上了刺刀的步槍。這些日軍一個接一個跳下溝，以刺刀在戰俘身上強加「親密的殘暴」行為。還沒被刺到的戰俘斜歪著腦袋，無精打采地接受即將來臨的命運，面露無言的恐懼。已經被刺刀刺中的戰俘，臉孔則因痛苦而扭曲。更讓人訝異的是，殺人者臉孔扭曲的模樣與他們手下的受害者相當類似。

這種大規模處決的情境中，道德距離、社會距離、文化距離、群體寬恕、接近效應、以及要求服從的權威等等強大力量全都集合起來，打敗行刑士兵先天具備或後天養成的正派教養，以及天生抗拒殺人等形單影隻的力量，迫使他不得不動手處決敵人。

每一名主動或被動參與大規模處決的士兵，都要面對一個艱難的選擇。一方面，他可以抗拒那個非常強大、要求他殺人的力量。一旦他選擇抗拒，後果是他的國家、指揮官、與同袍就會立即否認他、開始區別彼此。他甚至很可能和這場恐怖事件的其他受害者一起遭到處決。另一方面，這名士兵可以在要求殺人的社會與心理力量面前低頭。一旦如此，他就會很奇怪地被賦予了殺人的能力。

動手殺人的士兵必須克服「我謀殺了女人與小孩」、「我是一隻惡獸、犯下無法原諒的錯誤」的心理障礙。他必須否認內心深處的罪行、必須信誓旦旦告訴自己：這不是個瘋狂的世界，他手下的受害者連動物都不如，他們其實才是邪惡的害蟲；國家與指揮官要求他做的事情，才是正確的事情。

他必須相信，他執行的暴行不僅是正確的，也證明了他在道德、社會、與文化上的確比他殺死的人優秀。殺人，正是否認對方為人的無上行為，也是確認自身優越性的終極手段。殺人者必須強烈壓制所有指陳他犯錯的蕪雜思緒；他更必須猛烈攻擊所有能威脅他信念的人或事。他的心理健康完全繫於他深信自己所作所為是既善且美這一點上。

受害者的血綁定了他，賦予他執行暴行的能力，讓他的殺人與屠殺行為變本加厲。一旦我們了解這種基本的賦能過程，就是導致撒旦式瘋狂殺人或邪教殺人的原因時，前面提及那個與魔鬼訂約的比喻也就無足為奇了。與魔鬼訂約後產生的力量、權力與誘惑，數千年來不是一直以人類為獻祭？

連結領導人與同儕的臍帶

暴行的指揮者與暴行的執行者間要靠血和罪才能緊密相連；暴行的指揮者與暴行目標之間的關係亦如是。因為只有成功達成暴行的目的，暴行的指揮者才不必為自己的行為負責。威權體制的獨裁者倚賴祕密警察或類似羅馬禁衛軍型態單位的原因，是因為他們願意為領導人以及暴行的目標奮戰到底。舉例來說，尼古拉．西奧塞古（Nicolae Ceausescu）統治羅馬尼亞期間的國家警察與希特勒的黨衛軍就是兩個執行暴行的單位，這兩個單位與其領導人緊密相連，就是倚靠暴行的力量。

威權體制的領導人只要能確認手下參與暴行，也就可以保證斷絕了這些奴才與敵人和解的機會。他們與主子命運的關係盤根錯節，他們是暴行的執行者，陷在他們的邏輯與罪行中；他們只有一個出路，就是在諸神與邪靈的終極大戰（Gotterdammerung）中取得完全勝利，或是完全失敗。

當領導人（不論是國家領袖或幫派老大）手上缺乏具有正當性的威脅時，可能就會指定一隻代罪羔羊。代罪羔羊排出的穢物與流出的無辜血液除了賦予殺人者執行暴行的能力外，還可以使殺人者與其領導人產生緊密關係。傳統上，代罪羔羊角色多由弱勢團體與少數民族擔任，例如猶太人與黑人。

污蔑、侵犯女性或否認女性是人，也是一種壯大與榮耀他者的方式。女性可能是這種賦能過程在歷史上造成的最大單一受害者群體。性侵是宰制敵人、否認敵人為人的過程中非常重要的部分。領導人與殺人者以犧牲他人達到相互賦能與緊密連結的目的，這個過程與多人性侵沒有兩樣。國家在戰時經常以多人性侵達到賦能與緊密連結的目的。

二次大戰時德國與蘇聯的衝突，就是一個雙方都完全投入暴行與性侵，形成惡性循環的好例子。根據專研德、蘇戰史的作家亞伯特．西頓（Albert Seaton）的說法，當時攻擊德國的蘇軍士兵接到指示，他們若是在德國犯下民事罪，可以不必負責；此外，他們也可以合法擁有德國人的財產與女人。

因此，經由蘇軍鼓勵造成的性侵案件似乎以百萬計。孔尼爾斯．萊恩（Cornelius Ryan）在《最後戰役》（*The Last Battle*）一書中的估計是，二戰後，光是柏林一地就有十萬個新生兒是因為性侵誕生的。近年來我們也看到前南斯拉夫交戰各方以性侵作為政治工具。一些伊斯蘭基本教義派人士有系統地以多人性侵方式懲罰違反伊斯蘭律法的女性。我們必須了解，不論戰時或平時出現的多人性侵、幫派殺人或邪教崇拜殺人，都不是「無意義的暴力」。相反地，它們都是群體緊密連結與實現犯罪的有力行為。此外，這些行為背後往往藏匿著不為人知的目的：為了幫助特定領導人或特定目標斂財、增長權力或擦脂抹粉……而其代價就是無辜的人民。

暴行與否認

暴行製造的徹底恐懼感，除了使面對暴行無所遁逃的人心生畏懼外，也可以使一定距離外的旁觀者心中產生疑惑。不論我們聽聞的是就在自己社會中發生的邪教儀式性殺戮，或世界某處的某個政府執行的大規模殺戮，我們往往完全不相信這種事真的發生。

大部分美國人都已經能夠接受納粹德國犯下的數以百萬計謀殺罪行，原因是我們的子弟就在那兒，也目睹了死亡集中營的慘狀。現場目擊者的說法、影片、有力的猶太人團體大聲疾呼，再加上如達豪與奧斯維茲等死亡集中營開放展示，這些因素加起來，讓我們很難否認這些恐怖暴行的確發生過。但就算證據如此充分，在我們國家以及世界各角落，還是有一小批怪異的人，依然由衷認為沒有大屠殺這回事。

暴行也能夠產生徹底的厭惡感，會讓我們寧願這件事情根本沒發生。例如，當我們聽聞柬埔寨發生種族屠殺事件時，我們寧願轉過頭、聽而不聞。大衛．霍洛維茲[44]這位一九六〇年代的激進人士，是這樣描寫這種否認心理在他自己與朋友身上發生的過程：

我和那些左派的前同志們，當年都認為史達林高壓統治是反蘇的「謊言」，根本不屑一顧。但是，就在那個我們稱之為人類新黎明的社會，的確有上億人被迫到勞改營工作，那兒的處境與奧斯維茲或布亨瓦德[45]不相上下。在社會主義統治期間、沒有戰亂時，估計就有三千萬到四千萬人死亡。左派人士盛讚蘇維埃馬克思主義者既能執行其進步價值政策，又能防衛國界不讓西方價值入侵，卻沒想到這批人屠殺的農民、工人、甚至共產黨員的人數，比有人類以來，每一個資本主義政府屠殺的總人數還多。

美國的威廉．巴克萊們、隆納德．雷根們[46]，以及其他反共人士，在那段蘇聯夢魘期間，不斷告訴全世界蘇聯的真相。而同一時期，親蘇的左派人士也不斷譴責他們是反動分子、是騙子，連詆毀對方的字眼也一模一樣……

要不是那些罪犯終於認罪，左派人士到現在可能還在否認蘇聯犯下的暴行。

雖然這是一個極端天真幼稚的例子，但不可否認的是，當時美國的確有一群人數不多、但是頗受矚目、而且聲勢浩大的人，陷在自我欺騙的技倆中而不自知。這群被騙的人，基本上是一群善良、有禮、受過高等教育的男男女女。正是他們的善良與教養，讓他們完全無法相信自己認同的人與事竟然如此邪惡。也許，否認大規模暴行與我們天生抗拒殺人的情緒其實互為表裡。就像一個人面對強大壓力與暴力威脅時，依然會猶豫要不要動手殺人一樣，就算那些人眼前暴行的事實俱在，他們也還是難以想像，更不要說相信暴行的確存在。

但是我們絕對不能否認暴行的確存在。如果我們仔細觀察世界，就一定會發現，某一個我們相信的崇高目標，背後有一股由某人在某處操縱的黑暗力量支持著。要我們相信並接受我們喜歡、認同的人，竟然也是能夠執行反人類行為的人，是很困難的一件事。單純又天真的人類寧願選擇不相信或逃避事實，可能是導致暴行與恐懼在今日世界各處此起彼落的最主要原因。

44 大衛・霍洛維茲（David Horowitz），美國著名的保守主義作家。他在年輕時篤信左派思想，到了一九八〇年代大轉彎，改投效保守派陣營。

45 布亨瓦德（Buchenwald），著名的納粹集中營。

46 威廉・巴克萊（William Buckely），美國著名的保守派作家，政論雜誌《國家評論》的創辦人。隆納德・雷根（Ronald Reagan），美國前總統，多年來一直是美國保守派人士的精神標竿。

第二十八章　誘人入彀的暴行

「恐怖！恐怖啊！」

——約瑟夫．康拉德（Joseph Conrad）小說《黑暗之心》（*Heart of Darkness*）中主角庫茲（Kurtz）臨終之語。

若是暴行成為政策，雖然能獲得短期利益，但一般來說（雖然不盡然如此）終究會導致自我毀滅的結果。不幸的是，自我毀滅往往來得不夠快，無法及時拯救直接受害者的生命。

以強制方式使人執行暴行，以便在人與人之間形成緊密連結的過程，必須要以正當性為基礎，才能使暴行不計時間長短，持續進行。舉例來說，「正當性」因素可能以下述各種形式出現：國家權威（例如史達林統治下的蘇聯、納粹德國，或復興黨統治下的伊拉克）、國家宗教的權威（例如日本帝國時期的天皇崇拜，或阿富汗的塔利班伊斯蘭基本教義派）、貶抑個人人性生活價值的野蠻與殘酷文化遺緒（例如蒙古遊牧民族、帝制時期的中國，以及許多其他古代文明的生活方式），經濟壓力再加上經年累月的群體緊密連結造成的影響（例如三K黨與街頭幫派）。以上各種「正當性」因素，或單獨、或結合，都能確保暴行能夠持續取得授權。但是，它們也包含一些能導致毀滅的種子。

一旦群體透過暴行啟動了展開緊密連結與賦能的過程，這個群體的成員就會身陷其中而無法脫身。原因是其他所有意識到這些成員本質的力量，都會站在該群體成員的對立面。執行暴行的人當然知道，全世界都會將自己的作為視為犯罪行為，這也是這群人必須要在民族國家的層次上，控制其人民與媒體的原因。

即使如此，控制人民與資訊流動只是權宜之計，在電子通訊愈來愈普及的今日尤其如此。例如，透過媒體上的討論，觀眾可以得知納粹大屠殺與蘇聯古拉格[47]的確存在；電視媒體即時全球轉播，也讓中共政權無法否認天安門廣場屠殺事件沒有發生。

自斷後路與單行道

強迫人們執行暴行比較容易，而要使人們接受透過暴行形成緊密連結與賦能的過程，相形之下困難得多。但是，一旦人們接受了這種賦能過程，堅信他們的敵人不配當人、咎由自取，這時，這些人們就陷入難以自拔的心理困境。

許多研究二戰期間德國作為的學者，對於納粹處理對俄作戰出現的矛盾感到不解。納粹雖然對於作戰規劃與部隊運用非常在行，卻沒有趁機「解放」烏克蘭，也沒有將叛變的俄軍部隊轉為己用。其實，問題出在納粹作繭自縛。納粹否認敵人是人的基礎是種族主義與暴行，納粹部隊在戰場上雖然得

47 古拉格（Gulag），蘇聯極權統治時代的勞改營通稱。

力於此甚多，但這也意味納粹部隊無法以對待人的方式對待非「亞利安」民族。烏克蘭人民一開始把納粹視為解放者、張開雙手歡迎，俄軍部隊也一批批向納粹投降，但他們沒多久就明白，眼前的納粹比史達林統治下的俄國還要糟糕。

到目前為止，似乎中國執行暴行，在政策層面上是成功的。在越南，北越靠暴行贏得越戰，並且掌權迄今，至少迄今沒有倒台的跡象。蘇聯幾十年來在俄國與東歐地區，靠著操弄暴行的黑暗力量繼續掌權，但蘇聯人民終究會精打細算，結果是大多數地區，將暴行當作是系統性國家政策的掌權者都被這把暴行雙刃劍驅趕下台。當初選擇了暴行之路的人，其實幹的是自斷後路的事情。現在想回頭已經太晚了。

讓敵人賦能

二次大戰「突出部之役」期間，一支德國黨衛軍部隊在馬默迪屠殺了一批美軍戰俘。這消息像野火一樣在美軍部隊中傳開後，數以千計的美軍因此下定決心絕對不向德軍投降。相反的情形則是我們先前提過的，許多與俄軍誓不兩立的德軍，卻願意在還能夠保持榮譽的時候，盡早向美軍投降，不也是不說自明的道理？

再舉一例。俄軍與車臣反抗軍作戰時，播放車臣部隊將俄軍斬首的錄影帶，目的就是讓俄軍知道投降的下場為何。[48]

犯下暴行的人就算靠暴行壯大了自己，卻也同時壯大了敵人。

討論到此，我們已經知道暴行有其限制。但這些暴行的負面影響（效果），其實並非暴行最重要、也最難處理的一面。最糟糕的影響是，暴行政策一經訂定並執行，執行暴行的個人與其社會，就要承擔後果。我們先在下一章簡短解析一個暴行實例，然後再討論執行暴行要付出的心理代價，作為本書第五部的結論。

48 此處指蘇聯解體後，俄國與獨立後的車臣共和國間發生的戰爭。

第二十九章　暴行實例解析

一位加拿大籍軍官於一九六三年在剛果的聯合國維和部隊服役時，遇上了暴行最惡劣的一面。他記載當時自己的心理反應，後來並以「艾倫·史都華·史邁斯」為筆名發表，讀來令人毛骨悚然。艾倫·史都華·史邁斯上校在聯合國維和部隊服役前後長達廿三年，從二等兵一直晉升到上校。他曾負傷兩次，獲頒聯合國服役獎章、一次書面表揚、加拿大服役勳章、以及傑出服務勳章[49]。他於一九八六年退伍後，獲邀出任美國一所著名大學教授，教授犯罪學兩年。

閱讀這份記載時，請特別注意暴行的雙刃劍效應，暴行如何賦予殺人者能力、又如何引誘殺人者入彀的過程。此外，也請注意暴行促使不得不殺人的士兵動手執行暴行的方式。

> 我愈靠近那棟建築物，就愈聽得清楚呻吟聲，中間還三不五時出現笑聲。教堂後牆有兩扇骯髒的小窗，高度大約及眼。雖然室外陽光刺眼，但我從窗戶中看進去，裡面一片漆黑。約略可以看出來有兩個光著身子的黑人正在虐待一位年輕的白人女子，我猜想她不是修女就是老師。她全身赤裸躺在教堂的走道上，其中一名叛軍將她的雙手拉直過頭，緊緊抓著不放。另一人則跪在她肚子上，不停的用菸頭燙她的乳頭。我還看到她臉上、脖子上的香煙燙傷痕跡。教堂長椅的椅背上還掛著幾件「卡丹加憲兵」[50]的制服，門口邊的地上看得到散落著一些女性衣物。那位年輕女性身旁的走道地上有一支卡賓槍，另一支步槍則靠在離制服不遠的

牆邊。教堂中好像沒有其他人……

我比了個手勢後，全隊衝進教堂，所有人都將武器上的選擇鈕放在全自動射擊的位置。我大喊：「不准動！我們是聯合國部隊，你們被逮捕了。」我其實根本不想來這一套，但是，他媽的，我還是軍人，也還要依照「女王的規定與命令」[51]辦事。

那兩個叛軍同時跳起來面對我們，眼睛瞪得大大的、一副沒有反應過來的樣子。我手上的那支史特林九釐米衝鋒槍槍口正對著那兩個沒穿衣服的男人。我們之間相隔不到十五呎。

我一眼就看出來，那個抓住修女雙手的叛軍怕得全身發抖，眼珠子不由自主地骨碌碌到處亂轉，有那麼一秒鐘，他瞄了眼放在走道地上的步槍。修女這時已經蜷縮著，抓著自己的胸部，身體側向一邊、再滾著側向另一邊，邊滾邊發出痛苦的呻吟。

我用警告的語氣說：「小子，別幹傻事。」但他沒理我，還是幹了。

他的臉上突然出現痛苦的表情，發出刺耳的吼聲，整個人同時撲向地上的那支步槍。下一秒鐘，他已經雙膝跪地，抓起槍，轉向我，一臉驚恐，同時準備開火。我的第一發子彈正

---

49 傑出服務勳章（Distinguished Service Order），為大英國協國家頒贈之勳章。

50 卡丹加憲兵（Katanga Gendarmerie）。一九六〇年代剛果叛軍脫離比利時殖民統治戰爭時期，剛果卡丹加省因為不滿新的共和政府，曾自行宣布獨立。「卡丹加憲兵」為該省的武裝力量。

51 女王規定與命令（Queen's Regulations and Orders），規範加拿大部隊行為準則的法律。

中他的臉，第二發打中他胸部。人還沒倒地躺平就已經死了，變成一具腦袋削去大半的屍體。

剩下的那個恐怖分子發瘋了似地上下揮動雙手，就像一隻沒羽毛的黑鳥拼命想要飛起來一樣。他自己的武器就靠在離他十呎遠的牆邊，而他的眼珠子不停在我的史特林槍口和他自己的武器來回打轉……

我用命令的口氣說：「不要做！不要做！」但他還是吼了聲「啊……」同時衝去拿那支槍。我又警告他一次，但他已經拿到槍，將一發子彈上膛，開始轉過槍口朝著我。

「殺了他！他媽的！」剛剛進入教堂的艾格頓中士在我們後面大叫：「殺了他！就現在！」

那名叛軍、那名恐怖分子現在正對著我，急著要把他手上那把手動槍機步槍的長槍管橫轉過來對準我的胸部。他的眼睛一直盯著我看，眼白裡面包著野蠻與瘋狂；就算我那支力量強大的衝鋒槍子彈打進他的肚子、往上打進胸部、把他左邊的頸動脈打斷時，他的眼睛還是一直盯著我。他的身體被史特林打得稀爛，倒下時發出「碰」的一聲，但是，他的眼睛還是盯著我。最後他的屍身放鬆、瞳孔放大，但是什麼也看不見……

這次，在歐剛達[52]的這次，是我第一次殺人。我的意思是，我其實不確定以前是不是真的殺過人。作戰時一片混亂，對著一些移動、模糊的影子開火，怎麼能夠確定殺的是人？我在第十九架橋連的時候，曾經引爆炸藥殺了很多人，那次把一批敵軍運補車隊炸上了天。但是當時的心理感覺沒那麼近，對方其實離得很遠，又是在夜晚，根本看不出來他們的形狀和動作，更不要說看得出來他們是人了。但是，這次在歐剛達不一樣。我殺的這兩個人幾乎就在伸手碰得到的距離，他們臉上的表情、呼吸的聲音、恐懼、體味，我都看、聽、聞得一清二楚。最怪的是，我連一點感覺都沒有。

歐剛達的那次，其實有兩名修女。我們救的是年輕的那位，不是年長的那位。我剛進入教堂時，位置就在祭壇後面、離祭壇不太遠的左手邊。我沒辦法從那個位置看到祭壇前面的樣子。後來我才知道，祭壇其實就是個由一塊粗砍木做成、上面掛個十字架的大東西。我當時沒看到祭壇前面的情形，也許是件好事，因為那兩個叛軍就是在祭壇上屠殺了那名年長修女。

他們把她的衣服全扒光了，但也許因為她比較老又比較胖，沒有性侵她。相反地，他們把她扶起來、坐正、背靠祭壇，用釘子將她的雙手釘在祭壇上，很明顯是在模仿十字架釘刑。接著，他們用刺刀割掉她的乳房。然後，最殘暴的是將刺刀刺穿她的嘴，直到刀尖釘入修女後腦杓靠著的祭壇木頭為止。她就這樣坐著直直的。證據顯示，刺刀刺入她的嘴時，她並沒有立即死亡，她掙扎過。她的死因也許是因為胸部傷口失血過多。她的陰道還半塞著一個白人男性的陰莖與睪丸。我們找不到她的乳房。

52 歐剛達(Okonda)，剛果北方城市。

我們找到男性性器官的主人。他在村莊的中間，像一個X型一樣綁著。修女的乳房被兩根削尖的木頭刺在他的胸上……

已經穿回衣服，我們的醫護兵也幫忙她大致清潔了一下。我看到她嚇了一跳。她很年輕，廿歲剛出頭，甚至可能更小一點……她的陰道需要縫幾針，燙傷也還需要治療。在我們沒來之前，她有很多機會離開敵區，但卻決定留下來，我一點也不覺得這是應該讚許的決定，但我真的欽佩她勇氣十足。我們碰面時，她看著我的眼睛說：「感謝主，你們來了。」她雖然傷勢嚴重，卻沒被打倒。

就在我們要離開歐剛達前，那位年輕的修女表示希望能夠與救她一命的士兵見一面。她

我在這件事發生前兩天才滿十九歲。我從小就在良好的基督信仰家庭中長大，但是我到現在還因為這良好的教養而受苦。我在歐剛達的遭遇，讓我失去了很多教養。這裡沒有榮譽、不講道德。美國家庭、教會與學校教導的行為處事標準，在作戰時根本沒有立足之地。這些標準是神話，只有在養育小孩時有用，小孩一長大，這些神話觀念就可以永遠棄之不顧。不，我殺了那些人、我的同類時，不覺得罪惡、羞恥或後悔，我覺得很驕傲！

——艾倫．史都華．史邁斯，《恐怖剛果》

幾乎全世界所有國家與種族群體都犯過暴行，例子不勝枚舉。但是艾倫．史都華．史邁斯的親身經歷，可以說是從每一個殺戮學的角度，呈現暴行最好、最清楚的例子。

我們可以透過這個個案，清楚看到許多已經討論過、或在後面章節要討論的、影響殺人行為的因素與過程。我們看到，性侵者以本能攻擊、糟蹋壓迫者珍重的事物。我們看到，性侵者的暴行，不僅使對手義憤填膺、還賦能給對手。我們看到，性侵者陷入暴行的困境：他們的暴行當場曝光，他們知道投降的下場是遭到處決，因此，除了反抗沒有別的選擇。我們看到，雖然史都華．史邁斯目睹暴行，但還是不情願動手殺掉那兩名性侵者。我們看到，一名男性的「低目標價值」與他做出可笑、無害舉動的關聯（他「發瘋了似地上下揮動雙手，就像一隻沒羽毛的黑鳥、拼命想要飛起來一樣。」）。我們看到，要求服從的權威人士扮演的角色，即使史都華．史邁斯當場面對各種刺激與挑釁，他還是需要聽到命令才會執行殺人行為。我們看到，下命令的人並非擊發武器的人，這是一種責任分散現象。史都華．史邁斯一開始說：「我連一點感覺都沒有。」後來自相矛盾地說：「我殺了那些人、我的同類時，不覺得罪惡、羞恥或後悔，我覺得很驕傲！」我們可以看到他合理化並接受自己行為的過程。我們可以看到，史都華．史邁斯能夠合理化、並且接受自己所作所為，獲益於這個事實甚多：他殺的是犯下暴行的人。

我們看到以上所有的事。但最重要的是，我們看到這些事的時候，看到的其實是暴行的強大過程，在這場戰爭縮影裡的每個人身上運作著。

第三十章　最殘酷的陷阱：咎由自取

暴行的代價與過程

犯下暴行的人會付出的最大代價，可能是要與自己殺人造成的心理創傷共度餘生。犯下暴行的人其實是與魔鬼訂下一個浮士德式的合約。他們出賣自己的良心、未來與心安理得，目的是為了換取短暫、瞬間即逝、自我毀滅的優勢。

本書前面各部都在討論人類抗拒殺人的強大力量、動手殺人需要倚靠的心理機制與控制方式，以及殺人產生的創傷。只要我們將前述所有因素都納入考慮，那麼我們就可以了解，犯下暴行的心理負擔肯定非常沈重。

但是，我在此必須非常明白地指出，本書研究殺人導致的創傷，用意絕非輕視或淡化飽受暴行之苦的人經歷的恐怖與創傷。本書研究的焦點是對暴行發生的過程能夠進一步了解，其目的絕非要怠慢暴行受害者承受的痛苦。

服從的代價

殺人者可能因為其殺人行為而被賦予殺人的權力，但是到了最後（這種情形經常在事過境遷多年後發生），他可能還是要面對自己隱匿多年、不欲人知的行為產生的罪惡情緒負擔。當殺人者無法負責，卻又必須對自己的行為負責時，基本上就無法逃避這種罪惡情緒。就像我們在前面章節討論的一樣，這種情境正是士兵在戰時不得不以奇怪但有效的方式犯下暴行的一個原因。

下段引文是一位德軍士兵在犯下滔天大罪多年，不得不面對自己時的陳述：

> （他）仍然清楚記得在俄國燒毀幾間農舍的景象，當時農舍裡面還有人。「我們看到房子裡面有小孩與抱著嬰兒的女人。然後我聽到『噗呼』一聲：是火燒穿了茅草屋頂的聲音，接著一股黃黑色的煙柱從那個破洞向上沖出來。當時我沒有什麼感覺，但是現在想起來，是我無情地殺了那些人，我謀殺了那些人。」
>
> ——約翰·基根與理查·荷姆斯，《士兵》

一般人被迫謀殺無辜百姓後產生的內疚與創傷，不見得要等到若干年後，才會發酵成嫌惡與反抗情緒，從心中翻騰出來。有時候，劊子手雖然無法抗拒促使他殺人的力量，但微弱的人性之聲與內疚依然會在完成殺人行為後不久就勝出。一旦士兵真正了解自己所犯罪行的可怕程度，他就一定會激烈反抗。下面是在二戰期間擔任情報官的葛倫·葛雷審訊一位投誠德軍時，聽聞他反省自己參與一次屠殺行動後，道德良知覺醒的經驗：

我一定會永遠記得這位德軍描述他忽然良知清明時的表情……我們當時選中他進行調查……他在一九四四年時，與法國地下反抗軍並肩作戰，對付自己的同胞。我問他為什麼要逃兵並加入法國反抗軍？他告訴我一些早先參與德軍報復突擊法國的經驗。在其中一次報復突擊行動中，他所屬部隊奉命燒毀一個村莊，不讓任何人逃出來。當他說到村民的房子冒著熊熊大火，女人與小孩從家中奔逃而出，卻遭到擊斃的過程時，他的臉因為痛苦而扭曲，幾乎沒有辦法呼吸。很明顯地，那次極端經驗震動了他，讓他完全體會到自己的罪、他擔心永遠無法贖回的罪。他體會到自己罪愆的當下，並沒有勇氣或決心阻止那次屠殺，但是他不久後就逃兵加入反叛軍，正是他步上新途的證據。

受命處決人的人中，很少有人能夠鼓起絕大、足夠的道德勇氣，眼對眼瞪著要求服從的權威人士，拒絕執行殺人命令。能夠這樣做的人，代表他的道德勇氣十足，甚至可能成為千古流傳的美談。一般來說，訪談軍人時，很難誘導他們親口說出自己的個人殺戮戰果，但要是他們曾經拒絕參與自認錯誤的行為，通常就會覺得很驕傲自己的決定，也因此很樂於分享這段經歷。

本書前面的章節提到一位一次大戰老兵擔任槍決行刑隊成員時，開槍時故意瞄歪，沒有打中犯人。他並相當自豪自己「騙過」陸軍當局的舉動。我們也看到一位替尼加拉瓜反抗軍打仗的傭兵，因為自己與同袍開火時，不約而同地故意沒有打中一艘滿載平民的交通船而喜形於色。一位在黎巴嫩內戰期間屬於基督教民兵陣營的老兵，除了對自己達成的幾次個人殺戮戰果直言不諱外，也告訴我他的一次抗命經驗。當時他受命朝一輛汽車開槍，但是他因為不知道車裡面的乘客身分，因而拒絕執行攻擊命令。他對我說，他對自己當時以攔阻盤查，而非逕行開槍的方式處理問題感到自豪。

我們每一個人都覺得自己應該不會成為暴行的執行者。我們都覺得，自己能夠背棄同袍、背叛指揮官，甚至必要時能夠將槍口轉過來對著他們，只為了不執行暴行命令。但其實，暴行發生的當下，有一些因素阻礙這種與同袍或指揮官對立的情形。第一個因素是群體寬恕與同儕壓力。

在某種程度上，要求服從的權威人士、殺人者，以及殺人者的同儕都在分散責任。權威人士不會產生殺人的心理創傷、也不必擔負殺人責任，因為殺人這件髒事是他人的手執行的。殺人者的合理化藉口則是：權威人士才是真正要負擔殺人責任的人；此外，他的罪行也可以分散到每一個殺人當下的旁觀者與扣扳機開槍的同儕。這種責任分散與群體寬恕罪行，就是讓世界上所有的槍決行刑隊，以及大部分暴行得以發生、運作的基本心理機制。

就算某群體是由一群互不相識的人組成（例如我們提到的槍決行刑隊），群體寬恕還是可以發揮功能。但如果某個體與群體的連結非常緊密，則同儕壓力與群體寬恕交互作用產生的影響力，就幾乎可以達到強迫個體參與暴行的程度。因此，若是個體與群體間相濡以沫、互信互賴，代表他們的連結環扣相連，這時候他要背離群體、公開拒絕參與群體活動（甚至殺害無辜的女人與小孩），就非常困難。

另一個能夠讓個體在暴行情境中服從、聽令的因素是恐怖主義與自我求生。目睹無端慘死帶起的心理震撼與恐怖感，會在人類心理深處製造返祖恐懼。暴行可以使受壓迫人民麻木、最終習慣處於臣服與聽命行事的無助狀態。類似的影響也在執行暴行的士兵身上看得到。暴行貶低人類生命的價值。而犯下暴行的士兵則明白，在他們貶低他人的生命時、也一併貶低了自己的生命。

也許這些士兵會說：「還好有上帝的恩典，要不然我也是這種下場。」但接下來，在他們的深層直覺中、將心比心的情緒就會告訴他們，自己也差點變成眼前那些哭號、抽搐、摔倒在地、流血、恐怖的屍體。

不服從的代價

葛倫．葛雷曾經記載一個可能是自有信史以來，非常不尋常的拒絕參與暴行的案例。

> 在荷蘭時，荷蘭人曾經告訴我一名德軍的故事。那名德軍是槍決行刑隊的一員，奉命處決無辜人質。但他突然離隊，拒絕執行槍決。負責的德軍軍官當場認定他叛國，並立即將他與人質一起由他的同袍處決。這名德軍的行為，代表他完全放棄身處群體中獲得的安全感，讓自己面對獲得自由的終極考驗。他在關鍵時刻，回應了良心的呼喚，外在命令就無法再驅使他。至於他的行為對其他殺人者與受害者的影響為何，我們無從得知。但無論如何，影響肯定不會小，至於聽聞這件事的人，也絕對不可能不動容。

我們從這個例子中，看到了每一個人心中都有的善良，其潛力以其最美好一面出現。這位德軍克服了群體壓力、要求服從的權威以及自我求生的本能，讓我們對人類還可以抱一線希望，讓我們對於和他一樣同屬人類，也多了一點驕傲。對於那些良心被群體或國家所困（而這些群體或國家又為暴行輪迴的死路恐怖所困）的人來說，這位德軍的下場，也許就是他們不服從的最終代價。

終極挑戰：付出獲得自由的代價

讓我們替自己訂下非常高的標準，高到要達到這個標準是一種榮耀；然後，讓我們盡力實踐這個標準，好替美國的桂冠上增加一枝新月桂。

——伍卓．威爾遜（Woodrow Wilson）

每一位戰時拒絕殺人的士兵（無論他是不張揚地拒絕或公開拒絕）都代表人類高貴情操中一股潛而未發的力量。但弔詭的是，若是自由與人性的力量無可迴避地必須要面對透過暴行賦能獲得無節制殺人力量的那群人，那麼，這一股潛而未發的力量也可能是一股危險的力量。

「善」一旦碰上無可置疑的「惡」，卻不願意克服抗拒殺人心理，這時「善」的最終下場可能就是毀滅。珍惜自由、正義與真理的人必須認清，這世界上還有另一股勢力在流竄。壓迫、不正義與欺騙背後是扭曲的邏輯與權力，但是運用這股力量的人早已陷入毀滅與否認的輪迴困境，最終他們不僅會遭致毀滅的命運，還會將他們能順道脅迫的受害者一併拉進毀滅的深淵。

珍惜個人生命的價值與尊嚴的人，必須認清自己的力量從何而來。一旦他們被迫與「惡」開戰，他們也必須盡全力以最人道的方式對待無辜人民、珍惜他們的生命價值與尊嚴。他們絕對不能受到引誘或刺激，踏上充滿狡詐奸險，而且必定事與願違的暴行之路。葛倫．葛雷說得好：「德國人的殘暴讓我們更容易對抗他們。而我們的殘暴卻會削弱我們的意志、混淆我們的思考能力。」除非一個群體已經下定決心要全心全意服侍暴行的扭曲邏輯，否則這個群體不可能倚靠那個扭曲邏輯得到利益，甚至短期利益都不可得。相反地，這個群體會因為自己的前後不一與表裡不一而弱化、困惑。與魔鬼交易靈魂，可沒有辦法只做半套的生意。

戰爭最令人厭惡的一面，就是暴行這種近距離謀殺無辜與無助者的行為。人性中最令人厭惡的，就是藏在人心、允許人類執行暴行的惡魔。我們絕不能讓自己被惡魔引誘，但也不能因為討厭惡魔而忽略它。第五部的最終目的，甚至本書全書的最終目的，就是檢視這個戰爭的醜惡面向，好讓我們了解它、認出它、對抗它。

讓我們祈禱、祈求：

將所有的邪夢惡思都掃出門外，

目標更崇高，我們就更能獲勝。

就像一個掙脫魔咒的人，

當和平來臨時，
我們就會更強壯、高貴。

——奧斯汀・道布森（Autin Dobson），一次大戰老兵。
《當和平來臨時》（*When There Is Peace*）

第六部 殺人的情緒反應

第三十一章 殺人是什麼感覺？

瑞士裔美籍精神科醫師伊莉莎白·庫伯勒·羅斯（Elisabeth Kübler-Ross）以研究人類瀕死經驗著名，一九七〇年代出版了她對於死亡的著名研究。她發現人們臨死前經常經歷一系列的情緒反應，包含：否認、氣憤、討價還價、抑鬱、與接受。根據我過去廿年來閱讀的歷史資料與進行的老兵訪談，我發現士兵在作戰時的殺人行為，也會經歷類似的情緒反應。

戰時殺人的基本反應包含：擔心即將發生的殺人行為、實際動手殺人、興奮、後悔、合理化、接受。這幾個階段一般而言是依序發生的，但不見得每個人都一定會經歷每一個階段，這點與伊莉莎白·庫伯勒·羅斯研究人類對死亡與瀕死的反應是一樣的。因此，有些人可能不會經歷某個階段，或是混合經歷這些階段，或是經歷的時間過短，連自己都不知道已經體驗了這些階段。

許多老兵告訴我，殺人經驗與很多人的第一次獵鹿經驗很類似，當然，殺人帶來的震撼力比獵鹿強太多。第一次獵鹿的經驗會經過下面這幾個階段：擔心自己出現公鹿熱（也就是開槍機會出現時卻無法扣下扳機）、實際殺人行為在想都沒想到的時候就發生、殺人後覺得振奮與洋洋得意、接著出現短暫的後悔與厭惡情緒（許多伐木工人工作了一輩子，將鹿開膛破肚、清潔鹿體時仍然會覺得不舒服），最後是接受與合理化過程，就獵鹿行為來說，這個階段就是以吃下獵物、顯耀其成就告終。

殺人與獵鹿產生的情緒過程也許類似，但殺人的各個情緒階段產生的衝擊，以及殺人產生的內疚，其廣度與強度，都與獵鹿明顯不同。

擔心階段：「我該怎麼辦？」

美國海軍陸戰隊士官威廉·羅傑斯對這種百味雜陳的情緒，總結說法如下：「新兵最害怕兩件事。第一件事，也可能是他最擔心的事，是：『我該怎麼辦？我該拿出白羽毛[53]、當個懦夫嗎？我能夠盡責做事嗎？』」新兵第二件害怕的事情，當然就是所有人都會擔心的事情：『我能活下來嗎？還是會戰死、受傷？』」

——理查·荷姆斯，《戰爭行為》

53 白羽毛為主張和平、止戰的象徵，戰時也有膽小、怯懦之意。

殺人反應階段關係圖

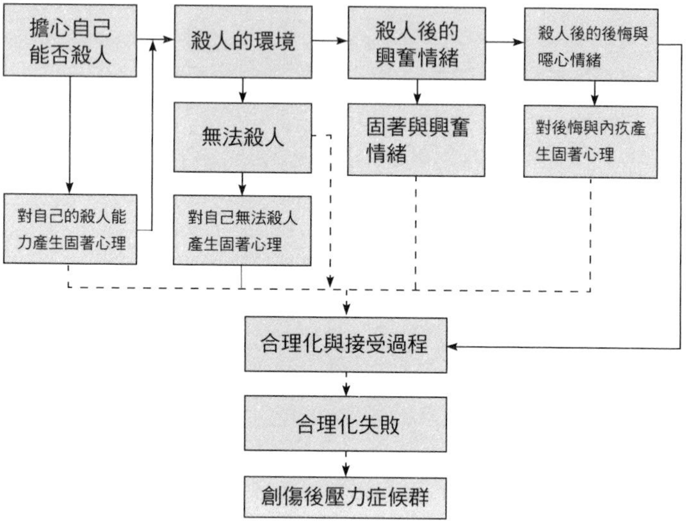
擔心自己能否殺人
殺人的環境
殺人後的興奮情緒
殺人後的後悔與噁心情緒
無法殺人
固著與興奮情緒
對後悔與內疚產生固著心理
對自己的殺人能力產生固著心理
對自己無法殺人產生固著心理
合理化與接受過程
合理化失敗
創傷後壓力症候群

荷姆斯的研究指出，士兵在殺人過程中，出現的第一個情緒反應，是在時候到了的那一刻，擔心自己是否真能下手殺了敵人，或是會「當場愣住」而「對不起其他弟兄」。我進行的每一次訪談與每一項研究都證實，大部分士兵最憂慮、最擔心的就是這件事。此外，我們也不要忘記，第二次世界大戰時，美國只有百分之十五到百分之廿的步槍兵能夠通過這個第一階段。

過於擔心與害怕會導致「固著」（fixation）行為，使得士兵開始對殺人產生迷戀心理。針對和平時期的精神病學個案研究，也同樣出現這種固著或迷戀殺人的心理狀態。士兵在戰時（以及一般人在和平時期）出現的這種對殺人的固著情緒，經常會引領當事人進入殺人行為的第二階段：實際動手殺人。要是相對應的殺人環境在這個階段遲遲沒有出現，那麼當事人為了餵養自己的固著情緒，可能就會一直活在好萊塢式的殺人幻想世界中，或是進入殺人行為的最後階段：合理化與接受，以化解自己的固著心理。

殺人階段：「根本連想都不想」

兩聲槍響。砰砰。完全跟我們接受的「快速殺人」訓練一模一樣。我殺人時的動作就是那樣，就是受訓時完全一樣。根本連想都不想。

——鮑伯，越戰老兵

作戰時，殺人行為通常是在雙方殺到眼紅的情形下完成的。對於受過現代適當制約訓練的士兵來說，在這種環境下執行殺人行為，多半是在沒有意識思考的情形下，透過反射動作完成的。在這種情況下，人就好像是一種武器，將這種武器的擊錘下拉、打開保險，需要經過一連串複雜的過程，但一旦保險打開了，扣下扳機的動作就會既快速又容易。

無法殺人也相當常見。如果士兵在作戰時發現自己無法殺人，就會開始將自己的行為合理化，或是對自己無法殺人產生固著心理，並導致心理創傷。

興奮階段：「我從來沒有覺得這麼爽過。」

作戰上癮的成因是作戰時，人體釋放大量腎上腺素，讓你的身體產生俗稱「作戰嗨」（combat high）的感覺。「作戰嗨」就像身體注射嗎啡後的效果：身體浮在空中、不自主地笑、講笑話、覺得很爽，完全無視周遭危險。如果你有「作戰嗨」，又能活下來的話，就可以跟別人轉述這種非常強烈的經驗。

當你想要再打一次仗，然後一次不夠、想要再一次、然後再一次，這代表出了問題。等到你發現自己有了作戰的癮頭，為時已晚。作戰上癮就像海洛英或古柯鹼上癮一樣，下場就是枉死戰場。另外，這種癮頭就像其他癮頭一樣，一旦上了癮就會不計代價、不來一下解不了癮。

——傑克·湯普森（Jake Thompson），《隱匿的敵人》（*Hidden Enemies*）

傑克·湯普森是一位近戰老手，曾經參與過多次戰爭。上面這段引文是他對作戰上癮的危險提出的警告。作戰時若是出現另一種「嗨」，則腎上腺素更會大量釋放。這種「嗨」就是「殺人嗨」。有哪位獵人或軍中優秀射手擊中目標時，沒有經歷過這種喜悅的激動與滿足？而這種激動的感覺在作戰時會特別放大，尤其在中距離至長距離完成殺人行為後更常見。

戰機飛行員似乎特別容易受到這種殺人上癮的影響，一方面是他們的性情使然，二方面是他們的殺人成果都是長距離任務的產物。或者，會不會是我們的社會比較容易接受戰機飛行員說出自己的殺人經驗？不論原因為何，的確有許多戰機飛行員會自道這種情緒。一位戰機飛行員告訴莫倫伯爵：

等到擊落二或三架敵機以後，就可以體會到這種情緒的強烈影響，然後就會不斷追逐這種感覺，一直到自己陣亡為止。讓你停不下來的動力不是責任感，而是對這種活動的愛好。

J. A. 肯特（J. A. Kent）也描述過二戰戰機飛行員「（剛打下一架敵機以後）像瘋了一樣，在無線電中激動地大吼大叫：『天啊！他成了碎片！到處都是一片片的東西亂飛！哇塞，還真是壯觀！』」

這種興奮情緒當然也會在地面戰出現。本書第三部提到威廉·史令姆（William Slim）元帥年輕時在第一次大戰期間的個人殺戮經驗：「我知道這樣講很殘忍，但是我看到那個可憐的土耳其人轉啊轉著，然後倒在地上，我覺得非常非常滿足。」我以「興奮」這個字描述這個階段的情緒，因為這種情緒狀態最激烈、最極端的外在表現就是興奮。但是許多老兵認同史令姆的說法，他們認為「滿足」這個簡單的字就可以描述這種情緒。

這個階段獲得的興奮感，可以從下面這段記載中得見。這是一位美軍戰車指揮官向荷姆斯描述自己第一次殺死一名德軍時，極度興奮的經驗：「那種激動真是美妙無比……受訓了好幾年，那種喜悅感就像是整個人升上了天、激動、興奮到最高點。就好像第一次獵鹿一樣。」

對某些戰鬥員來說，這種興奮感帶來的誘惑，可能不會成為階段性的情緒。一些人可能會從此固著在這個階段，永遠不會進入其後的後悔過程。戰機飛行員與狙擊手執行殺人任務時，因為有身體距離因素的幫助，固著現象在他們身上就非常普遍。廿世紀創造並遺留下來的文化遺產之一，就是飛行員都是積極進取、熱愛工作（殺人）的形象。但是在近距離執行殺人任務、而且完全不會進入後悔階段的人，就根本是另一回事。

真正固著於殺人興奮情緒中的人非常少，不然就是這類人不願意談論這方面的情緒。這兩個因素相加，造成的結果是沒有人（戰機飛行員除外）願意寫出或詳細談論他們從殺人中得到的滿足感。要是有人坦承，說自己打仗時殺人再自在不過了，可是件嚴重觸犯社會禁忌的事情。因此，這段在R. B. 安德生（R. B. Anderson）的文章〈臨別贈言：越南真好玩（？）〉中、關於某位仁兄自述的情緒狀態，也就難能可貴：

美國整整晚了廿年，才發現原來自己國家有一群人是打過越戰的退伍軍人……一個個好心人，到現在才想起來同情我，對我說：你當年的經歷一定很可怕吧？

事實上，我當年覺得越南還真好玩。我承認，我能活著回來是我運氣好。我也承認，我當時年紀輕、不懂事、又衝動……還有一件事我也得老實說，我現在回想往事，也許有自我感覺良好的問題。但是，當時真的非常好玩，好玩到我又去了越南一趟幫忙打仗，你就知道有多好玩了吧！

……還有哪個地方像越南老家一樣，既可以獵殺終極獵物，又可以開派對狂歡？又有哪個地方可以讓你坐在山丘邊，觀賞空中攻擊火力摧毀一個旅部的基地營？當然，日子也不是天天好過、天天快樂。但是對我來說，越南歲月是衡量我人生經歷好壞的指標。我離開越南後，就是在部隊中混日子，想要重新抓住一些往日在越南的感覺。作戰的時候，我的同袍弟兄尊敬我；我隨時都活在生死邊緣，做的是這世界上最男人的事情：我是為了戰爭而存在的戰士。

這種事情，只能跟同為老兵的人才聊得起來。只有真正打過仗的人才了解打仗時同袍間血濃於水的弟兄之情。只有老兵才明白殺人的快感，以及比自己家人還親近的弟兄死去時的痛苦。

這段記載讓我們更進一步了解到底戰爭的哪一個部分能讓一些人上癮。也許有許多老兵對這段記載描述的戰爭面貌嗤之以鼻，或許也有老兵默然贊同，但是像這段記載的當事人一樣、有勇氣公開說出自己感覺的老兵，卻少之又少。

後悔階段：痛苦與恐怖的拼貼圖

本書前面各章節引述過多個記載，都是關於近距離殺人後引發強烈、強大的後悔與厭惡情緒：

> 我的經驗是噁心與厭惡……我丟下我的槍、哭了出來……血到處都是……我吐了出來……然後我哭了……我覺得又羞又愧。我還記得自己傻傻地小聲說：「對不起」，然後吐了出來。

有些老兵認為，痛苦與恐怖的情緒出自當事人對受害者產生認同感，或將心比心地體會受害者的人性。無法承受這些情緒壓力的人，往往就決定絕不再殺人，意即再也無法執行作戰任務。另一方面，大部分現代戰爭的老兵雖然在後悔階段感受過強大的情緒壓力，他們多少還是克服了這種情緒，或至少調整自己適應這種情緒，接著，殺人就會比較容易。

殺人者對於後悔情緒的態度不一，有人否認，有人正面處理，也有人無法抵擋而被淹沒；但不論殺人者的應對方式為何，多半時候後悔情緒都不會因此消失。它總是在那兒（尤其是在年輕戰士、或情緒與心智都沒有準備好動手殺人的人身上），總是非常強烈，也一定是他餘生必須處理的問題。

合理化與接受階段：「能用上的理由我都用上了」

個人殺戮的下一個階段可能一輩子都不會消失，即殺人者不斷合理化與接受自己所作所為造成的結果。殺人者絕不可能完全將後悔與內疚心理拋在腦後，但是多半比較能夠漸漸接受自己所作所為是必要與正確的。

下面這段約翰．佛斯特（John Foster）的記載，透露了殺人行為結束後立即產生的合理化過程：

> 就像打排球一樣，他開火，換我開火，然後換他開火，接著換我發球的時候，我把彈匣剩下的子彈全都往他身上射過去，他手上的步槍滑了下來，人也倒了下去……
>
> 這當然跟小時候玩官兵抓強盜是兩回事。官兵和強盜還得花好幾個小時才打完仗呢，而且兩邊總是大吼大叫個不停。要是中彈，還規定一定要慢慢倒在地上才行。
>
> 我將屍體翻過來、放平，看著他的臉。他的臉頰少了一塊、鼻子與右眼也不見了。還看的到是臉的部分都是泥與血。他的嘴唇張開、露出咬得緊緊的牙齒。我沒來得及覺得難過，一旁的陸戰隊員拿給我一支美軍的M1卡賓槍，是這個越南鬼子（gook）用來對付我們的槍。他手上戴著一支天美時手錶，腳上穿的是一雙嶄新的美製球鞋。這小子，還真值得同情咧。

我們可以從這段記載看到合理化個人殺戮的早期過程（我相信這並非該段記載作者的原意）。請注意殺人者使用「他」等字眼、透露出自己人性的那一面，但是等到他提到受害者使用美製武器的時候，就啟動了合理化過程。這時「他」成了「屍體」，最後成了「gook」。一旦合理化過程開始啟動，殺人者就會尋找不理性、不相關的證據佐證自己的合理化目的。美製鞋子與手錶這時成為將受害者非人化、而非將心比心認同他下場的理由。

對這段記載的讀者來說，這段陳述毫無必要。但對記下這段經歷的殺人者來說，這段合理化殺人行為的陳述、這段辯解之詞，卻與他的情緒與心理健康息息相關。隨著敘事進行，殺人者的合理化辯解也在他不自知的情形下逐漸展開。

有時候殺人者非常知道自己需要合理化，也知道自己正在運用合理化。下面這段戰蒐直昇機飛行員布雷的敘述，就出現有意識的合理化說詞與辯解。

> 我們成為非常有效率的劊子手，但我們可一點都不覺得這件事值得驕傲。
>
> 我對這種事情百感交集。是，我知道這很糟糕，但至少比讓那些北越士兵活著，下一次不知道又在哪裡攻擊美軍來得好。我說的是當我們收到像這種命令的時候：在這裡或那裡找到北越兵，帶回來審訊。
>
> 收到這種命令，我們出勤的時候，就一路找尋山上的小路，然後沿著地貌上下飛行。邊飛邊留心觀察大石頭的下方，有時候還真會發現下方有幾個想要躲開我們的北越兵。我們這

這時會先飛離他們，留出火箭的安全備炸距離，同時用無線電呼叫指揮部。指揮部通常的回答是：「等等，我先查一下。」然後就是壞消息：「地方不對。那些人想要投降嗎？」

我們這時會回答：「沒有。」然後指揮部會說：「方便的話，把他們殺了。」

「老天！你能不能派人過來，把他們帶回去？」

「現在人手不夠。殺了他們。」

我們這時會回答：「了解」，然後結束通訊。有時候那些北越兵知道怎麼回事，開始四散找掩蔽，但多半時候，在火箭還沒擊中他們之前，他們就一直臥在坑裡動也不動。用常識判斷也知道指揮部資深軍官的決定是對的，因為只要一看到一小群三到四人的北越武裝士兵，我們就出動一排人，是非常蠢的事情。但是我要等到窮盡我能想到的每一個合理化說詞以後，才能接受自己的所作所為。

我幹的事情沒什麼光彩，但現在回頭想想，我卻能夠理解，北越的戰術是將部隊拆成一小股、一小股行動，唯一有效的反制方法就是我們當時的作為，捨此之外，我們還真找不到其他有效的辦法追擊他們。

這段記載是布雷發表的一則雜誌文章的前言。這則文章是他回憶自己有一次沒有奉令就逕自行動的故事：他不顧自己與副駕駛的安危，操縱自己的小型雙人直昇機降落後，抓到一名北越兵。接著布雷沒有殺死他，相反地，他讓這名北越戰俘坐在副駕駛的膝蓋上，一路飛回指揮部。

這似乎又是一則讀者閱畢後不知所以、需要有人幫忙解惑的文章。一般讀者可能覺得布雷沒有需要替自己的殺人行為辯解，但是這種需要的確存在。重點是，布雷覺得足以自傲的，正是他沒有殺掉那名北越兵的故事（我也認為他足以自豪），這也正是他想要透過一份全國性雜誌傳達的訊息。事實上，類似的訊息，在關於越戰的個人記載中屢見不鮮：「你要知道，這是我們的工作，我們也做得很好。我們不喜歡這個工作又怎樣？這些事情還是要有人做。但有時候，我們還是會想盡辦法逃避職責，只求能夠不殺人。」布雷撰寫、發表這則文章的目的，也許是要告訴讀者：「就有一次，就是這一次，我沒有殺人。我要告訴大家的就是這一次發生的事情。這是我一輩子都不會忘記的事情。」

合理化有時後會以作夢的方式呈現。雷是一位近距離作戰的老手，曾參與一九八九年美軍入侵巴拿馬作戰。他告訴我經常夢到他與一位在近戰時殺死的年輕巴拿馬士兵的對話。每一次那人都會問雷：「你為什麼要殺死我？」而雷在夢中也每次都提出一套解釋。事實上，雷是自問自答，提出一套對自己殺人行為的合理化說詞：「我們這麼講好了，如果你是我，你會不會做同樣的事情？不是你死，就是我死？」幾年下來，雷終於可以靠著夢境走過合理化階段，現在他已經不會夢到那位巴拿馬士兵以及他的質問了。

我們在這一章中討論了一些合理化與接受階段的面貌，但請記住，這些只是一個終生過程中出現的部分現象而已。如果當事人沒有走過、並完成這個過程，可能就會引發創傷後壓力症候群。本書下一部「越戰的殺人」會討論合理化與接受過程在越戰失敗的原因，以及其後對美國造成的衝擊。

第三十二章　殺人反應實例

應用之一：謀殺—自殺與挑釁反應

一旦了解了殺人反應的各階段，就能讓我們了解在非作戰情境下個人對暴力的反應。例如，我們現在可能可以辨識出一些謀殺—自殺[54]者的心理狀態。謀殺者的情緒很可能就一直固著在殺人的興奮階段，因為突如其來的暴力情緒導致多人喪命的殺人行為尤其如此。但是只要環境暫時平靜，他有機會反省自己的所作所為，就會讓他的情緒進入強烈的嫌惡階段，最後經常導致的結果就是自殺。

殺人反應的各個階段，甚至在我們平靜的日常生活中遇上挑釁行為時也會發生。當然，這些情緒反應在近距離作戰時會更加強烈，但在日常生活中，就算只是打個架也會挑起這些情緒反應。心理學家理查·海克勒是一位合氣道高段高手，他有一次在自己家門口的車道上，與一群青少年打架時，就從頭到尾經歷過完整的殺人反應階段：

54 murder-suicide，指在蓄意殺人行為的同時或之後自殺的行為。

我轉過身來時，有人從後座衝出來，抓住我的手臂，把我整個人轉過去。我馬上覺得腎上腺素衝上來，毫不猶豫地反手就打了那人一巴掌。

一瞬間我就知道我已經完全掙脫束縛。你們這些人先朝我的身體攻擊，我早就很火大，現在還手可是我的權利了。開車的那人朝我走過來要抓住我，我先一把將他的手推開，然後掐住他的喉嚨，把他整個人緊緊按在車身上……被我打一巴掌的那個小鬼還摀著臉，在一旁踉踉蹌蹌地站都站不穩。我這時候已經覺得受辱氣到爆，為了討回公道，我決定拿被我抓在手裡動不了的小鬼開刀。

但我一看到他的樣子，我整個人就嚇呆了，當場楞住。看著我的是百分之百、絕對的恐懼眼神，他的瞳孔只有恐怖，他的身體不自主地顫抖。我的心與胸突然覺得一陣像被火燒到的痛，報復的怨氣一下就洩光了……我掐著那小鬼的喉嚨時，看到他的恐懼，讓我突然明白原來尼采這句話是什麼意思：「寧願毀滅，也不願放棄仇恨與恐懼。寧願毀滅兩次，也不願讓自己變成仇恨與恐懼的對象。」

我們在這段記載中，先看到沒有經過思考的反射反應，也就是當事人的第一擊：「毫不猶豫地反手就打了那人一巴掌。」接著進入興奮與歡愉階段：「一瞬間我就知道我已經完全掙脫束縛。我早就很火大，現在還手可是我的權利了。」然後，嫌惡情緒突然產生：「但我一看到他的樣子，我整個人就嚇呆了，當場楞住……我的心與胸突然覺得一陣像被火燒到的痛。」

這種過程甚至可能用來解釋國家在戰時殺人的各階段反應。第一次波斯灣戰爭結束後，老布希總統成為近代美國支持度最高的總統。這時美國處處都是遊行、人們互道恭喜，正是處於標準的歡愉階段。接著道德副作用開始出現，像極了殺人的厭惡階段，而這個階段又剛好與老布希總統競選連任失敗的時間若合符節。我是不是把這個殺人反應模型應用得太勉強了？也許是，但是二次大戰結束後，英國的邱吉爾首相也面臨一樣的反應階段，美國的杜魯門總統在一九四八年也差點遭遇同樣的命運，但是他很幸運，等到戰爭結束三年以後才參選，這一段時間也許足夠讓這個國家步入合理化與接受階段。[55]這種應用殺人反應模型的說法也許真的太過勉強了，但以後的政治人物考慮是否投入戰爭時，這也許可以給他們一點思考的材料。

「我覺得我瘋了」：興奮與後悔的互動

當我與老兵團體討論到殺人反應階段的問題時，他們的回應總是非常讓人印象深刻。一個好的演講者或老師都可以體會自己在台上講的話觸動台下聽眾心弦的那一刻。但是老兵對於殺人反應階段的回應，尤其是對於興奮與後悔階段的互動，是我體驗過最強烈的反應。

55 此處指第二次世界大戰於一九四五年結束，杜魯門總統於一九四八年競選連任，並順利當選。

士兵出現的一種情緒反應似乎是，他們在興奮階段感覺很「嗨」，但是進入後悔階段時，他們開始覺得自己剛才感覺那麼強烈，一定是那裡「不對」或是「有病」。常見的反應類似這樣：「老天，我才殺了人，但竟然感覺很爽。我是怎麼了？」也就是說，他們覺得自己很糟糕，原因是自己並沒有感覺很糟糕。其實這完全沒有什麼不對勁。事實上，對成熟的士兵、也就是心智與情緒都可以隨時作戰的士兵來說，這是個最常見不過的反應。

如果權威的要求與敵人的威脅強烈到足以使士兵克服對殺人的抗拒心理，士兵殺人後產生滿足感也是可以理解的。他命中目標、拯救了同袍、也救了自己一命，並且成功化解衝突。他贏了、竟然還活著！但是，接下來進入後悔與內疚階段時出現的恐怖反應，絕大部分是針對前面這種完全自然、再平常不過的興奮情緒而生。還沒有作戰經驗的士兵一定要了解一件非常重要的事：在不正常的作戰環境中出現這種反應，不僅是正常的、也是常見的。我認為，這是我們了解殺人反應的各個階段後，所能得到的最重要教訓。

我要再度強調，並非每一位戰鬥員都會經歷殺人反應的每一個階段。美國海軍陸戰隊老兵艾瑞克在越南的第一個殺戮目標是一名他前不久看到在小路邊尿尿的敵軍。當這名敵軍士兵尿完尿，然後朝他的方向前進時，艾瑞克就開槍殺了他。他說：「我覺得不對勁，完全不對勁。」他並沒有感覺到自己產生興奮感，甚至完全沒有滿足感。但在往後的作戰中，當他開槍殺了「翻過鐵絲網」的敵軍時，他描述自己感覺到「滿足感。一種氣憤的滿足感」。

艾瑞克的經驗呈現了兩個重點。第一，當出現足以讓殺人者認同的原因時（也就是說，殺人者看到受害者進行一些能夠凸顯人性化的行為，例如尿尿、吃東西、抽菸），殺人者就比較難以動手殺人，動手殺人後產生的滿足感也會低得多。此外，就算殺人者是在受害者已經對殺人者與其同袍構成直接威脅的情況下動手，殺人者得到的滿足感也一樣不會太多。第二，往後的殺人行為會更容易執行。此外，第二次殺人以後，會更容易得到滿足感或興奮感，也更不容易產生後悔感。

有時候，甚至不必親自動手，就可以經驗到殺人的各種反應，以及興奮與後悔之間的互動。二次大戰的海戰老兵索爾自己經歷過的興奮階段，是發生在他服役的軍艦轟擊一座日軍佔領的島嶼。等到他登島看到焦黑不成人形的日軍屍體後，產生了後悔與內疚感，此後一輩子他都在想辦法替當時產生的快感找到合理化說詞。索爾就像我訪談過的數千名老兵一樣，一旦明白自己埋在最深層的最黑暗祕密，與其他也有類似經驗老兵的祕密沒有兩樣時，終於大大鬆了口氣。

一位老兵以讀者投書的方式，回應傑克．湯普森討論〈作戰上癮〉一文時，透露了他其實非常需要了解殺人後的各個反應階段：

> 傑克．湯普森看事情的觀點一向讓我佩服，但是這篇文章實在傑出不凡，關於作戰上癮的討論尤其精闢。我自己有很長一段時間，一直覺得自己是個瘋子。

這些情緒其實是普遍存在的，只要簡單理解這件事，就可以明白自己的情緒與心理現象並不是真的發瘋，而只是對一種不尋常的情境產生了尋常的、人性的回應。

第七部
越戰的殺人：我們對子弟兵做了什麼？

新總統（約翰．甘迺迪總統）講話的時候，整張臉都被霧氣圍繞著。他說：「號角已響，呼喚我們肩負一場長期、勝負難決的奮鬥重任，對抗人類的公敵：暴政、貧困、疾病以及戰爭。」[56]

整整十二年後，一九七三年一月在巴黎簽下了一紙合約，不久後美國在越南的軍事行動就會因此劃下句點。號角不會響、氣氛不會好。美軍離開越南，但沒有贏得戰爭。美國從此不願再為了戰爭付出任何代價。

——大衛．帕瑪，《號角的呼喚》（*Summons of the Trumpet*）

在越南發生了什麼事？為何那場悲劇戰爭使得四十萬至一百五十萬的越戰老兵得到「創傷後壓力症候群」？我們又曾替那些老兵做了什麼？

第三十三章　越戰時的減敏感與制約：克服對殺人的抗拒

「沒人了解我」：在「海外戰爭退伍軍人協會」大廳發生的一次插曲

一九八九年我正為了撰寫本書，在佛羅里達的一個「海外戰爭退伍軍人協會」（VFW）分會大廳進行訪談。一位名叫羅傑的老兵一邊啜飲啤酒，一邊跟我聊著他的作戰經驗。那時下午才沒多久，但酒吧裡面已經有一位女士對他叫囂：「看看你自己，你哪有資格在這裡講話！不過一場螞蟻大小的戰爭被你講得哭哭啼啼。第二次大戰才是真的在打仗。你那時候生出來了嗎？啊！說啊？我一個哥哥可是在二戰陣亡了。」

我們一開始沒理她，畢竟她只是個沒見過世面的人。但羅傑終究還是受不了，看著她鎮靜、冷淡地說：「妳殺過人嗎？」

她用一副要吵架的口氣回說：「沒、當然沒有！」

「那妳有什麼資格對我說三道四？」

一時之間整座協會大廳沒人說話好一陣子，大家都覺得很不自在，就像客人受邀至某人家中，卻

56　此引句出自甘迺迪總統一九六一年一月廿日總統就職典禮上的演講。

目睹主人家吵架般尷尬。

接著我小聲問他：「羅傑，你剛才被惹毛了，就拿自己在越南殺過人的事情反擊。難道這是你最難過的事情？」

他說：「對。算是其中一半。」

我等了很久，但他一直沒說另一半是什麼。他只是怔怔地看著啤酒。最後我還是開口問他：「另一半是什麼？」

「另一半是我們返鄉以後，沒人懂我們。」

那兒發生了什麼事？這兒又發生了什麼事？

本書前面章節反覆說明，人對於殺害同類的行為非常抗拒。二次大戰期間有百分之八十至百分之八十五的步槍兵雖然看得見敵軍，但根本不朝對方射擊，就算他們知道開槍能夠拯救自己與同袍的性命，依然不願意扣下扳機。而在二戰前的各次戰爭中，士兵的射擊率也大同小異。

而到了越戰期間，不射擊的士兵比例則只有接近百分之五。

但士兵的射擊率得以提升，必須付出一些代價。大規模的心理安全閥一旦失效，必然會導致士兵產生嚴重的心理創傷。我們已經知道在越戰前的戰爭中，士兵根本不願意或不能夠執行殺人行為，所以到了越戰期間，士兵開始接受大規模的心理制約訓練，等到越戰結束後，這些心理已經被殺人經驗影響的士兵返鄉時，卻又遭到自己國家詛咒與譴責，結果往往使得他們心理創傷加劇與精神長期受損。

克服對殺人的抗拒：問題

> 對步兵來說，現在的主要問題是要想盡辦法讓士兵殺人。二戰期間的一個步兵連，只要有大約七分之一的士兵願意開火射擊，就可以造成敵方潰敗，證明了現代武器的殺傷力更強大。然而，陸軍明白了真實情況後，就立刻想辦法提高士兵的射擊率。
>
> 士兵必須要學習如何殺人，具體、明確地殺人。「我們一直很不願意承認，戰爭其實就是殺人的行業。」這段話是馬歇爾在一九四七年寫的。現在，幾乎每個人都接受這種說法了。
>
> ——關恩．戴爾，《戰爭》

但是，到了二戰尾聲時，張三李四沒辦法殺人的問題，愈來愈嚴重。士兵射擊率只有百分之十五至百分之廿，就像識字率只有百分之十五至百分之廿一樣。一旦當局知道了這個問題存在與問題的嚴重性，那麼解決問題只是遲早的事情。

答案

因此，從二戰之後，現代戰爭悄悄地進入了一個新階段，一個心理作戰的新階段。但是，這不是針對敵人，而是針對自己人發動的心理作戰。戰爭從不缺乏宣傳與其他各種粗糙的激勵方式，但是到了廿世紀下半葉，心理學對現代戰爭的影響開始與科技的衝擊不相上下了。

馬歇爾在韓戰期間，奉命到韓國戰場進行一項與二戰期間相同的調查。他發現（因為受他先前調查結論的影響而採用新訓練方法的）步兵射擊率為百分之五十五；甚至在某些陣地防禦狀況時，幾乎每一名步兵都會開槍。當局繼續精進這些訓練方法的結果是，到了越戰，士兵的射擊率似乎可以達到百分之九十至百分之九十五。造成士兵射擊率大幅提昇的原因有三個：減敏感、制約，以及否認的防禦機制。

減敏感：思不可思

越南那段日子最沸沸揚揚的時候，大家也知道的，就是殺。我們每天早上一定會操體能，每一次左腳抬起、落下踏在甲板上的時候，就要喊：「殺、殺、殺、殺。」好像把「殺」用這種方法深深地鑽進腦袋，等到真的要殺時，你就不會覺得不自在，懂吧？當然，殺第一個人的時候會覺得怪怪的，但慢慢的、好像會變成一會兒容易、一會兒又很難。因為每殺一個人還是會覺得不安，懂吧？因為你真的殺了個人，而且你知道自己真的殺了個人。

> ——美國海軍陸戰隊士官、越戰老兵，一九八二年訪談紀錄，
> 引述自關恩．戴爾，《戰爭》

這段引述自戴爾書中的訪談紀錄，讓我們窺見現代訓練方法與過去完全不同的地方。人類有史以來，就一直套用各種心理機制說服自己敵人與我不一樣：他沒有家小、甚至他不是人。如此一來，非我部族的就可以自動歸類為只是一種可獵可殺的動物。我們以「Jap」、「Krauts」、「gooks」、「slopes」、「dinks」、「Commies」、「ragheads」稱呼敵人時，幹的也是類似的事情。

根據戴爾與荷姆斯等研究者追索的結果，在新兵訓練期間就將殺人奉若神明的訓練方法，至少在第一次世界大戰期間幾乎沒有聽聞，二戰期間也不多，到了韓戰期間逐漸增加，而越戰期間，這種訓練方式就完全常規化了。戴爾在下面這段引文中，精確描述了暴力意念以常規化的方式灌輸給越戰期間受訓的士兵，與越戰前的世代士兵受訓的經驗，差別何在：

> 派里斯島[57]官兵用來形容殺人有多爽的用語，多數聽起來殘忍無比，其實是胡謅亂扯的膨風。新兵也知道怎麼回事，但他們還是說得很爽、聽得很高興。但是當士兵目睹「敵人」

57 派里斯島（Parris Island），位於南卡羅萊納州、美國海軍陸戰隊位於美東最大的新兵訓練中心。

受苦時，這種語言的確可以幫助他減敏感；另一方面，軍方同時也堂而皇之（與之前的世代相反）灌輸受訓的新兵一個觀念：打仗的目的就是殺人，不是在戰場上證明自己多勇敢、多厲害。

制約訓練：做不可思

只靠減敏感法，也許還不足以克服一般人心中根深蒂固的抗拒殺人心理。事實上，減敏感法扮演的角色與煙霧相去不遠，其功能是遮掩我個人認為現代軍事訓練中最重要的面貌。也就是說，戴爾與其他許多研究人士都忽略了（一）帕伏洛夫的古典制約與（二）史金納的操作型制約在現代軍事訓練中扮演的角色。

I. P. 帕伏洛夫在一九〇四年因為他對制約理論的研究，以及狗與制約行為間的關聯得到諾貝爾獎。帕伏洛夫的制約實驗中，最簡單的一種是在餵狗進食前搖鈴。一段時間之後，那條狗就學會了鈴聲與進食的關聯，聽到鈴聲就會流口水，就算眼前沒有食物也一樣。在這個實驗中，制約刺激（conditioned stimulus）是鈴聲，制約反應（conditioned response）是流口水。也就是說，狗已經被制約，聽到鈴聲就會流口水。這種將獎勵與某種特定行為連結起來的過程，就是動物訓練成功的基礎。到了廿世紀中葉，B. F. 史金納將上述過程進一步改良為他稱之為「行為工程」的模式。在心理學的研究中，史金納與行為學派代表了最具科學方法、最有潛在影響力的學派。

美國陸軍與海軍陸戰隊目前（以及在越戰期間）的訓練方式，充其量只是應用了上述制約觀念，在士兵身上開發出反射性的「快速開火」能力。當然，也有可能根本沒有人刻意運用操作型制約或行為矯正技術訓練士兵。我在軍中服役了幾十年，就沒有聽過任何一位士兵、士官、軍官，也沒有讀過任何一份官方或非官方文件，能夠顯示我們知道自己正在運用制約行為進行射擊訓練。但我是一位擁有歷史學家與職業軍人專業的心理學家，我看得愈來愈清楚：這正是美國已經達到的目標。

現代士兵的射擊訓練，不是趴在靶場的草地上，心無旁騖地瞄準遠方的圓形靶，而是要站在散兵坑裡面好幾個小時，或是蹲在掩體後面，全副武裝，看著前面一片地勢高低起伏的疏木林。一個草綠色的人形靶會在他眼前三不五時地彈出，有時候甚至會有兩個人形靶同時彈出，這些人形靶出現時不僅距離不一，而且停留的時間很短暫。士兵必須一看到人形靶就立即瞄準並且射擊。只要擊中目標，人形靶就會立即向後倒下、就像擊中活生生的人一樣，也就是以立即滿足感回饋士兵。射擊技巧純熟的士兵會獲得獎勵與表揚，若是他無法快速且精確地「接靶」（engage the target，殺人的美化用語），就會受到輕度處分（例如以複訓、同儕壓力、退訓等方式實施的處分）。

這種訓練環境除了可以讓士兵學習到傳統的射擊技術外，還可以培養立即與反射性的射擊能力，以及體驗與現代戰場殺人行為完全相同的情境。用行為科學的術語來說，在士兵射界內彈出的人形靶就是「制約刺激」，而士兵立即接敵的舉動則是「目標行為」，目標被擊中時會立即倒下，這種立即回饋稱為「正面強化」。「代幣酬賞制」（token economy）則指士兵依照中靶次數多寡獲得各種等級的優秀射手徽章，而這些徽章通常又可以換取各種特權或獎勵（嘉許、公開表揚、三天榮譽假等等）。

戰時殺人的每一種狀況都能藉著這種方法重複演練、具象化、並獲得制約效果。在某些特殊情況下，甚至可以使用更真實、複雜的靶標。例如塞進一個氣球的軍服飄過士兵的射擊區（士兵擊中氣球後，該目標就會落地）、裝滿紅油漆的牛奶罐、以及其他許多更有巧思的靶標。在各種不同的情境下運用各類靶標，訓練就會更有趣，制約刺激就更真實，制約反應也會更確實。

狙擊手也廣泛運用這種訓練技術。美國陸軍與海軍陸戰隊的狙擊手在越戰時只發射一點三九發子彈就能殺死一名敵人。越戰時擁有九十三名確認狙擊殺戮紀錄的卡洛斯．黑斯考克（Carlos Hathcock），在越戰結束後從事訓練警方與軍方狙擊手的工作。他堅信狙擊手訓練時，應該以像人的靶，而非圓形靶為射擊目標。他對學生（從一百碼外朝一張真人大小的靶紙射擊。靶紙上是一名男性以手槍抵著一名女性腦袋的放大照片）經常下的射擊命令是：「三發，壞人右眼眼圈的內圈。」

以色列國防軍反恐狙擊課程教官恰客．克萊瑪（Chuck Cramer）的理念也一樣。他設計課程時，會盡可能讓學員在符合真實情況下演練殺人行為。他說：「我的靶標設計方式是盡量模仿真人。」

> 敘利亞人的衣服胸部，不可能畫著一個大的白色方塊，方塊裡面還有好幾個數字。我換掉這種標準射擊靶，改成大小與生理特徵和真人完全一樣的標靶。然後替它們穿上衣服，裝上一個PU發泡材質成型的腦袋。我也會把一棵高麗菜切開，把蕃茄醬倒進去，再把高麗菜合起來。然後我對學生說：「這樣做的目的，是要你從狙擊鏡看到一個腦袋炸開的樣子。」
>
> ——戴爾．戴恩（Dale Dye），《恰客．克萊瑪，以色列國防軍的狙擊大師》

這種訓練方式幾乎在全世界最優良的陸軍都看得到。大部分現代步兵指揮官都明白，士兵在真實情境下獲得立即回饋的訓練方式的確有效，他們也知道這種訓練是士兵在現代戰場上取得勝利與生存不可或缺的方式。但是我的經驗也顯示，軍方進行這種訓練時，下命令的、指導的、以及實際參與的成員，都不明白、甚至不想明白：（一），這種訓練方式能收效的原因為何？（二），這種訓練方式會產生哪些心理與社會效果？對他們來說，只要這種訓練方式有效就夠了。

這種訓練方式能夠收效的原因，其實與帕伕洛夫的狗會流口水、史金納的老鼠會按下棍子是一樣的。心理學界到現在都沒有發現這其實是個最重要、最強大、也最可靠的行為矯正方式，但是卻已經應用在戰爭領域上。這種方式就是「操作型制約」。

否認的防禦機制：否認不可思

另一個值得我們花時間檢視的，是否認防禦機制的成形過程。否認機制與防禦機制是兩種在潛意識中面對創傷經驗的方法。現代美國陸軍訓練的重要貢獻，就是開發了「即開即用」（prepackaged）的否認防禦機制。

基本上，士兵已經重複演練這個過程許多次，等到他在戰場上殺人時，從某個層面來說，他就能否認自己殺的真的是人。這種細緻演練與維妙維肖的模仿戰場殺人情境，可以使士兵說服自己，他只是在「接靶」。一位受過現代方法訓練的英軍老兵，告訴荷姆斯自己在福克蘭群島作戰的經驗時表示，他「心裡想的是，敵人不就是一種二號靶（人形靶）。」同理，一位美國士兵也可以說服自己，他射擊的對象是「E類輪廓靶」（E-type silhouette，一種草綠色的男形輪廓靶），而不是真的人。

比爾·喬丹（Bill Jordan）是一位執法人員，長期任職美國海關與邊境保護局，也參與過許多場槍戰。他對年輕的執法人員提出的建議，是將上述的否認方法與減敏感結合：

> 當你手上的武器對著人的時候，不扣扳機是天性。根據執法官員第一次參與槍戰後撰寫的報告，大多數人就算性命危在旦夕，還是會出現這個問題。要克服這種抗拒心理，不妨動念將對方想成只是一個靶標，而不是真人，完成這一步以後，接著再想好要瞄準靶標的哪一個位置開槍。這樣做可以更專心，也可以進一步消除開槍射擊時「那人是人」的因素在干擾。如果這方法有效，就繼續用下去，才能避免開槍了又後悔。任何有教養的人都會遵守法律與規範，反抗武裝執法官員的人，就是不尊重法律與規範的人。這種人目無法紀，沒有一個社會能容得下他們。除掉他們不僅完全站得住腳，而且應該心平氣和、無怨無悔地完成這個任務。

喬丹以「人為鄙視」形容這個方法。這個方法結合了：一，否認與鄙視受害者在社會中的角色（減敏感）；二，在心裡上否認與鄙視受害者的人性（發展出一套否認防禦機制）。執法官員每次朝標靶射擊一發子彈，這兩個方法就開始搭配運作，產生強化的心理效果。當然，警方就像軍方一樣，也早已不對著圓形靶發射子彈，他們現在是對著人形輪廓「練靶」。

制約與減敏感方法的成功不僅顯而易見，而且萬般確實。在個人身上、以及在國家與軍隊的表現上，都可以觀察與確認其績效。

制約的效能

美國陸軍上校鮑伯聽過馬歇爾的研究，也認為馬歇爾關於二戰美軍射擊率的研究可能是正確的。雖然他不知道是哪一種方法提高了越戰期間的美軍射擊率，但他或多或少知道射擊率的確提高了。當我對他說也許是現代訓練中的制約效能造成射擊率提高時，他馬上就知道我說的是什麼方法。

曾在特戰部隊擔任軍官的傑利於服役期間六次輪駐柬埔寨，每次派駐六個月，最後全身而退。我問他當年那些事情是怎麼辦到的？他只輕描淡寫地回說，他早就被「設定」（programmed）會殺人，而他為了能活下來、為了成功達成任務，也接受這是必要的代價。

另一位我訪問談的對象杜恩是一家大航太公司安全部門高階主管，他曾經在中情局擔任幹員，一生經手的成功審訊次數多得不可思議。他認為自己是俗稱「洗腦」這件事的專家。他覺得自己已經被中情局「洗腦洗到某種程度」，他還說，接受現代訓練的士兵也跟被洗腦差不多。他和大部分跟我討論這件事的老兵一樣，也不反對洗腦，覺得這是為了求生存以及完成任務的有效手段。此外，他認為全國的聯邦與地方執法單位進行的「射或不射」（shoot-no shoot）訓練計畫，也是一種類似的方法，而且效果一樣宏大。「射或不射」進行的方式是執法官員對著銀幕上出現的各種戰術情境，以拔槍射擊空包彈的方式，反覆演練開槍或不開槍的時機。

在英國與阿根廷的福克蘭群島作戰、美國於一九八九年入侵巴拿馬作戰，以及美軍入侵伊拉克作戰等三次戰爭中，敵對雙方的殺人比都朝一方傾斜，由此可以看出現代訓練技術的驚人效果。荷姆斯訪問參與福克蘭群島作戰的英軍老兵時，先告訴他們馬歇爾對於二戰美軍射擊率的研究結果，然後詢問這些英軍老兵是否看到同袍也出現類似的不射擊現象？這些老兵的回答是，沒看到不射擊的同袍，但是他們「立刻就知道，阿根廷部隊有這種情形。因為他們的狙擊手與機槍手都能有效發揮火力，但是個別步槍兵卻不行。」這是個絕佳的例子，可以清楚看出接受最現代的訓練方法、非常稱職、有能力的英國步槍兵，與接受老式、二戰時期的訓練方法、非常不稱職的阿根廷步槍兵的差異。

類似情形也在一九七〇年代的羅德西亞戰爭中出現。當時羅德西亞陸軍的訓練在全世界首屈一指，而其對手反抗軍的裝備雖然比較精良，但是訓練卻很糟糕。羅德西亞安全部隊在那場游擊戰爭全期，一直都能將殺人比率維持在我八敵一。而訓練更精良的羅德西亞輕步兵部隊，甚至可以將殺人比率的差距拉大到卅五比一至五十比一。

在美國近代史中關於訓練差異的最佳例子之一，是美國陸軍遊騎兵連出動捕捉遭聯合國通緝的索馬利亞軍閥穆罕默德．艾迪德（Mohammed Aidid）時，遇伏擊被圍的故事。當時美軍部隊沒有砲兵或空中兵力支援，也沒有戰車、甲車或任何重武器可以運用。這剛好是評估現代小型武器訓練技術相對效能的最佳機會。比數：當晚美軍陣亡十八人、索馬利亞武裝民兵陣亡三六四人。

當然，我們也許還記得，美軍從未在越戰的主要戰役中被擊敗過（在伊拉克或阿富汗也一樣）。這是以研究越戰聞名的美國陸軍退役上校哈利．桑默斯（Harry Summers）在越戰結束後，對一位北越高階指揮官說的話，而這位北越指揮官回以：「也許你說的對，但是無關緊要。」也許吧，但是這的確顯示在越戰期間，美軍個別士兵的近戰能力比較優秀的事實。

就算將無意的錯誤與刻意誇大等因素列入考慮，在越南、巴拿馬、阿根廷、羅德西亞、阿富汗、與伊拉克等戰事顯示的較佳訓練與殺人能力，至少都締造了一種戰場上的科技革命、一種代表近戰時擁有全面優勢的革命。

制約的副作用

制約或洗腦方式產生的副作用，可以由那位中情局退休幹員杜恩告訴我的一個事件中看出端倪。一九五〇年代中期，他在西德的一處祕密地點負責看管一名投誠的共產黨人。那名身形壯碩的投誠者，在當時掌權的史達林政權中是位惡名昭彰的殺人者。這人不管怎麼看都是個瘋子。他當初逃亡的原因是在俄國主子前面不得寵，現在呢，又對新主子不滿意，所以想要逃跑。

這位年輕的中情局幹員與投誠者在那間上了鎖、加了鐵桿的屋子裡共處了好幾天。這段期間他被攻擊了好幾次。投誠者會隨手抓起一根棍子或傢俱，衝過來揍他；而杜恩總是在最後一刻掏出武器對著他，才能消弭一場攻擊事件。杜恩打電話給主管報告狀況，主管指示他在地上畫一道假想線，只要那名沒有武裝（但是不懷好意、而且非常危險）的人越線，就立刻開槍殺了他。杜恩覺得那人越線是遲早的事，就先鼓起能用上的所有制約方法：「他死定了。我一定會殺了他。我在腦袋裡面已經殺了他，等到真的要殺他的時候，就簡單多了。」但是那名投誠者（顯然不像他看起來那麼瘋狂或不擇手段）卻始終沒有越線。

但是，殺人的創傷並沒有因為沒有殺人而消失。杜恩告訴我：「我腦袋裡老是想著我已經殺了那個人。」大部分越戰老兵也不見得都親手處決過敵人，但是他們受訓時就參與了將敵人非人化的訓練，實際作戰時，大部分人不是真的開了槍，就是心裡知道自己就要開槍。就是因為他們知道自己要開槍、也能夠開槍（我在腦袋裡面已經殺了他），使得他們無法取得能夠卸下戰爭重責的重要方式。雖然這些人沒有開槍殺人，但因為他們已經學習了「思不可思」，他們就此知道自己身上原來也有正常情形下只有殺人者知道的心理狀態。因此，減敏感、制約與否認防禦機制這三種訓練方法，一旦與實際作戰經驗相結合，也可能會在從未殺人的士兵身上產生殺人的內疚感。

制約的保險裝置

我們必須了解，現代射擊訓練方法得以成功，很重要的一點是士兵作戰時必須永遠聽命於權威。沒有軍隊能夠容忍不守紀律或漫無目標的射擊行為。士兵接受的制約訓練中最重要的、也是很容易遭到忽略的一點是：士兵只有在聽聞何時開槍、對何處開槍時，才能開槍。他只有聽聞某位高階指揮官的命令時，才能對著事先規畫好的火力區內的目標射擊。在錯誤的時間、朝著錯誤的方向開槍，對每一名一般士兵來說，都是嚴重的犯紀行為，大部分人想都不敢想這種行為的下場是什麼。

多數執法官員受訓時，也會遭遇代表無辜路人以及持槍罪犯等種類不一的靶標。他們若是錯誤接靶，後果不堪設想。聯邦調查局進行「射或不射」訓練時，幹員若是無法證明自己能夠判斷正確的開槍時機，他的攜槍權可能就會因此取消。

許多研究都顯示，參與廿世紀歷次戰爭的老兵返回美國後，並不會對社會形成不同的暴力危害，進入廿一世紀後也是如此。沒錯，的確有退伍老兵犯下嚴重的暴力犯罪，但就統計數字來看，返鄉老兵比同齡、同性別的非退伍軍人，犯下暴力犯罪的機率更低。社會的潛在威脅是觀眾透過現代互動電玩與暴力情節的電視節目與電影，獲得的無限制減敏感、制約與否認防禦機制。我們會在本書最後一部「美國的殺人：我們對孩子做了什麼？」中，討論這個議題。

第三十四章　殺人的合理化及其在越戰失敗的原因

合理化與接受殺人

烈焰與憤怒過後
追尋與痛苦過後
祂的慈愛替我們開了一條路
讓我們得以重新為人

——魯亞德．吉卜林（Rudyard Kipling），《選擇》（*The Choice*）

我們在第六部檢視殺人反應的各個階段，包含：擔心、實際殺人的興奮、後悔、合理化、接受。現在讓我們將這個模型應用在越戰老兵上，以了解合理化與接受階段在越戰失敗的原因。

合理化過程

越戰老兵身上出現的合理化過程似乎頗有蹊蹺。與美國更早參與的多次戰爭相比，大多數能夠幫助士兵合理化與接受殺人的方法，在越戰期間似乎都反其道而行。傳統的合理化方法包含：

殺人反應階段關係圖

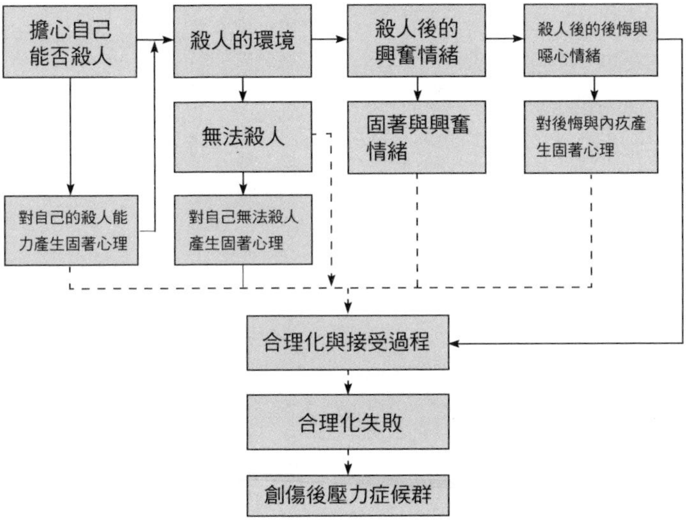
擔心自己能否殺人
殺人的環境
殺人後的興奮情緒
殺人後的後悔與噁心情緒
無法殺人
固著與興奮情緒
對後悔與內疚產生固著心理
對自己的殺人能力產生固著心理
對自己無法殺人產生固著心理
合理化與接受過程
合理化失敗
創傷後壓力症候群

- 士兵的同袍與指揮官需要不斷傳達「你做的事情是對的！」（最重要的物質表現方式之一就是頒贈勳、獎章）的訊息，以鼓勵同袍、讓屬下安心。
- 年輕士兵近旁需有成熟、年長的同袍（也就是廿多歲、近卅歲）經常伴隨。這人既是榜樣，也可以在兩軍交戰時穩定軍心。
- 交戰雙方都需鉅細靡遺遵守戰爭行為準則與成規（例如早在一八六四年就生效的日內瓦公約），以盡量減少平民傷亡，並防止發生暴行。
- 在後方畫出界線或規畫安全區，讓士兵於輪派執行作戰任務期間得以放鬆或減壓。
- 士兵在受訓期間與作戰全程，近旁都需要有一位或多位親近、可以信賴的友人、同時也是可以透露心事的密友。
- 從戰場上撤下的士兵需要有一段冷靜期。
- 士兵需要知道己方最終獲勝的訊息，以及他們犧牲取得的戰果與成就。
- 舉行遊行與興建紀念碑。
- 士兵與作戰時緊密相連的同袍間的重聚與持續聯繫（以親訪、通信等方式）。
- 士兵的朋友、家人、社區與社會讓他感覺接受到由衷、溫暖、羨慕的歡迎。不停地向他保證，他參與的戰爭以及他戰時作為的目的，不僅有必要，也是為了正義與公理。
- 驕傲展示自己獲得的勳獎章。

對待越戰老兵方式不同的原因

上述合理化方法中，除了第一點外，其他各項不是根本不存在，就是反其道而行，反而造成越戰老兵更大的痛苦與創傷。

年輕人戰爭

> 如果還年輕的時候就能讓他們從軍，事情就簡單多了。我們當然也可以訓練年紀大一些的人成為合格的士兵，歷來的主要戰爭中也都這樣做過。但是，這些人的問題在於，我們絕對沒辦法讓他們相信自己喜歡打仗，這就是各國軍隊都設法招募小於廿歲的年輕人入營的原因。當然，吸引年輕人入營還有其他優點，例如體能好、沒有需要掛心的家人、不必考慮經濟問題等，但是軍隊看上年輕人的最主要因素是他們的熱誠與天真。
>
> 幾乎每一位年輕男性入營訓練後，都可以成為擁有正確反應能力與態度的士兵。每個國家的軍隊都能在幾個星期中辦到這一點。一般來說這些年輕新兵的人生閱歷不到廿年，但是拉他們入營的軍隊，執行與精進訓練技巧的歷史可長遠得很。
>
> ——關恩．戴爾，《戰爭》

人類所有的戰爭中，戰鬥員的年齡都小得嚇人。但是美國參與越戰的戰鬥員，年齡卻比美國歷史中其他戰爭的戰鬥員小很多。大部分越戰士兵都是在十八歲時被選中入營，他們在戰場上度過了人生中可塑性最高、最脆弱的階段。越戰是美國歷史上的第一個「年輕人戰爭」，戰鬥員的平均年齡不超過廿歲，與過去的戰爭相比，這些年輕士兵也沒有機會接受到比較成熟、年長士兵的薰陶。

發展心理學指出，這個階段是年輕人的心理與社會發展的關鍵階段，每個人都在這段時期建立起穩定與持久的人格結構與自我意識。

在過去的戰爭中，年長士兵的榜樣與教導可以作為年輕士兵與戰爭衝擊間的緩衝。但是在越戰時，年長士兵的人數實在太少，年輕士兵幾乎無所倚靠。越戰快要結束時，許多美軍士官從所謂的「速成學校」（Shake 'n Bake）畢業分發部隊時，他們的訓練與成熟度也只比同袍不過多了幾個月而已。而許多軍官專修班畢業的軍官，在大專就讀時並沒有接受任何軍事訓練，他們下部隊後，訓練與成熟度與他們帶的兵相比，也一樣多不了幾個月。

這是一場由年輕人領導年輕人進行的無休無止的小部隊行動；他們手持武器，困在《蒼蠅王》[58]情節在真實世界上演的情境。他們在人生中最容易受傷、最容易受到影響的階段，體驗到戰爭的恐怖，而這種戰爭的恐怖也註定會內化為他們的一部分。

「骯髒」戰爭

每個人都同時舉槍對著他射擊。我聽到有個人在我後面叫了聲「老天爺！」的同時，也看到他的身體往後朝樹林的方向飛過去，一塊塊屍骨劃過空氣，飛濺到後面那幾塊大石頭上。這時，我們發射的一顆子彈打中那名士兵攜帶的手榴彈，他的身體因此被爆震往下摜得粉碎，破爛的碎片上浮淌著一灘血……

那名年輕的越共雖然是個共產黨，但他是個好軍人。他為了信仰而死。他不是替河內那幫人打仗，他是越共。他不是來自北越，他是南越人。他的政治信仰與西貢政府格格不入，因此被貼上人民公敵的標籤……

一位年幼的越南女孩不知道從哪裡冒出來，就坐在那名死掉的越共身旁，盯著眼前的一堆武器，身體慢慢地前後搖晃著。我看不清楚她是不是在哭，因為她一直沒有轉頭看著我們。她只是一直坐在那兒。我看到一隻蒼蠅爬上她的臉頰，但她似乎一點都不在乎。

她就一直坐在那兒。

她才七歲，爸爸是一名越共士兵。我不知道她是不是已經習慣了死亡、戰爭與悲傷。她現在成了孤兒，我也不知道她心裡面是不是有點疑惑、難過，或是沒人能體會的空虛。

我想走過去安慰她，但是我卻跟著弟兄們走下山。我再也沒有回頭。

——尼克．烏什尼克（Nick Uhernik），《血腥之戰》（*Battle of Blood*）

58 英國小說家威廉．高汀（William Gloding）在一九五四年出版的小說。

「越戰退伍軍人聯盟」有一次在佛羅里達開會，與會的一位老兵告訴我他表弟的故事。他表弟也是一位越戰老兵，唯一願意說的話是：「他們訓練我殺人，把我送到越南。但他們從來沒有告訴我，我要跟小孩打仗。」對很多人來說，這段話就具體代表了他們在越南遭遇的恐怖處境。

殺人必然會造成創傷。但是，當殺戮的對象是女人與小孩，或必須當著妻子與小孩的面，在他們家中殺死丈夫時、或不是在兩萬呎高空，而是在可以看得到對方死亡的距離殺人時，那種恐懼不僅無法形容，也無從讓他人理解。

越戰是一場大部分時間都在對抗反叛力量的戰爭，對抗那些多半時間是穿著百姓服裝、保衛自己家園的男人、女人與小孩。戰爭的傳統成規因此遭到破壞、平民傷亡、暴行與接續而來的創傷因此增加。也就是說，這場戰爭所爭的意識形態和作戰的對象與過去的戰爭不同。

當敵人的小孩現身戰地，在父親的屍體旁哀悼，或朝著你投擲手榴彈的敵人就是小孩時，現場合理化的標準方法就完全無法發揮功用。北越部隊與越共也深明此點。艾爾．山多利（Al Santoli）的著作《承擔重任》（*To Bear Any Burden*）中，有許多第一手的精彩訪談，其中一則是訪問一位前越共派往湄公河三角洲的特工張「米粒」（Troung "Mealy"）。「米粒」說：「我們訓練小孩丟手榴彈，除了製造恐怖以外，另一個目的讓美國政府或美國軍人朝他們開槍，這樣美國人就會覺得很羞恥，就會開始責怪自己，並且指責自己的士兵是戰犯。」

這方法的確有效。

當一名士兵朝著一位對他丟手榴彈的小孩射擊後，小孩手中的手榴彈就會爆炸，士兵眼前就只有一堆屍塊讓他合理化。現場沒有任何武器，可以明確證明受害者是想要致人於死地的危險人物、也沒有辦法證明殺人者是無辜的。現場只有一名小孩的屍體，無言訴說著恐懼與無法挽回的純真無辜。孩子、士兵、與國家的純真無辜，都因為一個簡單的動作瞬時全失。這個簡單的動作十年間重複了無數次，直到一個疲累的國家終於決定帶著恐懼與沮喪，從這個綿長的夢魘撤離。

無所逃的戰爭

> 根本沒有真正的界線，幾乎每一個區域都可能遭受攻擊……這是一場看不見敵人，沒完沒了的戰爭，卻佔不到任何一片土地，只有部隊從這個國家進進出出。唯一看到的戰果，是源源不斷生產出來的傷殘軀體與數不清的死屍。
>
> ——吉姆．古德溫（Jim Goodwin），《創傷後壓力症候群》（*Post-Traumatic Stress Disorder*）

約翰．基根在追索數百年來所發生之戰爭的《作戰的面貌》一書中特別指出，戰事持續的時間與戰場的深度是隨著歷史的推進而逐漸增加的。中世紀時，戰爭往往持續數小時，戰場深度也不過幾百碼，到了廿世紀，戰場的危險區域延長至後方好幾哩深，戰事也持續進行好幾個月之久，甚至與下一場戰事重疊，形成經年累月、無休無止的戰爭。

我們從第一次與第二次世界大戰中發現，這種無止盡的戰爭會對戰鬥員的心理造成可怕的影響，當時即以輪調士兵到後方戰線的方法解決這個問題。但是到了越戰，因為危險區縱深大幅增加，讓我們打了十年與過去完全不一樣的戰爭。越戰時根本沒有後方戰線可以逃避，根本沒有辦法逃避戰爭壓力。連續不斷處於「前線」產生的壓力也因此造成了嚴重、潛藏的心理傷害。

孤獨的戰爭

在越戰之前，美國士兵多半是與一起受訓、關係密切的同袍，共同度過第一次戰場經驗。美軍在那時候的戰爭中，只知道自己無論如何都必須捱過這場戰事，或必須等到參與作戰任務得到的戰分累積到一定程度才能離開戰場。無論如何，對美軍來說，戰爭會在哪一天、哪一刻結束，既不確定，也很模糊。

越戰則與我們之前與之後參與的任何一場戰爭完全不同。除了少數例外情形，越戰時每一位戰鬥員踏上越南的那一刻，都知道自己只是個要待十二個月的補充兵（海軍陸戰隊則是十三個月）。也就是說，一般士兵清楚知道，除非他負傷或精神受創，否則他只要在地獄中熬過一年，就可以離開戰場，這是美國戰爭史上的首例。在這種環境下，許多士兵就以漠然的心態度過這一年，這種事情不僅可能，甚至是很自然。因此，同袍之間的緊密關係也不可能像之前的戰爭一樣，有機會發展為完整、成熟、終生不渝的關係。就是這個政策（加上使用藥物、士兵必須盡量接近作戰區、以及隨時準備作戰的預期心理），造成在越南的精神傷員為有史以來最低。

軍方的精神科醫生與部隊指揮官因此認為，他們找到了解決戰場精神創傷這個古老問題的方法。

（在二戰期間，這個問題產生精神傷員的數量還一度讓美國來不及補充兵員。）既然越戰是一場士兵得到精神創傷比率較低的戰爭，他們返鄉時也接受到像二戰結束後一樣的由衷歡迎，那麼，這個制度未嘗不能繼續維持下去。但實際在越南發生的事情似乎是，許多戰鬥員只是以拒絕面對痛苦與內疚的方式強忍自己的創傷經驗（要是在二次大戰，也許就熬不過去了），他們逃避療法是每天數饅頭、告訴自己「只剩四十五天、夢魘結束的鈴聲就會響起了」。

這種輪駐制度（再加上大量使用精神科藥物與士兵「自開處方」的藥物）就是越戰戰場上發生精神創傷的比率比美軍在越戰之前參與的廿世紀其他戰爭低很多的原因。但是，這個短期有所得的政策，代價是更大、更悲慘、更長期之所失。

二戰士兵進入部隊後就要全程參與作戰。就算他是半途替補他人的補充兵，他也知道，自己一直要到戰爭結束才會離開所屬部隊。因此，他一入部隊就會盡力建立自己與部隊的關係，同一部隊的老鳥也了解，新進弟兄將與他們並肩作戰直到戰爭結束，因此也會基於同樣理由建立與新兵的緊密關係。這些人最終會發展出非常成熟、毫無保留的關係，大部分人甚至畢生都維繫著這種關係。

到了越戰時，大部分士兵進入部隊時多半是孤單一人，不僅擔心害怕、也沒有朋友。這種被稱為「他媽的菜鳥」的兵進入新單位時，既沒經驗、又沒能力，對老兵來說就好像身邊有個揮之不去的威脅。雖然不用幾個月，菜鳥就會成為老鳥，會有幾個關係緊密的好朋友，也能夠像個正常士兵一樣作戰，但是不用多久，他的朋友就會因為戰死、負傷、或時間到了而離開，他自己也快要數完自己的饅頭，這時他唯一要顧慮的事情就是在饅頭數完之前讓自己還活著。部隊的士氣、向心力與緊密關係因此受到嚴重影響。除了菁英部隊，其他單位的士兵不過就是一群看著別人來來去去，自己則等著離開的人。同袍間形成神聖的緊密關係的過程是士兵作戰時能各盡其責的最重要因素，也是在越戰之前的各次戰爭中維繫美軍士氣不墜的基礎，到了越戰這種過程卻變得形容襤褸、殘破不堪。

這並不是說士兵間沒有同袍之情（畢竟，面對死亡的男人必然會相濡以沫），而是說，發展出緊密關係的同袍太少，關係得以維繫的時間也太短。

第一次藥物戰爭

士兵得以壓下或延緩心理創傷出現，除了可歸因輪調政策外，另一個與之搭配的主要因素是越戰期間開始使用一類新的強效藥物。在越戰之前的戰爭中，士兵經常以酗酒麻痺自己，越戰當然也不例外。但是越戰是第一個為了強化士兵作戰能力而投放現代藥物的戰爭。

越戰是第一個前線士兵依照醫囑服用鎮靜類與「硫代二苯胺」（phenothiazines）類藥物的戰爭。出現精神創傷的士兵，會先送到離戰區不遠的精神照護所，然後醫師與精神科醫生會就開給他們這類藥物。療養中的士兵也尊囑服「藥」。這種作法後來被吹捧為降低精神傷員後撤比例的主要因素。

同樣地，士兵為了解決壓力問題，也會「自開大麻處方」，少部分人則會吸食鴉片與海洛因。廣泛使用非法藥物一開始似乎沒有發生負面的精神問題，但是我們很快就發現，它們造成的影響與合法取得的鎮靜類藥物幾乎一模一樣。

基本上，士兵服用藥物（不論合法或非法）搭配一年輪調制度（士兵明白只要熬過十二個月就可以逃離目前的環境），就可以壓下或延緩作戰壓力產生的精神反應。但是，鎮靜類藥物並不能處理導致出現精神問題的壓力因子；它們的功能就像糖尿病人注射的胰島素一樣，只能處理臨床表現，對創傷本身束手無策。

這些藥物可能會讓一些士兵接受某些種類的治療時更容易產生效果。當然，前提是我們真的能夠知道哪些治療方法是有效的。如果士兵在壓力因子並未消除的情況下服用這些藥物，這些藥物就會抑制或是取代原本能夠產生效果的對應機制，如此反而延長壓力因子造成的長期創傷。這種在越南發生的情形，就像是給受槍傷的士兵打一劑麻醉針，然後把他送回戰場一樣，都是一種道德困境。

這些藥物至多只能讓越戰老兵壓抑、埋藏在內心深處的苦、痛、悲、疚延後發作。而最糟的情形是，它們反而會使創傷的衝擊更強烈。

未完全潔淨的越南

安排作戰部隊以完整編制跋涉返鄉或揚帆回港，士兵在返鄉旅程上得以享有一段時間的冷靜期，是一種傳統的群體治療方式，但是越戰美軍與此無緣。這也是一種對踏上家鄉土地的士兵的心理健康至關重要的方式，但是越戰美軍還是與此無緣。

亞瑟．哈德利（Arthur Hadley）是軍事心理戰的專家，傑作《稻草巨人》（*Straw Giant*）的作者，也是一位廿世紀傑出的軍事事務知識分子。他在二戰期間曾經擔任心戰指揮官（還曾因此榮獲銀星勳章），之後就針對世界主要的戰士社會進行廣泛研究。他的研究結論是，所有的戰士社會、部族、與國家，都會對返鄉士兵進行某種淨化儀式，這種儀式似乎對這些士兵以及其所屬社會的健康至關重要。理查·加百列也了解這種淨化儀式扮演的角色，以及一旦這種儀式付之闕如時社會要付出的代價：

> 社會向來知道戰爭會改變人，知道這些人返鄉後與出征前是不一樣的人。原始社會經常要求返鄉士兵通過淨化儀式洗禮後，才能重新加入原來的社會，道理即在此。這些儀式多半與淨身或其他儀式形式的清潔行為有關。這些儀式可以在心理上讓士兵拋除戰爭結束後、神智清明時產生的壓力與可怕內疚感。此外，這種儀式也可以形成一種心理機制，讓士兵得以減壓，不會在感覺脆弱或沒有保護的情形下，重新回味戰場的恐怖，以解除士兵的罪惡感。最後，士兵也可以靠這種儀式得知，他在戰場上的行為是正確的、受他保護的群體也感激他，最重要的是，群體中心智健全的正常人也歡迎他返鄉。
>
> 現代的軍隊也有類似的淨化機制。二戰返鄉士兵經常在運兵船上共處很長一段時間。他們在這一段日子可以重新回味戰時的感受、惋惜戰死的同袍、互相傾吐自己戰時的恐懼，以及最重要的：得到同袍的支持與鼓勵。也就是說，他們可以藉此聽到自己神智清明的聲音。等到他們踏上家鄉土地時，則經常會受到民間以遊行或其他的贈酬方式表彰他們的貢獻。他們的父母與妻子驕傲地向子女與親戚傳述他們的戰時事蹟，讓他們在社區中獲得敬重。這些機制與古代的淨化儀式一樣，目的都是潔淨返鄉士兵。

若是士兵無法得到這些儀式的洗禮，多半時候他們就會情緒不安。當他們無法將罪惡感排至體外，或無法得到自己戰時所作所為是正確的保證時，就會將情緒隱藏起來。從越南返國的士兵就是這種冷落與漠視的犧牲者。越戰士兵因為不必搭乘運兵船長途跋涉返鄉，也就沒有機會在船上與同袍推心置腹。相反地，士兵結束一趟輪駐越南的任務後，通常不要幾天、有時甚至只要幾個小時，就可以靠搭乘飛機的方式脫離戰場、遠離敵人、「回到人間」。一路上沒有同袍相伴、讓他們聽到同情自己戰場苦痛經驗的聲音。這一路上，沒有一個人告訴他們：你是正常的。

越戰結束後，若干國家的軍隊終於學到了越戰的教訓。福克蘭群島戰爭結束後，英國捨棄空運作戰部隊返國的方式，改以海軍運兵船運載這批士兵，讓他們遠渡重洋，在海上度過一段沉悶、但是能收到療癒效果的穿越南大西洋之旅。

一九八二年以色列入侵黎巴嫩的戰爭在國際上廣受批評，當時以國軍方於戰後也採取類似的方式安排士兵度過冷靜期。以色列知道之前美國議論越戰與其道德問題時，往往一談到結論，就出現一種部分人士以「心照不宣」（conspiracy of silence）形容的現象。以色列因此明白問題所在，也知道參與這場「以色列的越戰」的士兵需要減壓，從而做出對這些士兵的心理福祉最健康的決定。根據班·夏立特的說法，戰爭結束後，以色列先安排士兵以所屬部隊為單位聚會，讓這些久戰數月的士兵第一次得以完全放鬆。接著，再安排他們「對任何問題都可以盡量發洩情緒、提出問題、疑惑與批評：例如某次軍事行動或計畫為何失敗、如此犧牲人命不值得、甚至認為自己完全失敗也沒關係。」

美軍結束格瑞那達、巴拿馬、阿富汗與伊拉克戰爭，都是以完整編制離開戰地，目的是讓脫離戰地的部隊繼續保持穩定的軍心與士氣，等到他們回到母國駐地時，也才能確實執行任務歸詢，對士兵的心理健康而言，這種作法也是必要的步驟。

失敗的越南

越戰老兵認為這場戰爭是正義的，自己在戰場上所為也是必要的，但是這種信念卻一直因為北越入侵南越而遭到質疑，最後終於在一九七五年西貢陷落全面崩盤。一次大戰隱隱約約替這種類型的創傷埋下伏筆：一戰結束時，敵人並沒有無條件投降，在許多一戰老兵在心中種下苦果，他們覺得其實一戰並沒有真正結束，戰爭仍在某處隱隱作動。

蘇聯垮台、冷戰結束以後，我們也許可以理直氣壯地說，我們在越南並沒有打敗仗，就像我們沒有輸了「突出部之役」一樣，我們只是被敵人擠壓後撤了一陣子，但我們終究還是打贏了這場戰爭。但是對越戰老兵來說，連這種卑微的安慰也得不到。

越戰老兵不像一戰老兵，可以去法蘭德斯戰場[59]憑弔；不像二戰老兵，可以到諾曼第海灘觀看反攻作戰重現演出；他們也不像韓戰老兵，可以到仁川紀念登陸作戰。參與其他戰爭的美國士兵以他們的血汗與淚水維繫了一國的和平與繁榮，都可以參加這些國家以感激之情舉行的紀念活動。但是越戰老兵沒有這種機會。多年來他們只知道一件事：他們為之戰鬥、為之受苦的國家戰敗了，許多老兵也都認為，取得勝利的是個不值得他們犧牲、不值得與之對抗的邪惡政權。

但歷史畢竟還是還給他們一個公道。以他們為棋子的圍堵政策最後還是成功了，現在連俄國都承認共產主義的邪惡。成千上萬的北越難民在海上漂流，就是北越政權徹底失敗的見證。現在，冷戰結束，我們贏了。從某個角度來說，如果美軍在越南戰敗，其意義至少也和美軍在菲律賓或突出部之役作戰的結果一樣：我們雖然輸了那一場戰事，但是贏得了最後的戰爭、一場值得投入的戰爭。也許我們現在可以用這個角度評價越戰，我也相信這個角度有其價值、也具有療癒的效果。但是對大部分越戰老兵來說，這個「勝利」卻遲了廿多年才出現。

不受歡迎的老兵、沒人哀悼的死者

對老兵來說，最重要的兩種公開表揚、肯定的方式是遊行與建造紀念館及紀念碑。前者是歡迎返鄉士兵的傳統方式，後者的功能是紀念、哀悼已逝同袍。每個人在人生的某個關鍵時期，都會經歷一個公開儀式，例如猶太人男孩的成年禮、堅振禮、畢業、結婚。對返鄉老兵而言，遊行則是進入人生下一個階段不可或缺的儀式。紀念碑、館對哀傷的老兵而言，其功能就像葬禮與墓碑對遭受喪親之痛的人一樣。但是，越戰老兵只不過依照社會教導與指示行事，卻沒有受到遊行歡迎，也沒有紀念碑、

59 法蘭德斯戰場（Flanders Field），位於比利時，一次大戰戰況慘烈的伊珀爾（Ypres）戰役地點。該地因為加拿大軍醫 John McCrae 目睹摯友戰死而賦詩〈In Flanders Fields〉著名。

館可供發抒哀傷之情。相反地，他們感受到的敵意，讓他們恥於穿戴代表他們身為軍人的重要象徵：制服與勳章。

更不要說那個遲到廿一年的「越戰退伍軍人紀念碑」[60]，建造過程中充滿了屈辱與誤解，與越戰老兵長久以來忍受的屈辱與誤解一模一樣。越戰紀念碑的原始設計並沒有納入傳統類似紀念性建築必有的國旗與雕像；相反地，這座為了紀念美國有史以來參與時間最長戰爭的建築，只不過是一個刻滿著死者名字、「代表恥辱的黑色傷口」。最後是靠著老兵團體努力不懈、艱苦力爭，終於讓一座雕像與飄揚著國旗的旗竿在紀念碑旁聳立。

這是越戰老兵的紀念碑，他們卻要靠爭取的手段，才能升起一面對他們而言意義重大的國旗。廿年後，數以千計的老兵才能在「那面牆」旁哭泣、滿臉淚痕地走在歸鄉遊行的隊伍中，這是他們真誠苦痛的流露，但是絕大多數美國人甚至根本不知道他們心中有苦也有痛。對大多數老兵來說，他們終於能與自己的過去和解，也讓自己的傷口癒合。

但也有一些老兵不屑靠這些方式與自己和解、「有『美國退伍軍人團』（American Legion）就夠了」。這些人也許是退縮進入軀殼最深處的一群人，但是，退縮的代價可也不小，我們在下一章討論「創傷後壓力症候群」時可以進一步了解這種現象。也許，這些人有權躲在自己的軀殼裡面；也許，逼使他們躲進軀殼的社會根本沒有權力要求他們與自己和解、要求他們原諒自己。

孤單的老兵

美軍在越戰的經驗與在越戰前所有戰爭的經驗完全不同。一般來說，美軍士兵在越戰時只要一結束輪駐，就切斷與部隊與同袍的關係。幾乎沒有退伍的越戰老兵會寫信給還在部隊的同袍，而戰後十多年來，兩名以上昔日同袍聚首的情形更少（這與二戰老兵經常重聚形成鮮明的對照）。越戰老兵吉姆·古德溫在《創傷後壓力症候群：臨床醫師手冊》中推測其原因（我也認為他的推測是對的）是：「非常明顯的是，許多老兵覺得自己離棄弟兄、讓弟兄在越南戰場上自生自滅；這種強烈的內疚感，多半時候讓他們根本不想知道被他們離棄的同袍的下落。」這些老兵要到越戰結束廿年以後，才能克服自己還活著的內疚，開始組織各種越戰退伍軍人團體與聯盟。

對越戰老兵而言，戰後歲月不僅漫長，而且又寂寞。但是「越戰紀念碑」以及表彰他們貢獻的陣亡將士紀念日遊行，卻強化、潔淨了他們。他們終於找到與失散多年的弟兄重聚的力量與勇氣，並且互道歡迎：你回來了。

遭到羞辱的老兵

我從越南回來的時候，右手已經沒了。有兩次被人騷擾……一次有個人問我：「你在哪

60 位於華府，由華裔建築師林瓔設計。

裡斷了手？越南？」我回說：「對」。那人回說：「很好，活該！」

——詹姆士．威吉巴赫（James Wagebach），引自鮑伯．格林（Bob Greene），《歸鄉》（*Homecoming*）

對老兵來說，比遊行與紀念碑更重要的，是日常生活中感受到的相處基本態度。莫倫伯爵覺得，社會大眾的支持是歸鄉老兵心理健康與否的關鍵。他認為英國社會在一戰與二戰後並沒有給予英軍足夠的支持，導致出現許多心理問題。

如果莫倫伯爵都可以察覺在一戰與二戰後，英國退伍軍人因為沒有得到關心，也不被接納，導致他們的心理福祉受到嚴重影響，那麼，身處更不友善環境的越戰退伍軍人，豈不是會受到更惡劣的影響？

理查．加百列這樣形容越戰老兵面對的惡劣環境：

越戰老兵身著制服出現在家鄉街頭時，經常遭到白眼與羞辱。沒人會對他說，他打了一場漂亮的仗，也沒人會安慰他只不過是盡了國家與社會賦予他的責任。他不僅沒人安慰，還經常遭到羞辱，說他們是殺嬰者、殺人犯，說到連他自己都開始懷疑自己做的事情是不對的，到最後甚至懷疑自己精神是否正常。這種環境至少造成五十萬名老兵，甚至有可能高達一百五十萬名老兵出現程度不一的精神衰弱現象。社會大眾印象中一整個世代的越戰軍人都與這種稱為「創傷後壓力症候群」的精神失調現象有關。

加百列因此得到的結論是：越戰是美國歷史上出現精神傷員最多的戰爭。許多心理學研究都發現，攸關返鄉老兵心理健康的關鍵因素是社會是否有一套扶持與協助他們的制度。事實上，由精神科醫生、軍方心理學家、退伍軍人事務部的心理健康專家、社會學家進行的無數研究都顯示，作戰經驗豐富的老兵的心理健康更需要戰後提供的扶助。一旦出現越戰不受歡迎的氣氛，還沒有返鄉、仍在越南戰場上作戰的士兵也會因此付出心理代價。

士兵感覺孤單時，精神傷員就會大量增加。而國內逐漸增長的反戰情緒，造成遠離家鄉與社會的士兵在心理與社會層面的隔絕，更助長了士兵的孤單感。包含加百列在內的許多研究者都指出，士兵出現孤單感的徵兆之一是寄送到戰地的絕交信數量開始增加。隨著越戰在國內愈來愈不受到歡迎，士兵被女友、未婚妻、甚至妻子拋棄的情形也愈來愈普遍。這些人是士兵的感情寄託。士兵相信他們是為了維護理性與文明的世界而戰，她們的信則是聯繫士兵與這種信念的臍帶。越戰後期精神傷員大量出現，主因也許就是絕交信與許多其他導致心理與社會隔絕感的方式大量增加之故。根據加百列的研究，越戰初期，因為精神創傷而後送的士兵只佔所有傷員的百分之六，而到了一九七一年，精神傷員佔所有傷員的比例則高達百分之五十。精神傷員比例的變化，與越戰在國內支持度的消長情形雷同。因此，我們可能可以主張：精神傷員增加的可能原因，是受到社會大眾不支持越戰的影響。

但是，最嚴重的侮辱要等到士兵返鄉時才會接踵而至。越戰老兵經常遭受言語羞辱與肢體攻擊，甚至還遭人吐口水。對著返鄉士兵吐口水的現象特別值得討論。許多美國人其實不相信（或是不願意相信）真有這種事情發生。專欄作家鮑伯．格林就是其一，他認為這種事情也許是道聽塗說。他因此在專欄中要求真的遭人吐口水的老兵寫信給他，告訴他事情的始末，結果他收到一千多封信。他最後將這些信都收錄在《歸鄉》這本書中。

道格拉斯．迪特瑪（Douglas Detmer）的遭遇就是其中代表：

> 我在舊金山機場遭人吐口水……吐我口水的人從我左後方朝我跑過來、吐我口水，然後轉過身對著我。他的口水黏在我左肩和我左胸口袋上的幾個勳章上。他轉過身以後對我大吼，說我是「他媽的殺人犯」。我真的被嚇到了，只能一直盯著他……

打仗打了好幾個月的士兵返鄉時遭到這種待遇卻沒有產生衝突，這點顯示了他們的情緒狀態。他們一路上正高興自己終於能夠活著回家，其中又有許多人因為連日長途跋涉而疲憊不堪，還處在戰場震撼（shell shock）期、對未來一片茫然、水分攝取不足、因為多月在叢林作戰而形容枯槁、還沒辦法脫離多月在異國作戰受到的文化震撼、奉命不准做出任何「有辱部隊」的事情、又非常擔心會誤了班機。反戰人士早已從經驗中知道返鄉士兵的弱點，與世隔絕、又獨自一人的士兵就是在這種情境下，被反戰人士纏上並且羞辱一番。

返鄉士兵受到的指控都與殺人行為有關。這些曾以不同形式參與殺人行動的人，聽到折磨他們的人直呼他們是「殺嬰者」或「殺人犯」時，經常出現的反應是：自己為這個國家受苦、犧牲，沒想到國家竟然在他們「返鄉」時惡意指控他們，這種遭遇往往在這些人身上產生強烈的創傷，並留下明顯疤痕。當然，這也是他們會接受的唯一一次返鄉儀式。他們受到的最糟待遇是以公然挑釁與口水歡迎他們；而最好的「歡迎」則可以套用鮑伯．格林的話：「與漠不關心差不了多少的無所謂態度」。

從某個層面來說，每一個心理健全的人，只要他曾經執行、或幫助執行過殺人行為，就會認為自己的行為是「錯的」與「糟的」，因此他必須花好幾年時間合理化與接受自己的行為。但是許多寫信給鮑伯．格林的老兵在信中表示，他們以前從未對人提起自己的遭遇。這些返鄉老兵慚愧、默默地接受同胞的指控。他們在戰場上觸犯了最嚴重的禁忌，他們殺了人，他們在某種程度上覺得自己遭人吐口水、受到懲罰是罪有應得。當他們遭到公開羞辱卻無力反駁，只能接受眼前的事實時，他們的精神創傷也就更擴大、更深化。他們遭到羞辱、再加上自己也接受羞辱，成為自己內心最深的恐懼與內疚的罪證。

合理化與接受過程似乎在出現創傷後壓力症候群（PTSD）的越戰老兵（也許沒有出現 PTSD 臨床表現的老兵也包含在內）身上沒有發揮功能，相反地，否認過程在他們身上取代了合理化與接受過程。當一位參與越戰之前的戰爭的老兵被問到「你會不會因為殺人而覺得不安？」時，常見的回答是：「廢話！當然會……不然我怎麼能放下？」這是一位二戰老兵在二戰結束後，對羅伯特．哈芬赫斯特（Robert J. Havighurst）說的答案。但是，對遭到國家指控殺嬰、殺人的越戰老兵來說，被問到這個問題時，總是防禦心很重地說出一成不變的答案：「不會，我從來就不會覺得不安……總要習慣。」這是曼特爾

（D. M. Mantell）的書中記載一位越戰老兵的反應。我自己也聽過無數老兵對我說同樣的話。他們這種防禦性壓抑與否認自己的情緒，似乎就是導致PTSD的主要原因之一。

多重打擊帶來的痛苦

上述那些影響心理問題的每一種因素，對於參與越戰之前戰爭的美國老兵來說，三不五時也會遇上。但是，各種心理因素的排列組合對一群返鄉士兵造成這麼強烈的打擊，則是美國歷史上首見。南北戰爭結束後，南軍雖然戰敗，回到家鄉時還是受到普遍歡迎與窩心支持。韓戰結束後雖然沒有樹立紀念碑，遊行次數也數得出來，但是因為美軍對抗的是一支侵略部隊，而不是出自內部的反對勢力，而且當戰爭結束、美軍離開時，留給南韓的是一個自由、健全、繁榮、也對美國充滿感激之情的國家，所以韓戰美軍返國時，沒有人對他們吐口水，也沒有人斥責他們是殺人者或殺嬰者。只有越戰老兵必須忍受同胞有計畫、有組織的心理攻擊。道格拉斯·迪特瑪的這段觀察，充分顯示了來自同胞攻擊的方式與幅度：

> 反戰人士窮盡各種手段，只有一個目的：讓這場戰爭達不到效果。其中一個方法是篡奪許多傳統的戰爭象徵並據為己有。例如，將食指與中指比出V字型符號，傳統上代表「勝利」（victory），但是反戰人士卻說這個符號代表和平。在陣亡將士紀念日開車時開大燈，傳統

> 上意味對陣亡親友表示悼念，卻被反戰人士說成是要求政府結束戰爭。將舊軍服當成反戰服飾，而非服役的驕傲象徵。將表現勇氣的正當行為貶抑成類似霸凌的預謀殺人行為。歡迎返鄉的遊行沒有了，取而代之的是返鄉士兵在台上講述自己的戰場經驗。

一支作戰部隊遭受同胞多重打擊，承受這麼大的痛苦，這不僅在美國歷史上沒有前例，也許在西方文明歷史上，也是第一次。要是沒有這些打擊種下的苦果，我們今日哪能在越戰老兵身上含淚研究PTSD呢？

我相信每一位讀者都能夠發揮自己的最佳判斷力，將這痛苦的教訓適切應用於現在與未來的戰爭。但是我希望，每一個能夠理性思考的人，都不要否認，從現在開始，直到往後數十年、數百年，我們都必須不停記取從那場悲慘戰爭中得到的教訓。

第三十五章　「創傷後壓力症候群」與越戰殺人的代價

「創傷後壓力症候群」：越戰後遺症

我有一次對美國「猶太裔退伍軍人協會」紐約地區分會的領導人士簡報。我趁著簡報還沒開始，先在凱斯基爾（Catskill）山區的一間古老但仍不失宏偉的旅館享受猶太式蔬菜濃湯時，認識了克萊兒這位知道「創傷後壓力症候群」（PTSD）是怎麼一回事的女性。她二戰期間在緬甸擔任護士，目睹的人類苦痛少有人能及。她當時不以為意，但是等到波灣戰爭爆發，她就開始經常作惡夢，而且總是夢到無休無止的碎裂、變形屍塊。她得到的就是PTSD。雖然不嚴重，但還是PTSD。

我另有一次在紐約進行簡報，一位老兵的妻子在簡報結束後請我跟她與她先生聊聊。她先生曾經參與安濟奧（Anzio）登陸戰，並因此獲得美國表彰勇氣的第二高榮譽「服役傑出十字勳章」（Distinguished Service Cross）；他並且繼續擔任作戰任務直到戰爭結束。她先生在五年前退休，現在在家無所事事、看戰爭片，成天老是想著自己是個懦夫。他也是PTSD患者。

PTSD其實一直在我們身上，但是因為很久以後才會發作，發作時的行為又非常怪異，讓我們完全搞不清到底是怎麼回事。

「創傷後壓力症候群」是什麼？

越南是美國揮之不去的夢魘。對越戰老兵來說，這場惡夢到現在都沒有結束。這場戰爭一拖再拖終於以潰敗告終，也成為美國歷史上最長的戰爭。美國急於從戰敗的惡夢中甦醒，開始密謀將越戰老兵炮製成為代罪羔羊，將戰敗的重責轉移到他們的肩膀上。但是他們根本擔不起這個重擔。這些老兵被國家送去打仗，現在又被國家排斥，他們心中因此充滿了內疚與憎恨，從而產生了從未在過去戰爭的老兵身上發生的認同危機。

——D. 安卓德（D. Andrade）

美國精神醫學學會出版的《精神失調診斷與統計手冊》是這樣描述 PTSD：「經歷正常經驗範圍外的事件導致的心理創傷反應」。PTSD 的臨床表現包含：上述經驗不斷侵入夢境或回憶；情緒反應遲鈍；逃避社會性接觸；對於主動開展或持續親密關係感到非常困難或是沒有意願；睡眠不安穩。這些表現會進一步惡化為無法重新適應平民生活，導致酗酒、離婚、失業。這些表現通常會在創傷發生很長一段時間才出現，並且歷時數月，甚至數年都不會消失。

根據「美國傷殘退伍軍人協會」（Disabled American Veterans）的估計，出現 PTSD 表現的越戰老兵約有五十萬人；「哈里斯公司」（Harris and Associates）於一九八〇年的統計為一百五十萬人；以參與越戰美軍總人數兩百八十萬人換算，出現 PTSD 表現人數約在百分之十八至百分之五十四之間。

PTSD與殺人的關係

> 社會要求人民替自己作戰，就應該注意這些人的殺人行為可能很容易產生的後果。
>
> ——理查·荷姆斯，《戰爭行為》

琴妮·史鐵曼與史提夫·史鐵曼（Jeanne Stellman & Steve Stellman）為了要了解PTSD表現與士兵參與殺人階段進程的關係，於一九八八年在哥倫比亞大學以六千八百一十名隨機挑選的老兵為對象，進行了第一個將士兵參與作戰的程度量化的重要研究。他們兩位發現，PTSD患者幾乎都是參與高強度作戰的老兵。這些老兵出現離婚、婚姻問題、使用靜鎮類藥物、酗酒、失業、心臟問題、高血壓與潰瘍的

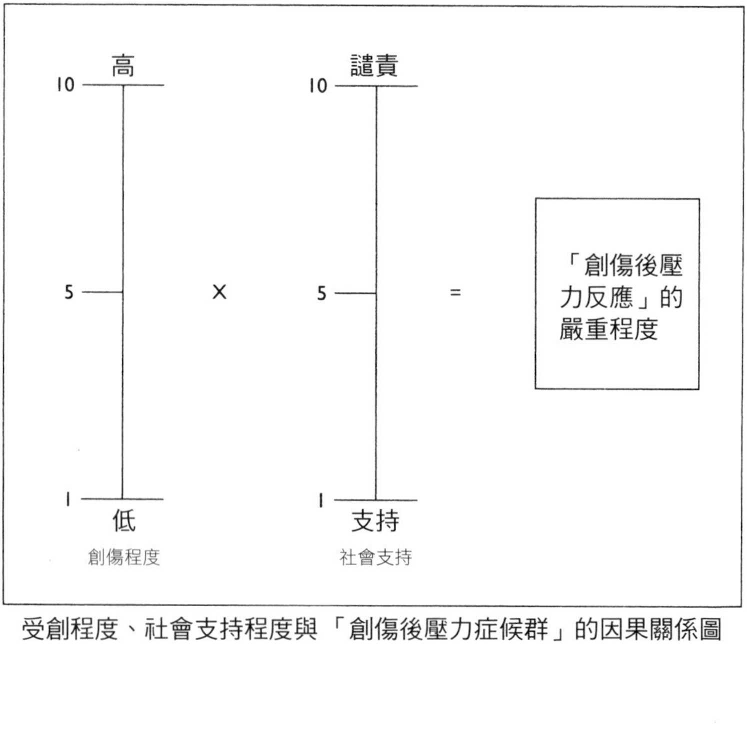

受創程度、社會支持程度與「創傷後壓力症候群」的因果關係圖

數量也很高。但沒有實際作戰經驗的越戰老兵與全程在美國服役的士兵相比，出現 PTSD 臨床表現的比例在統計意義上並沒有差別。

數以百萬計的美國青年在越戰時代都接受了制約訓練，目的是讓他們得以執行他們強力抗拒的行為。士兵為了要在社會將他們放入的環境中求勝、存活，制約訓練的確是必要的一環。為了求取戰爭勝利與國家生存，在戰場上殺敵或許有其必要。如果我們認為軍隊不可或缺，我們也必須盡全力打造一支能夠生存的軍隊。但社會訓練士兵克服了對殺人的抗拒心理，再將他放入他會殺人的環境，社會就有責任，明快、明智、並且道德地處理士兵殺人行為產生的結果，以及這種結果帶給士兵與社會的反作用力。但這並沒有在越戰老兵身上發生，主因是我們對殺人過程一無所知，對殺人過程的影響也漠不關心。

PTSD 與非殺人者：殺人者的從犯？

我有一次對某個州的「越戰退伍軍人聯盟」領導幹部進行簡報，簡要說明本書提出的假設。一位老兵對我說：「你提出的前提（制約訓練讓士兵產生殺人的心理創傷，社會的「歸鄉」儀式又讓創傷擴大）除了在殺人的士兵上看得到，也在幫助殺人的人身上看得到。」

說這話的人是大維。他是一位律師，曾榮獲該州「本年最優秀老兵」，也是該聯盟中一位表達能力清晰、活力十足的領導幹部。他解釋：「載彈藥到第一線的卡車駕駛回程時也要載屍體。越戰時扣扳機的人和幫助他的人之間根本沒有清楚的界線。」

另一位老兵接著用幾乎聽不見的聲音說：「這個社會也不在乎被他們吐口水的人有什麼不一樣。」大維說：「就像……你進來這個房間攻擊我們其中一個人，就等於攻擊我們所有人……社會、這個國家，就是攻擊我們所有人。」

大維的話的確有道理。那房間裡面的每一個人都知道，他說的不是越戰時不從事作戰任務的老兵，根據琴妮．史鐵曼與史提夫．史鐵曼的研究，這種人與全程在美國服役的士兵相比，在統計意義上並沒有差別。

大維指的是那些參與高強度作戰的老兵。他們不見得殺過人，但是卻身處殺人情境中；他們每天都必須面對因為他們參與作戰而產生的後果。

每一個研究都會出現兩個影響「創傷後壓力反應」嚴重程度的關鍵因素。第一個、也是最顯而易見的因素是初始創傷的嚴重程度。第二個因素比較不明顯，但是也絕對非常重要，即每一位受創人能夠得到的社會支持結構本質。在性侵事件中，我們已經明白受害者在訴訟過程中因為受到指控而產生的創傷嚴重程度，因此我們採取了一些法律措施防止、限制被告律師攻擊受害者。而在作戰時，創傷的本質與社會支持結構的本質之間的關係也是一樣的。

二次大戰退伍軍人的「創傷後壓力症候群」

創傷嚴重程度與社會支持程度是以加乘關係產生效應。假設有兩位二戰老兵，其中一人是廿三歲的步兵，曾親身經歷慘烈戰鬥、在近距離殺過敵人、懷中抱過被敵人在近距離以小型武器殺死的同袍。他承受的創傷，可能屬於創傷程度量表上最嚴重的那一級。

另一位二戰老兵是一位廿五歲的卡車駕駛（或是砲班、飛機修護單位、或海軍運補艦的艦務隊成員）。他服役期間盡心負責，但從未在第一線親身參與戰鬥。他雖然曾到過受敵砲擊地區（或是受敵轟炸、遭敵魚雷攻擊）幾次，但從未置身必須拿起武器殺敵的環境，也從沒有敵人真的對著他開火。但是他的確有同袍因敵人砲彈（或炸彈、或魚雷）攻擊而陣亡；他隨著盟軍戰線向前推進時，在戰線後方也的確不停目睹死亡與屠殺的痕跡。他的受創程度可能屬於創傷程度量表上最輕微的那一級。

二戰結束後，這兩位原本就同屬一個單位的老兵一起返鄉，同船的都是和他們一樣全程參戰的同袍。他們在船上的那幾個星期中，或打鬧、嘻笑、賭博、說自己的故事，讓自己冷靜、減壓。心理學家會稱這趟漫漫歸鄉路是一個高度支持性的群體治療環境。若是這群老兵對自己戰時的作為不安，或是擔心未來，他們眼前就有一個「同情群體」可以傾吐心事。吉姆．古德溫在他的書中描述，老兵偕同妻子，住在改裝自渡假旅館的復員分流中心兩個星期，目的是在有同袍陪伴的環境下，與家人盡可能重新建立良好關係。古德溫也發現，這些老兵的鄉親也已經透過觀看《一襲灰衣萬縷情》（*The Man in the Gray Flannel Suit*）、《黃金時代》（*The Best Years of Our Lives*）、《陸戰隊的驕傲》（*Pride of the*

Marines）等電影，做好了功課，準備幫助、了解他們。他們是打勝仗的軍人，當然有十足的理由自傲，他們的國家也替他們感到驕傲，而且也以行動讓他們知道國家以他們為榮。

這位步兵是少數能夠參加紐約市彩帶遊行的老兵。每一位參加遊行的老兵都會發牢騷，說自己才懶得理會這個「陸軍的屁事」，但是他們私底下都會承認，接受成千上萬民眾的歡呼，是他們人生值得高興的時刻之一，時至今日他們只要想起來當年的遊行盛況，依然會驕傲地微微挺起胸膛。

而那位卡車駕駛和大部分的返鄉老兵一樣，並沒有機會參加彩帶遊行，但是他應該會覺得老兵受到歡迎，自己也與有榮焉。到了下一次陣亡將士紀念日，他也在家鄉參加了由「美國退伍軍人團」舉行的紀念遊行。沒有人要求他參加那次紀念活動，但是他還是去了，原因是他想去。而且他以後每一次遊行都會去，就像他小時候看到家鄉的一次大戰老兵每年都參加遊行一樣。

這兩位老兵都與二戰同袍經常保持聯繫，並且在重聚或其他非正式聚會時也與昔日老戰友接上頭。這些活動都很好，但老兵們覺得最好的其實是他們能夠昂首闊步，他們也知道家人、朋友、社區、與國家對他們多麼敬重、又多麼以他們為傲。「美國軍人權利法案」（G. I. Bill）通過後，如果有政客、官僚或機構沒有給予老兵們應得的尊重，那麼，兄弟們，「美國退伍軍人團」與「海外作戰退伍軍人協會」就會用影響力與選票，讓那些人好好嚐嚐苦頭，他們才會學到尊重老兵的正確方法。

這兩位老兵得到的社會支持，可以列入社會支持量表的最高級。但並非所有二戰老兵都能得到這麼高的社會支持。此外，適應戰後返鄉的生活從來就不是一件容易的事，再好也好不到哪裡去。國家基本上也已經替他們盡了全力了。

請記住，受創程度與社會支持程度之間是加乘關係。這兩個因素會互相擴大彼此的效果。對那位步兵而言，代表他的高創傷經驗絕大部分（但也許不是全部）都被家鄉高度支持性的社會結構抵銷了。至於那位卡車駕駛，因為他承受的創傷非常輕微，也得到充分的支持，也許返鄉後還能夠應付作戰經驗帶來的創傷。那位步兵可能會以經常造訪「美國退伍軍人團」酒吧間的方式治療自己，但他就像大部分的其他老兵一樣，可能還能繼續一切如常地過日子，擁有完美、健康的生活。

越戰退伍軍人的「創傷後壓力症候群」

現在讓我們假設有兩位越戰退伍軍人。一位是十八歲的步兵、另一位是十九歲的卡車駕駛。那位步兵就像大部分的越戰士兵一樣是名補充兵，向部隊報到時一個同袍都不認識。後來他參與了一次大規模的近距離作戰，殺了幾名敵人。但他最難過的是那些敵人穿的都是平民衣服，其中一人還是個孩子，絕對不超過十二歲的孩子。他最要好的弟兄在一次作戰時陣亡，死在他懷中。他承受的創傷絕對是創傷程度量表最嚴重的那一級。他作戰的對象是穿著平民衣服的孩子、他作戰的區域根本沒有前後方之分，也根本得不到好好休息、暫時脫離戰場的機會。也許，他因此得到的創傷比前面一節的那位二戰步兵來得深，但是既然兩人都在創傷程度量表的最嚴重一級，這時去分辨誰比較更嚴重一些，也許根本沒有意義。

另一位越戰的卡車駕駛也是隻身一人到戰區報到。雖然他的職責和二戰的那位卡車駕駛相同，但是他身處的環境卻不一樣。他的戰爭沒有後方，他從沒有機會放鬆警戒，就算他不值勤的時候也必須保持警覺。運補車隊隨時會遭遇伏擊或誤觸地雷。那種日子彷彿就像二戰的「突出部之役」上演個不停，開進基地營的卡車就像「解救巴斯通」的援軍。他的卡車都以裝甲和沙包保護，而二戰的那位卡車駕駛當年也許從沒覺得有需要這樣做。他從沒有遇上需要朝任何人開火的時候，這是他運氣好的地方，但是，他也絕對無法排除會遇上舉槍射擊的時候，因此，他一定將上了膛的武器放在手邊。他還遭遇過幾次有人對著他的方向射擊。這位卡車駕駛也許在創傷程度量表上屬於受創程度較低的一級，只比二戰那位卡車駕駛高一點。

這兩位越戰退伍軍人返鄉時也和他們投入戰場時一樣，都是隻身一人。他們離開越南時既喜且愧。高興的是終於活著退伍，愧的是棄弟兄於不顧。他們返鄉時歡迎他們的不是慶祝遊行，而是反戰遊行；他們沒有住進豪華旅館，而是住進有警衛看守的軍事基地，等待數天辦理復員手續，期間不准外出。媒體沒有播放關於退伍軍人的電影，也沒有報導老兵的掙扎、重返平民生活時脆弱的情緒狀態。相反地，美國媒體告訴大眾這些返鄉軍人是「墮落的惡魔」與「攻擊性病態殺手」。美麗、年輕的電影明星帶頭指控他們是「嬰兒殺手、殺人者、屠夫」，這幾個全國響應的字，自此一直在老兵靈魂中迴盪。

他們被女友拋棄、被吐口水、被陌生人譴責。到了最後，他們甚至不敢對親近的朋友承認自己是越戰退伍軍人。他們不參加陣亡將士紀念日的遊行活動（這個遊行已經退流行了）、不參加「海外作戰退伍軍人協會」或「美國退伍軍人團」，也不參加任何與老戰友的重聚或聚會。他們拒絕面對自己的作戰經驗，將痛苦與悲傷掩藏在軀殼之後。

部分越戰老兵的家人或社區能夠保護他們不受影響，但是大部分的人卻都是一打開電視才發現自己被攻擊。甚至再平常不過的老兵也承受了前所未見的社會譴責。這兩位越戰退伍軍人在社會支持程度量表位於「譴責」的那一端。

請記住，受創程度與社會支持程度之間是加乘與擴大的關係。對那位越戰的卡車駕駛而言，他在越南得到的有限作戰創傷，與他後來承受的社會譴責之間發生相互作用綜合而成的整體經驗，很可能讓創傷後壓力在他身上比有近距離作戰經驗的二戰老兵還要容易發作。至於那位越戰的步兵經驗到的整體創傷，則根本是言語無法形容的。

作戰時發生的責任分散現象其實是一條雙向路。它能夠赦免殺人者要擔負的部分內疚，將責任分散到下達命令的指揮官，以及運補彈藥到前線、再載運屍體返回的卡車駕駛。也就是說，責任分散將一部分殺人者的內疚給了別人，這些人必定就會像殺人者一樣，非得面對這個內疚帶來的創傷不可。如果這些作戰殺人的「從犯」又遭到指控與譴責，那麼，他們承擔的那部分創傷、內疚與責任就會被放大，這些從犯的靈魂中就會產生震盪與恐懼，並且久久不去。

那位越戰老兵、沒有殺人的一般士兵，因此受到來自社會譴責而產生的內疚與痛苦折磨。越戰發生當時與越戰剛結束之時，我們的社會批判、譴責數以百萬計的返鄉老兵，說他們是殺人的從犯。就一個層面而言，許多、甚至大部分被嚇到、茫然的老兵接受這種由媒體推波助瀾、由不公不義的胡鬧法庭（kangaroo court）審判做出的社會判決是正義的。他們因此將自己封閉在最糟糕的監獄中，也就是心靈的監獄，一座稱為「創傷後壓力症候群」的監獄。

第三十六章　人類承受的極限與越戰的教訓

「創傷後壓力症候群」與越戰：社會衝擊的中心點

對前一章中那位越戰步兵來說，他返鄉後遭受的譴責放大了作戰經驗導致的創傷，造成了他起伏不定的恐懼情緒。這種情形是特殊歷史因果關係的產物，因此，造成西方文明史上前所未見的、大批士兵陷於恐懼情緒的現象。

雖然我的解釋模型只能大致反映老兵的遭遇，但是至少初步呈現了相關的作用因素。越戰與二戰或任何我們國家參與的其他戰爭都有明顯、並且令人吃驚的不同。這個過程的確傷害了許多越戰老兵。他們承受的可能是人類歷史上前所未見、也不會再見的傷害。但我仍要提醒大家，不要忘記 B. G. 柏克特（B. G. Burkett）的觀點。他在《失竊的勇氣》（*Stolen Valor*）這本非常重要的著作中表示，儘管承受了這麼多來自我們社會的壓力，沒想到他們還是活得不錯。

戰場殺敵與遭到反戰抗議人士吐口水、以及士兵的痛苦與 PTSD 這兩件事之間，存在著一連串的因果關係。而這些事件與因果關係帶起的漣漪，甚至好幾個世代以後的美國人都還能夠感受得到。

白宮「心理健康委員會」在一九七八年公布的報告中指出，大約有兩百八十萬名美國人在東南亞服役，其中一百萬人有實際作戰經驗或曾經身處危險、威脅生命安全的環境。退伍軍人事務部估計越戰老兵中只有百分之十五出現 PTSD，如果我們以這個保守比率作為計算基礎，那麼在美國就有四十萬人為PTSD所苦。另有統計則指出，越戰導致高達一百五十萬名老兵為PTSD所苦。

戰爭也許無可避免，但是我們必須開始了解戰爭可能要付出的長期代價。

戰爭的後果與教訓

> 人沒有辦法編織自己的生命網，他只是這張網的一股繩而已。他在這張網的作為最終都會影響自己。
>
> ——泰德．裴利（Ted Perry），以「西雅圖酋長」（Chief Seattle）之名發表

我們也許可以藉由訓練（也就是制約方法）增強一般士兵的殺人能力，但我們要付出的代價是什麼？金錢與生活根本無法與越南戰場上一具具陣亡士兵的屍體所付出的代價相比。我們可以以制約方法訓練士兵殺人，我們的確以這種方法訓練他們，而士兵也願意聽從我們的命令。但是我們訓練他們殺人時，卻沒有同時讓他們具備面對因殺人產生的道德與社會負擔的能力。我們必須考慮我們的命令引發的長期影響，這是我們的道德責任。我們訓練與調動士兵時，還必須同時替他們建立起道德方向與哲學指引，而這些方向與指引的基礎是紮實了解殺人的階段與過程。

我們付出了慘痛的代價，才認識現代戰爭對社會產生的可能影響。部隊指揮官、士兵的家人、以及社會都一定要了解，士兵非常需要認同與接受，非常需要不斷有人告訴他，他做的事情是對的、是

必要的；士兵也非常脆弱。他們也一定要了解，一旦無法以肯定或接受等傳統方式滿足士兵的需求，社會就會付出可怕的代價。我們花了廿年才滿足他們的需求，建造了「越戰紀念碑」、才允許越戰老兵遊行，讓他們「擦掉心靈的淚珠」，這真是國家的恥辱。

軍方也必須明白，戰時與戰後維持部隊向心力的重要。陸軍的新人事制度（也就是戰時調防以部隊為單位、而非僅補充個別士兵）已經朝著這個方向改進，也必須持續進行。此外，我們也必須了解士兵於戰後返鄉時的脆弱，他們需要先度過一段冷靜期，就像英軍在福克蘭群島戰爭結束後，搭乘船隻遠渡重洋返鄉一樣，接著還需要安排遊行以及繼續維持他們對原部隊的向心力。大致而言，我們在一九九一年波灣戰爭時似乎做得還不錯，而到了為時更久的阿富汗戰爭與伊拉克戰爭時，情況更見好轉。但是我們一定要確定，這些作法要能在未來的戰爭中持續下去。

心理學、精神病學、醫學、諮商、與社會工作等社群團體一定要明白戰時殺人對士兵的衝擊，也一定要想辦法進一步了解、強化本書各章概述的合理化與接受過程。琴妮．史鐵曼與史提夫．史鐵曼這兩位化學背景的學者在一九八八年進行了第一個針對作戰經驗與 PTSD 相關性的大規模研究。他們的研究報告指出，「絕大部分」退伍軍人求助於心理諮詢單位時，都無人詢問他們的作戰經驗，更不用說有人會問他們的殺人經驗了。

最後，我們必須開始對殺人行為的基本問題有所理解，不僅是戰時的殺人行為，還包含社會中的殺人行為在內。

個人感觸

「在那邊機槍旁邊那兩個他X的是誰？」我邊問邊從山丘邊上躡手躡腳地移回來。

「混蛋，查理[61]就在你前面，快把他們屁股轟掉然後走人。」

他們不知道我就在這兒，從他們的方向，只看到土丘邊上的矮樹叢……但我看他們可是清清楚楚。我的手肘碰到硬硬的紅磚上的時候，全身發抖、抽搐，我把槍管下移，準星對準其中一人的胸部。他是坐在最靠近機槍的那個人，他也會因此而死。

我耐心靜氣、慢慢扣下扳機，一邊想著：這樣死掉真是他X的爛透了！

子彈擊發的聲音聽起來就像砲彈發射的聲音一樣。目標倒地。一時間我還搞不清楚他是在躲避還是中彈了。然後我看到他的腳在抖動、身體抽縮，才知道他中彈，但還沒死。

他看到他臨死前的掙扎，整個呆住了，另一個人往南跑，躲到一片濃密的草叢中，我也根本忘記還要對他開槍。我跳過土丘，朝著那個垂死傢伙的方向跑過去，也沒在想我是要去幫他還是要解決他。我只知道我一定要看他一眼，看他長什麼樣子、他是怎麼死的。

我跪在他旁邊，看著他的生命流出身體、流進骯髒的塵土。我那一槍打中他的左胸、穿背而出。這時我聽到偵巡隊上其他人已經爬上土丘，不知道大喊大叫些什麼。我唯一聽到的

61 查理（Charlie）是美軍稱呼敵人的俚語，從越戰開始流行。

聲音是眼前這個死人的血不斷從他身上流出、浸濕泥土地的聲音。他還張著眼、臉孔還是那麼年輕，看起來那麼安詳。他的戰爭已經結束了，而我的才剛要開始。

他的傷口穩穩流出來血，在地上變成一個慢慢擴大的暗黑色大圈圈。他的生命拋棄了他，我覺得我也失去了自己的純真。我長途跋涉來到越南，現在我到了越南，卻不知道我能不能離開這個地方。我到現在都還不知道。

排上其他的弟兄已經走到另一個山丘上的開闊地了。我在營火邊上找了一塊草叢，激烈地吐了出來。

——史帝夫．班考，《失去純真的老陸》（*Green Grunt Finds Innocence Lost*）

這段記敘中有許多元素值得討論。透過本書創立的「殺戮學」，我們可以在這段紀錄中找出幾個殺人過程必經的關鍵過程，例如必須聽命殺人（權威的要求、責任分散）、找出最靠近機槍的那名敵方士兵（決定目標價值，以及藉著在兩名沒有立即危險的敵方士兵中找出威脅最大的一人，幫助殺人合理化過程得以進行），以及執行殺人行為後產生的強烈嫌惡情緒反應。

但是，這段回憶中讓我一直揮之不去的一段話是：「（我）卻不知道我能不能離開這個地方。我到現在都還不知道。」這兩句話一直糾纏著我。

這兩句話不是藍波式的陽剛表現，這是一位年輕美軍面對生命中最駭人遭遇的情緒反應。這位老兵，以及許多像他一樣的老兵，必須在一份全國發行的刊物上撰文表達對越戰老兵的理解與同情，才能自由表達自己對殺人的厭惡。對他們來說，寫作與發表可能是一個重要的宣洩管道。我相信，這些老兵撰寫這些回憶時，他們要表達的不是越戰是一場錯誤的戰爭，或是他們後悔自己的作為，他們只是單純地想要讓大家認識自己。

但他們不想讓別人把自己當成是不分青紅皂白的殺人者，也不是一把鼻涕一把淚、怨東怨西的人。他們希望別人理解自己也是人，是執行國家所賦予任務的人、是執行非常艱鉅任務的人。他們很驕傲自己能執行任務、也完美地完成任務。但是多半時候沒人感謝他們。

我為了撰寫本書時訪問了許多老兵。我做為一名退伍軍人、心理學家、以及一個人，總是被他們想要被理解與肯定，卻總是沒有辦法把這個期待說出口的心給感動。他們希望外界了解的是，他們的所作所為就是國家與社會賦予他們的任務，不多也不少；兩百多年來美國的每一位退伍軍人都光榮地完成任務，不多也不少。他們希望外界肯定的事情很簡單：他們每一個人都是個好人。

在我們進行到本書下一章「美國的殺人」之前，我要再一次對每一位信任我、告訴我他們故事的老兵說一次我已經說過很多次的事情：你們願意將自己的故事說給我聽，是我的榮幸。你們達成了每一個人的期望，認識你們是我的無上光榮。我希望我能透過你們的故事，讓大家更了解你們。

第八部 美國的殺人：我們對孩子做了什麼？

第三十七章　暴力病毒

以前我們的祖先站在洞穴外面，提防掠食動物的利牙與尖爪，似乎是一件再簡單不過的事情。現在我們必須時刻提防的邪惡就像是隻從我們內心深處跑出來的病毒，一路囓食，直到把我們啃蝕殆盡、把我們弄到發瘋為止。

——理查．海克勒，《追尋戰士精神》

問題的嚴重性

若是我們檢視從一九五七年以來在美國發生的謀殺案、加重傷害（Aggravated assault）案與監禁的關係，就會發現一些驚訝不已的事情。

美國聯邦政府出版的《統計摘要》（*Statistical Abstract*）中，將「加重傷害罪」定義為：「以槍擊、砍、刺、使人成殘、下毒、燙傷，或使用酸、爆炸物或其他方式意圖殺人或使人身體受到嚴重傷害為目的的攻擊行為。」此外，統計摘要中的「加重傷害罪」不包含「普通攻擊罪」。

由加重傷害罪的比例可以看出美國人試圖殺人的次數以非常高的比例攀升。還好有兩個主要因素擔負了社會止血帶的功能，抑制流血案件的發生，否則加重傷害罪的成長率在統計上就會成為謀殺罪的成長率。第一個因素是監獄中監禁的潛在暴力犯罪人數穩定成長。一九七〇年時，美國人口中每千人不到一人入獄，四十年後，每千人就有接近五人入獄。也就是說，美國公民的入獄人口成長了五倍，換算起來有兩百餘萬美國人在監獄服刑！普林斯頓大學的約翰·迪魯里歐（John J. Dilulio）教授相當肯定地指出，「數十個可信的經驗分析顯示……毫無疑問，入獄人口增長防止了數以百萬計的嚴重犯罪。」要不是拜超高入獄率（美國在全世界主要工業國家中排名第一）之賜，美國的加重傷害罪與謀殺罪比率恐怕還要更高得多。

另一個限制試圖殺人成功的主要因素，是醫學科技與方法的不斷進步。安東尼·哈里斯（Anthony Harris）與一群麻塞諸塞大學與哈佛大學的學者於二〇〇二年在《殺人研究》（*Homicide Studies*）季刊發表了一份具有里程碑意義的研究。這份研究的結論指出，從一九七〇年起的醫學科技成就，使得每四件謀殺案中有三件的受害人免於死亡。也就是說，如果今日的醫學科技還停留在一九七〇年代的水準，謀殺案的比率就會比今日高出三到四倍。

拯救生命的比例得以逐年提昇，受惠於項目繁多的創新科技與方法，以直升機進行傷患後送、設置九一一緊急聯絡電話、緊急醫療救護員、創傷中心等只是其中少數而已。對人員受傷狀況的回應、後送與治療都愈來愈快速且有效，就是防止謀殺案比率不至於升高數倍的決定性因素。

此外，也有人指出某一種傷勢，若在二戰時會造成十分之九的士兵陣亡，但到了越戰時代，得到同一種傷勢的士兵中，十人裡卻有九人可以存活；原因是一九四〇年到一九七〇年間，戰場傷患後送與醫療照護技術的大幅進步。更不要說一九七〇年以後相關科技與方法的發展更是一日千里。所以，要是今日我們的後送通報機制與醫療科技還停留在一九三〇年代的水準（當時大部分人都沒有汽車、電話，也沒有抗生素），謀殺率將會是十倍以上，甚至十倍可能還嫌保守。也就是說，試圖傷害他人身體的犯罪行為造成的死亡率會是十倍以上、甚至更高。

這種入獄人口逐年增加的情況，美國還能負擔多久？醫療科技的進步領先「加重傷害罪」增加的比率，又能持續多久？

我們就像《愛麗絲夢遊仙境》裡面的愛麗絲一樣，為了能夠留在原地，只能死勁地跑。美國的超高入獄率，以及將「先進醫療科技應用在拯救生命上」視為第一要務，是兩條在暴力充斥的環境中阻止人命損失的止血帶。但是它們只治了標，卻沒有治本。

問題的根本原因：國家的保險栓不見了

我們都知道，就像我們知道我們還活著一樣、非常確定地知道，人類正在自己的墳邊跳舞……

我們最容易犯的錯誤、也是最糟糕的錯誤，就是將眼前的茫然無助一股腦怪罪在戰爭科技上……其實，真正值得注意的是我們對戰爭的態度，以及我們發動戰爭的目的。

——關恩．戴爾，《戰爭》

暴力在我們的社會橫行的根本原因是什麼？我在另兩本著作《不要再教我們的小孩殺人》（*Stop Teaching Our Kids to Kill*，與葛洛莉亞．迪加賈諾 Gloria DeGaetano 合著）以及《論作戰》中，摘述了許多研究成果，顯示媒體呈現的暴力與社會出現的暴力確有關聯。我在此處談及此一議題，目的是應用本書討論的作戰殺人賦能模型與方法學，了解我們社會中暴力犯罪滋生的原因。從研究作戰殺人過程學習到的教訓，也許能對限縮與控制和平時期的殺人行為有所啟發。軍方那一套殺人賦能的學習過程應用在我們的青少年、選出來的越戰士兵身上既然那麼有效，那麼，同樣的過程是否也能一模一樣地應用在我們國家的平民身上？

暴力賦能要能發揮功能，主要倚靠三個主要心理機制：一，古典制約（如帕伏洛夫在狗實驗中觀察到的結果）。二，操作型制約（如史金納在老鼠實驗中觀察到的結果）。三，社會學習過程中，觀察與模仿替代榜樣得到的影響。

青少年在全國的電影院看電影，或在家裡看電視時，身處的環境類似反向的《發條橘子》[62]般的古典制約過程。他們看到的是鉅細靡遺地鋪陳人類受苦與受戮時的可怕景象，他們學習到的是將殺人和受苦，與享樂、自己最喜歡的無酒精飲料和零食，以及與約會對象親近和親密接觸連結起來。

我們的孩子現在玩的電玩遊戲裡面，可以看到運用操作型制約的射擊練習場，人形靶會不定時彈出，也會提供射擊者立即回饋，就和現代戰爭訓練士兵射擊的方式一樣。不同的是，越戰的青少年士兵的射擊訓練包含了「刺激識別」（stimulus discriminator）機制，目的是確保士兵只有在權威人士的的命令下才開槍，但青少年玩電動遊戲的制約過程中，並不存在這種保險機制。

最後，社會學習過程指的是，我們的孩子從小就學會了在一個全新的領域，觀察、模仿一些動態的替代榜樣，例如電影《十三號星期五》裡面的簡森、《半夜鬼上床》（*A Nightmare on Elm Street*）裡面的佛萊迪等角色、《吃人魔漢尼拔》（*Hannibal the Cannibal*），以及其他許多恐怖的虐待殺人者。而過去的傳統電影主角，例如守法的警察，時至今日也被塑造成會預謀殺人、性情不穩定的法外替天行道者。

相關因素不只這些。這是一個複雜的、互動的過程，所有在作戰時賦予士兵殺人能力的變數都會對這個過程造成影響。幫派老大與幫眾從事的是暴力行為、甚至殺人行為，他們要將個人的責任分散。與幫派的關係緊密與否、鬆散的家庭與宗教關係、種族主義、階級區別、可以取得的武器種類等等因素，都能在殺人者與受害者間創造形式不一的實際距離與情緒距離。我們再以影響殺人賦能因素的模型，應用在平民的殺人行為上，就可以看到美國的暴力之所以產生，就是因為所有這些因素交互作用的結果。

所有這些因素都很重要。禁藥、幫派、貧窮問題、種族主義及槍枝問題，都是使我們社會中的暴力激增的重要元素。但是禁藥一直都是問題，就好像戰時禁藥問題（酗酒等問題也是）也一直存在一樣。幫派也從來沒有消失過，就好像戰爭一直是以有組織的單位進行一樣。貧窮與種族問題一直都存在於我們社會中（過去往往更嚴重），就好像戰爭向來不放過操控宣傳、階級區別與種族主義一樣。槍枝問題也一直是美國社會的問題，就好像美國的戰爭向來少不了槍枝一樣。

在一九五〇年代與一九六〇年代，高中生會帶刀到學校，時至今日，他們改為帶槍到學校。但其實他們家裡面也總是有槍。雖然武器科技日新月異，但只要用一把鋼鋸，十五分鐘就可以把一支雙管霰彈槍鋸短成手槍。近距離作戰的時候，手槍的威力比起世界上任何武器都毫不遜色。一百年前如此，今日也是如此。

我們要捫心自問的問題不是：那些槍是從哪裡取得的？也許是從家中取得的，因為他們的家裡面也總是有槍。也許是透過街頭非法買賣取得的，說起來這要拜買賣非法藥物形成的文化之賜，在街頭交易槍枝就和交易非法藥物一樣容易。相反地，我們要捫心自問的問題是：現在的孩子帶槍到學校的原因是什麼？為什麼他們的父母唸書時不會帶槍到學校？這個問題的答案也許是：出現了一種系統性過程，摧毀了正常人自古有之、不以暴力傷害同為人類的心理禁忌。這是一個重要的因素，是一個在現代戰爭中、以及在暴力氾濫的當代美國社會中關鍵的、新的、不同的因素。我們像開啟槍枝保險一樣輕鬆、自在地拿掉國家保險栓的時候，難道也希望達到與開啟槍枝保險一樣的結果嗎？

廿世紀的最後廿年，十五到十九歲的男性死於殺人犯罪的比例增加了一點五倍。雖然醫療科技的

62 Clockwork Orange，英國作家 Anthony Burgess 一九六二年的小說，於一九七一年改編為電影，由 Stanley Kubrick 執導。

質與量不斷進步、我們也從沒放棄應用這些進步科技，殺人犯罪致死依然高居十五歲到十九歲男性死亡原因第二名。若只統計同一年齡區間的黑人，則高居第一名。美聯社報導這則新聞的標題是：「高殺人比率消滅了一整個世代的年輕人」。媒體報導還真難得有一次不聳動。

越戰時靠著減敏感、制約與其他系統性訓練方式，讓士兵的射擊率從二戰期間的百分之十五至百分之廿，提升到歷來最高紀錄的百分之九十五。時至今日，類似的系統性減敏感、制約與替代學習，則替美國帶來了一種傳染病、一種暴力病毒。

讓越戰士兵的射擊率成長四倍多的工具，現在廣為我們的平民人口運用。軍方才剛剛開始了解這些工具對他們自己與部屬造成的影響。如果我們對軍方運用這些確保士兵作戰時

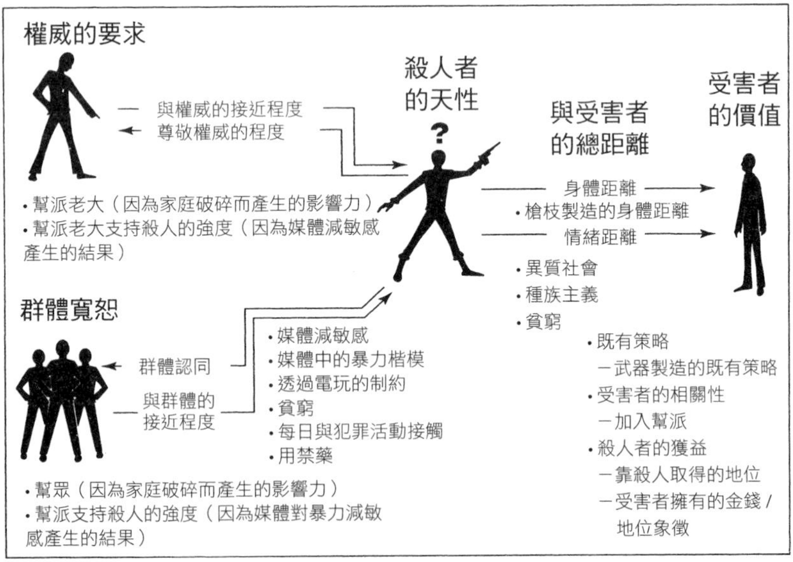

美國殺人賦能的因素

能夠存活與成功的機制有所保留，那麼，對於將相同的機制應用在我們孩子身上的這件事，我們又應該多關心多少？

第三十八章　電影中的減敏感與帕伕洛夫狗

我大喊：「殺！殺！殺！」一直喊到喉嚨沙啞了才停。我們在刺刀對打與徒手搏擊課程時，一定會喊「殺！殺！」我們行進時，也會唱類似的歌：「我要當一名空降遊騎兵……我要殺越共。」我十六歲就不殺小動物了。我那時打傷了一隻松鼠，再補一槍幫牠解脫時，牠在地上用兩隻黃褐色、溫柔的大眼睛看著我。我把槍清乾淨以後，就再也沒有拿出來過。到了一九六九年我被選中（到越南），心中忐忑不安。我也不關心越共到底做了什麼。但是等到基本訓練結束時，我覺得自己已經準備好，隨時可以殺他們了。

——傑克，越戰老兵

軍方使用的古典制約方法

華生（P. Watson）在其著作《控制心靈的戰爭》（*War on the Mind*）所揭露的祕辛中，最值得注意的是美國政府當年曾經以制約方法訓練殺手。美國海軍的精神科醫生納魯特（Dr. Narut）中校告訴華生關於他運用古典制約與社會學習，訓練軍方殺手克服對殺人的抗拒心理。納魯特說，這種訓練的執行方式是將訓練對象置入「象徵模仿」（symbolic modeling）的情境中，包含「觀看以激烈暴力方法殺人或傷害人的特製影片。這些儲備殺手一開始會感覺強烈不適，而訓練的目的是他們最終能把自己的情緒與影片呈現的情境分離。」

納魯特接著說：「這些人除了學習射擊之外，還接受一種特殊的訓練，目的是降低殺人產生的不舒服感覺。他們的頭部被夾具固定，因此無法轉動，眼皮則用一種特殊工具撐開，因此無法閉眼。然後以噁心程度逐漸升高的順序，放映一系列毛骨悚然的影片，強迫他們觀看。」用心理學的術語來說，這種逐步降低抗拒的方法，就是一種稱為「系統性減敏感」的古典（帕伏洛夫）制約方式。

《發條橘子》這部電影中呈現的制約方式，是在主角觀看暴力電影時注射會產生噁心感覺的藥物，製造厭惡與暴力之間的關聯，最後達到當事人對暴力產生厭惡感的目的。但是納魯特中校的訓練並沒有使用會產生噁心感覺的藥物，相反地，受訓學員若是能克服自己天生的噁心感，則會得到獎賞。因此，他的訓練達到的效果剛好與電影呈現的情節相反。美國政府否認納魯特中校的說法，但是華生透露，有另一位人士告訴他，納魯特向這位人士訂購了一批暴力電影，由此第三方證據可證明納魯特的說法為真。倫敦泰晤士報後來也報導了納魯特的故事。

請記得，減敏感是現在作戰訓練項目中運用在殺人賦能的一個重要元素。本章一開始引述越戰老兵傑克的經驗，就是減敏感與讚美殺人的例子，這種方法也逐漸成為作戰基礎訓練的一部分。我在一九七四年進行基本訓練時，就唱過很多類似的軍歌與答數。其中一個只比其他大部分答數更極端一些的連續答數是這樣唱的（左腳踏地時喊一句）：

我要

姦

殺
搶，和
燒，還要
吃掉
死嬰。
我要
姦
殺
（以下連續重複）

美軍現在禁止以這種方式減敏感，但是數十年來這種方式是在基本訓練期間，將男性青少年減敏感與教導他們狂熱追求暴力的主要機制。

電影中的古典制約

如果我們認為納魯特中校的訓練方式有可能收到效果，如果我們對於美國政府甚至考慮過對我們的士兵進行這種訓練感到厭惡，那麼，我們為什麼可以容許全國數以百萬的孩子也經歷同樣的制約過程？當我們讓愈來愈生動的痛苦與暴力情節以娛樂之名讓我們的孩子觀賞時，不就是在容許他們經歷同樣的過程？

這一切從純真無邪的卡通開始。隨著孩子長大，電視上也出現數不清、無數的暴力畫面，接著，暴力的門檻因為電視競相追逐收視率而逐漸降低。等到孩子到了一定年紀，就可以到電影院觀看列為PG-13級[63]的電影，因為這些電影裡面只出現一點點濺血、被砍下的肢體或是子彈傷口等一定程度的暴力情節，符合PG-13的分級標準。接著呢，父母或因疏忽、或甚至也願意讓孩子觀看R級[64]電影。這些電影因為含有肢體分離、噴血的長鏡頭，或有刀子刺穿身體，或子彈從身體後方穿出、傷口爆裂、血液與腦漿四濺的鮮活畫面，因而被列為R級電影。

最後，我們的社會規定，青少年十七歲的時候可以合法觀看這些R級電影（雖然大部分青少年早在十七歲前就看過了），到了十八歲則可以觀看比R級限制更嚴格的電影。在這些電影中，多半時候，出現栩栩如生的挖眼珠畫面還算是最不噁心的小兒科情節。十七、八歲這段可塑性最高的年紀，正是傳統上軍方對士兵施行殺人教育的時期，而從小就在系統性減敏感環境下長大的美國青少年，也同樣在這個年紀進一步接受了暴力文化的洗禮。

在這種令人毛骨悚然、恐怖畫面愈來愈鮮明的「娛樂」中的反英雄，例如吃人魔漢尼拔、傑森和

63 美國電影分級之一，指該電影可能有家長認為不適合十三歲以下孩童觀賞的情節。
64 限制級。

佛萊迪，都是一群病態、殺不死的人，沒人懷疑他們是邪惡的，他們的反社會人格也應該被處以刑罰，但這種娛樂卻環伺在我們的青少年與成人周遭。這些角色與早一代的恐怖電影中具有異國情調、神祕、又遭人誤解的壞人角色如科學怪人、狼人完全不同。早期的恐怖故事與電影製造的恐懼雖然非常真實，但卻藏在潛意識中，而且是靠著如德古拉伯爵這種存在於神話中、不真實的角色具象化，然後再安排一支木樁穿刺心臟的情節，神奇地將恐懼「辟除」。但是現代恐怖故事與電影製造的恐懼，是靠著將你我隔壁鄰居一樣的真實人物具象化而達成，甚至連我們的醫生在電影中都可能是惡棍。更重要的是，吃人魔漢尼拔、簡森和佛萊迪在電影中是不會死的，更不要說遭到辟除了。相反地，他們會一而再、再而三地回到情節中。

就算在殺手不是反社會人格者的電影中，一再出現的情節公式是一開場就鮮活呈現壞人對無辜者做出一些可怕的行為，讓後續暴力報復的劇情合理化。而主角多半與受害者有某種關係，讓主角隨後展開的私刑報復（以同樣鮮活生動的方式呈現）站得住腳。

我們的社會就這樣創造了一大盤促使一整代美國人享用後可以獲得殺戮能力的大餐。製作人、導演與演員窮盡想像力，以鉅細靡遺的方式描述無辜的男女與小孩被刺殺、槍殺、虐待或折磨。他們催生出最暴力、可怕及恐怖的電影，並因此獲得了可觀的酬勞。他們讓這類電影既暴力又有娛樂效果，同時讓（多半是）青少年觀眾享用甜點與飲料、讓他們能夠結伴觀賞，男女朋友還能夠在電影院產生親密的肢體接觸。青少年觀眾因此建立起這些獎勵與看到的電影內容之間的關係。

觀眾在銀幕上出現可怕情節時閉眼或轉頭不看而被人瞧不起或羞辱，多半是群體壓力發揮作用。

青少年的同儕團體對於能夠實踐好萊塢標準，也就是面對暴力不為所動、依然故我的人，通常會投以尊敬與羨慕。這種壓力實質上等於腦袋被一個心理夾具固定而無法轉動，而社會壓力又撐開他們的眼皮，使得他們無法閉上眼睛。

我在西點軍校與阿肯色州立大學講授心理學課程，談到這些電影以及上述的心理反應過程時，經常詢問學生，當電影中呈現的壞人角色以某種特別恐怖的手法殺了一位無辜角色時，觀眾的反應是什麼？學生們一成不變的答案是：「大聲叫好」。也就是說，對於這種劇情呈現出的傷害本質，我們的社會處於一種否認的狀態，但是，這些劇情的影響效率、製作品質的精良以及影響的範圍，其實遠超過「發條橘子」與美國政府在訓練士兵上的付出；後者的效果根本相形見絀。納魯特中校作夢也想不到，我們的社會在靠著減敏感與制約方法而讓人民擁有殺人能力這件事上，可以達到這種成就。如果我們的目標很明確地是要培養一整代人成為橫行無阻、不理會政府、也不會對受害人心生憐憫的殺手與殺人者，那麼，我們現在的成就就已經好到沒有再進步的空間了。

在影視出租店的恐怖片區中看到的封面，一定有露胸（往往是血跡斑斑的胸部）、挖空的眼眶，以及支解的屍體畫面。一般來說，許多出租店根本不陳列列為X級、封面比起恐怖片還比較不露骨的電影，就算有，也是放在一個專門陳列成人片的房間。相反地，恐怖片卻放在每一個孩子都看得到的地方。難道，活女人露胸是禁忌，卻可以容忍大卸八塊的露胸屍體出現在眼前？

墨索里尼與其情人當年遭到公開處決，兩人屍體並被倒吊示眾。其情人的裙子因此遮住了頭，露出大腿與內褲。群眾中一位美軍士兵看不過去，上前將裙襬塞到她的雙腿間。這個動作顯示了他對死者的尊重。她或許死有餘辜，但是她死後不應該再受到這種污辱。

我們在哪裡丟掉了這種尊重死者的得體行為？我們怎麼會變得麻木不仁？這個問題的答案是，系統性的減敏感已經讓我們的社會對他人的痛苦與苦難無動於衷。我們也許覺得，八卦小報與電視節目煽情報導受害人的故事，會讓我們對他人的苦痛更加在意，但實情是，因為這些媒體年復一年地必須發掘更奇怪、聳動的新聞，以滿足胃口更大的讀者，所以這些報導的效果反而讓我們減敏感，並將這些新聞瑣碎化。

我們現在正處於減敏感的時代，受苦承痛在這個時代成為娛樂的素材、一種替代的樂趣，而不會讓我們感到不舒服。我們正在學習如何殺人，同時也在學著如何喜歡殺人。

第三十九章　史金納的老鼠與電玩場的操作型制約

我在新兵訓練中心受訓的時候，有一次上單兵戰鬥教練課。他們說，一旦遇襲，就要立即轉左或轉右九十度，敵火從哪裡來就轉到哪邊，然後展開攻擊。我當時聽到的反應是：「老天，誰這樣做誰就是瘋子。我可不幹，哪有這麼蠢的事情！」

我們第一次遭遇敵火時……我們都很自動地照做了，那感覺就像你想知道幾點就看錶一樣自然。我們轉身向右，對著一座小山展開攻擊，一座有水泥碉堡、機槍和自動武器的強化陣地。而且我們也攻下了那座陣地。我們殺了——我估計大約有卅五名北越軍吧。我們自己則有三人陣亡……

這種事情我想你也懂，受訓時他們教你這些事情的時候，你覺得根本是鬼扯，要等真正用到的時候，才知道不是這麼回事。但是，這些都在你的腦袋裡面。打個比方吧，這就像開車的時候看到「停」的標誌一樣的反應，都在腦袋裡面，然後自動反應。

——越戰老兵，引述自關恩．戴爾，《戰爭》

軍方以制約方法訓練的殺人者

世界主要國家的陸軍，都在各自的訓練基地將自己的青少年盡力轉變成殺人者。這對於受訓士兵心智的「影響程度」是一面倒的：各國陸軍已經花了好幾千年琢磨這套技藝，但他們施訓的對象只有不到廿年的生活經驗。這套技藝基本上是公開、行之有年、互動的過程，在美國今日全徵兵制的陸軍尤其如此。美國陸軍士兵靠直覺就知道自己一旦進入訓練中心會面對什麼情境，而且一般而言，也會配合「遵守遊戲規則」，克制個人的個性與青少年時期的衝動；而陸軍也會系統化地運用國家擁有的各種資源與科技，訓驗士兵擁有在戰場上殺人與存活的心理與技術能力。這種科技的運用在全世界最現代化的軍隊中已經更上一層，靠的就是結合操作型制約與傳統訓練方法而達成。

由 B. F. 史金納首倡的操作型制約是一種比古典制約更先進一級的學習方法，通常可見於鴿子與老鼠的學習實驗中。史金納的操作型制約實驗給人留下的印象是一隻老鼠在箱子中，學到只要壓下一根桿子，就可以得到食物顆粒。他不相信佛洛伊德與人文主義者關於人格發展的理論，相反地，他認為所有的行為都可以靠施行獎懲塑造。對他而言，兒童是一塊白板，只要能夠及早對兒童的環境施予適當控制，就可以在這塊白板上自由發揮。

現代士兵訓練時，不是朝著一個圓形靶開槍，而是在指定射界內，朝著每隔一小段時間就會彈出的人形輪廓靶射擊。士兵透過這種方法學習到他們接敵的時間只有不到一秒鐘，而一旦擊中目標，人形靶就會倒下，他們的行為就立即獲得強化。如果他們擊中的人形靶夠多，就可以得到優秀射手徽章，多半還再加上三天榮譽假。士兵在步槍靶場以這種方式通過射擊訓練後，就可以學習到一種稱為「自動作用」（automaticity）的制約反應，從此他遭遇類似的刺激時，就會以學習到的方式做出制約反應。這種過程看起來很簡單且基本，但是有證據指出，美軍在二戰時期的射擊率只有百分之十五至百分之廿，到了越戰卻提升到百分之九十至九十五，關鍵因素之一就是採用了這種訓練方法。

電玩場內的制約

兒童在電動玩具場內張大著嘴巴，專心拿著機槍對著銀幕上不時彈出的電動目標射擊。每次當他們扣扳機，手中的武器就會振動，耳中則聽到子彈呼嘯而去的聲音。一旦他們擊中他們瞄準的「敵人」，就會看到敵人倒地，多半時候還聽得到慘叫，看得到四處飛濺的肢體碎片。

在電動玩具場與軍事訓練基地發生的殺人賦能過程有一個非常不同的地方：軍方訓練的重點是針對敵人，並且特別要求士兵只能依照權威人士的要求行動。而就算有了這些保險措施，我們還是不能忽視軍隊這個暴力群體中可能會出現重現美萊村屠殺事件的士兵。我們在本書第五部「殺人與暴行」中討論過，美國軍方已經採取廣泛措施，希望在未來的戰爭中能夠控制、限制部隊的暴力行為，同時設置士兵宣洩暴力情緒的管道。但是我們的孩子透過電動遊戲進行作戰訓練時，即使打錯目標，也不會得到真正的懲處。

我並不是反對所有的電動遊戲。電動遊戲是一種互動媒介，功能是鼓勵從錯誤中學習，並發展系統性解決問題的技能；此外，電動遊戲還能夠培養遊戲者規畫、繪圖定位與延遲滿足感的能力。從小在電影與電視劇中長大的父母，看到兒童玩馬利歐兄弟一玩就是好幾個小時，也許會不以為然，但其實這正是重點。兒童玩電動遊戲的時候是在解決問題，以及克服刻意安排、不合理且模糊不清的指示。

他們會交換破關祕笈、記憶過關路線並繪製地圖。他們花時間努力的目的是享受最後通關的滿足感。此外，電動遊戲沒有廣告：沒有甜食產品的挑逗、沒有暴力玩具的慫恿；電動遊戲也不會因為他們穿錯鞋子或衣服，就指責他們是社會的失敗者。

我們也許認為，孩子應該多讀書、多運動或多到外面玩玩，與真正的真實世界互動，但是電動遊戲比起大部分的電視節目，其實更應該獲得父母的青睞。然而，另一方面，電動遊戲卻也可能是一種學習暴力的最佳媒介。電動玩具包裝這種暴力的方式，與促成現代士兵射擊率提升四倍的包裝方式是一樣的。

我主張電動遊戲是一種暴力賦能的方式，並不是指打爆怪獸腦袋或是調動劍客或箭手殺死怪物的遊戲。有一種電玩是銀幕上不時會出現幫派分子朝著玩家開火、玩家則以搖桿操縱銀幕上的準星殺死他們，這種遊戲是否能真正賦予玩家從事暴力行為的能力，還有待商榷。但是另有一種玩家手持武器、對準銀幕上人型目標射擊的電玩，就絕對能夠賦予玩家從事暴力行為的能力。

真實程度與暴力賦能程度之間，的確存在直接的連動關係。最真實的電玩是玩家射擊敵人時，銀幕上出現一塊塊血肉橫飛屍體畫面的遊戲。

另外還有一種以西部拓荒為背景，非常不一樣的遊戲。一面大螢幕上放映從電影中擷取的片段，當螢幕上出現歹徒時，站在螢幕前面的玩家就以手槍射擊。這種遊戲與「射或不射」的訓練方法是相同的。「射或不射」是美國聯邦調查局以及全國各地警局採用的射擊訓練方式，目的是開發警員射擊正確目標的能力。

「射或不射」是於一九七〇年代引進的訓練計畫。當時美國暴力犯罪激增、警員死亡率攀高，原因是警員遭遇實戰狀況時，往往因為猶豫而錯失射擊時機。我們當然可以看得出來這個拯救了警員與無辜路人生命的訓練計畫就是一種操作型制約的形式，因為警員如果在錯誤的時機開槍，就會受到嚴厲的懲處。因此，「射或不射」訓練除了賦予警員行使暴力的能力外，同時也限制了他們使用暴力的能力。但是在電動遊戲場中，卻沒有相應的懲處措施以限制暴力，那個環境只賦予了孩童行使暴力的能力。

這還不是最糟的。電玩和電影一樣，呈現的暴力與死亡愈來愈真實。電玩現在已經進展到玩家戴著頭盔、眼睛看著頭盔內螢幕的虛擬實境世界。玩家此時就像置身於影像世界一樣，眼前的螢幕畫面隨著頭部動作而變化，並以手中的槍枝或刀劍射擊或砍刺周遭不時出現的敵人。

《未來的衝擊》（*Future Shock*）作者艾文·托佛勒（Alvin Toffler）說，「操控真實也許可以讓我們享受到更多刺激的遊戲與娛樂，但是操控真實不是虛擬實境，而是偽實境的替代品。由於偽實境非常狡猾，未來公眾的警覺與懷疑將因此升高到任何社會都無法容忍的地步。」將來每一部受歡迎的暴力電影中所有的流血與暴力場面，都有可能拜「偽實境」之賜而得以複製。唯一不同的是，屆時遊戲玩家才是這種實境中的主角、殺人者、手刃數千人的人。

B. F. 史金納認為，他可以透過操作型制約，將任何孩子變成想要變成的任何東西。美軍在越戰中成功地運用操作型制約，將青少年轉變為全世界前所未見、最有效率的戰鬥部隊，證實了史金納的說法至少部分為真。而美國似乎也準備運用史金納的方法，將我們轉變成一個極端暴力的社會。

第四十章　社會學習與媒體呈現的榜樣

新兵訓練中心的目的，是為了打破新兵過去的觀念與看法、打破他的老百姓價值觀、改變他的自我認知——也就是讓他完全服從軍事體制。

——班．夏立特，《衝突與作戰心理學》

古典（帕伏洛夫）制約可以在蚯蚓身上發揮效果，操作型（史金納）制約則可以在老鼠與鴿子身上發揮效果。但是還有第三個層次的學習方式，可以說只有靈長類與人類才能學習，稱為社會學習。

就第三個層次的學習而言，最有效的形式主要是觀察和模仿。社會學習與操作型制約不同之處在於，學習者不必非要靠直接強化的途徑才能產生學習行為。也就是說，學習者可以透過觀察某個榜樣因為某個行為得到獎勵，而學習該行為，並且形成態度與看法。此處榜樣的範圍包含電視節目、電影與電玩中的角色。研究社會學習的重點是要了解某位特定人士具備哪些特質才能成為榜樣。

學習者尋找潛在榜樣的途徑包含：

- 替代強化：學習者觀察榜樣接受強化的過程與產生的結果，從而感同身受。
- 與學習者的相似度：學習者觀察到自己也有榜樣身上的一項關鍵特質。
- 社會力量：榜樣有給予獎勵的權力（但不一定會獎勵）。
- 地位羨慕：學習者羨慕榜樣從他處得到獎勵。

分析上述各項途徑，不僅可以幫助我們了解士兵接受軍事訓練、學習行使暴力行為的能力時，教育班長如何扮演榜樣的角色，還可以幫助我們了解新型態的暴力榜樣廣受美國年輕人喜愛的原因。

新兵訓練時的暴力、榜樣與教育班長

從現在起我就是你們的媽媽、爸爸、姊妹、兄弟。我是你們最好的朋友、也是最可怕的敵人。我每天早上會叫你們起床，晚上會幫你們蓋被子、說晚安。我說青蛙，你們就給我跳；我要你們去撇條，你們只能問：「什麼顏色？」了解了嗎？

——G教育班長，加州歐德堡，一九七四年

有任何一位老兵，眼睛閉起來的時候，腦海裡不會清楚浮現他的教育班長長什麼樣子嗎？我這一輩子，前前後後總共有一百多人，從老闆、老師、教授、教官、班長到軍官，在我生命的各個階段教導過我，但是沒有一個人像G教育班長在一九七四年那個寒冷的早上說的話一樣，對我產生那麼大的影響。

全世界的軍隊長久以來都了解社會學習在開發士兵攻擊性這件事情上扮演的角色。達成這個目標的地點向來都是新兵訓練中心，工具則一直都是教育班長。教育班長就是榜樣，而且是終極榜樣。他們是經過嚴格挑選、訓練與培養出來的榜樣，他們的工作是不厭其煩地將攻擊與服從這兩種軍人價值觀灌輸給新兵，他們也是偏差或有劣勢背景的年輕人一旦進入部隊服役必然會得到正面影響的原因。

教育班長也一定是功績出眾的老兵。受訓新兵不僅非常羨慕，也希望自己將來同樣能得到班長獲得的榮耀、肯定與權力。教育班長在受訓的年輕士兵身處的環境中擁有無上與全面的權威，也就是說，他擁有社會權力。教育班長的外表和他受託照顧的士兵一樣：他也穿制服、剪一樣的髮型，也服從命令。他做一模一樣的事情，但是，他做得就是比較好。

教育班長教導新兵的是，肢體攻擊是男人本色，而士兵若要在戰場上解決問題，一個有效、也符合期待的方法就是暴力。但我們還必須了解一件非常重要的事情：教育班長也教導新兵必須服從。在新兵訓練期間，教育班長絕不會容忍士兵擅自揮拳攻擊或開槍射擊，就算是士兵的空槍指錯地方或是在錯誤時機舉起拳頭，也會遭到最嚴厲的懲罰。沒有國家會容忍士兵在戰場上不服從命令，作戰時拒絕服從命令絕對會造成失敗與自取滅亡的後果。

這個已經歷經數百年、也許上千年考驗的學習過程，是保證士兵在作戰時能夠存活且願意服從的基礎。教育班長在越戰時期將殺人與暴力美化的力道可說前所未見，這是我們刻意如此、也是處心積慮如此的結果。只要我們的軍隊存在一天，我們又希望我們的兒女能在未來的戰爭中活命，就必須以某種形式繼續供應適當的榜樣。

榜樣、電影與新的主角類型

如果「青少年的心智容易揉捏，所以更好操控」是必要之惡，我們勉強、有所保留地同意將它用在作戰士兵身上，那麼，如果我們看到這種方法一視同仁地應用在全國青少年平民身上，又應該作何感想？我會問這個問題，是因為今天我們的社會就是透過娛樂產業創造的榜樣做這種事情。教育班長教導、並且以身作則讓新兵知道攻擊行為必須要服從法律與權威。但好萊塢的新榜樣教導青少年的攻擊行為卻不必接受法律拘束。教育班長只會在新兵身上造成一次性的巨大影響，但媒體造成的集體影響卻是終生的，也很可能比教育班長對新兵的影響還要大。

電影製造偶像的過程中，會對社會產生負面影響，這是長久以來眾所皆知的事情。舉例來說，三K黨重新崛起是受到電影《國家的誕生》（*The Birth of a Nation*）的影響，這種說法很多人相信、也相當有根據。但是一般而言，黃金時代的電影工業依據一種正式、自律的準則運作。當時好萊塢不必找證據，憑直覺就知道自己可能會產生壞影響，因此藉著製造正面偶像的方式負起社會責任。以前的戰爭、西部與偵探電影中，主角只會在法律權威下執行殺人行為；要是他們逾越法律，就會遭到懲處。而壞人在電影結束時，也絕對不會因為行使暴力行為受到獎勵，他的犯罪行為也一定會受到正義裁判。當時的電影要傳達的訊息很簡單：沒有人可以高於法律、犯罪得不償失、社會只會接受法律限制範圍內的暴力行為。當時的電影主角會因為服從法律，並以透過法律容許的管道發洩復仇欲望而得到獎勵。電影觀眾認同主角的行為，電影出現主角行為得到強化的情節時，也會在觀眾身上產生替代強化效果。觀眾走出電影院時，自我感覺良好，覺得眼前是一個公正、法治的世界。

但今日電影中出現了一種新的、在法外行事的主角。報復是比法律更古老、黑暗、返祖、也更原始的觀念。這些新類型主角的行事動機多半出自於服從復仇諸神而非法律，他們並因此得到獎勵。而哥倫布高中槍擊案、維吉尼亞理工學院槍擊案與奧克拉荷馬市爆炸案，就是這種美國社會新復仇崇拜現象開花結果的影響。如果電影銀幕是一面鏡子，鏡中反映出來的一個現象是，這個國家已經從法治社會退化為暴力、私刑、與報復的社會。

美國的警察似乎不能遏制自己的暴力、人民也開始知道不要信任警察，這兩個現象的原因都是娛樂產業。看看電影銀幕上的偶像、看看伴隨警察從小到大的典型偶像是什麼樣子。克林．伊斯威特所扮演、視法律為無物的「法外哈利」（Dirty Harry）已經成為新一代警察的典型。而電影觀眾在好萊塢鏡頭前看到新一代警察違法執行報復行為卻可以得到獎勵時，自然也會感同身受，產生替代獎勵的滿足感。

復仇心切、無視法律的偶像一個接一個出現在電影銀幕上，觀眾的替代強化滿足感也一次又一次產生。我們的社會把猙獰的反社會人格者當成榜樣，就是靠這種類型電影打下基礎。這種新的榜樣類型不僅是殘暴的殺人者，多半時候還具備超自然能力。而電影畫面中則鉅細靡遺地呈現他虐待、殺害無辜受害人的情節。

在這種類型的電影中，受害人遭到殺害或虐待並不是因為他們犯了罪，通常是由兩種原因造成：一是他們冷落他人或將社會歧視強加在他人身上；二是他們屬於這類型電影的主要目標觀眾、也就是青少年族群看不起的社會群體或階級的一分子。因此，一般來說，受害人角色在電影中死有餘辜是可以接受的。

而電影觀眾在自己的真實生活中也許就是被社會冷落或奚落的那種人。對他們來說，電影中的殺人情節就是替代自己殺人，也就是在他們身上產生了強化效果。而在真實生活中，美國的年輕人與幫派也學會了自己執法，在奚落自己的人身上執行「正義」。這就是我們國家暴力事件激增的原因。

等而下之的是替代偶像甚至不必找任何藉口掩飾就可以殺人。美國有部分民眾因此被這種電影減敏感，願意擁抱這些完全沒有理由就殺人的偶像。此處產生的替代強化甚至不是因為社會性冷落而產生的報復，而是單純為了殺人、為了看他人受苦而殺人，到了最後，則是為了權力而殺人。

請注意這種替代偶像向下沉淪的順序。我們一開始接觸的是在法律限制範圍內殺人的偶像；然後不知道從何時開始，我們接受偶像「不得已」在法外殺死罪有應得的壞人；接著，這些替代偶像開始因為青少年時期的社會性冷落而報復殺人；到了最後，這些偶像開始完全不需要遭人挑釁或其他理由就可以殺人。

電影情節每向下沉淪一步，就進一步滿足了我們最幽暗的幻想，我們也因此得到替代強化。這些新型態的偶像也擁有社會權力：他們處在邪惡、罪有應得的社會，當然可以為所欲為。這些偶像超越了社會規範，結果是社會中一群人因為羨慕他們的「地位」，而開始羨慕這些新型名流。當然，學習者與偶像的憤怒之間也有類似之處。大部分人類都會因為社會忽視他們，以及他們主觀認為社會欺負他們而憤怒，但在青少年時期這種情緒會特別強烈。

我們經常對社會中離婚、未成年媽媽與單親家庭增加多所感嘆，但是卻少有人注意這個趨勢產生的一個副作用：即美國孩子更容易受到上述新型態暴力偶像的影響。傳統的核心家庭中多半有一位穩定的父親形象，作為年輕孩子的榜樣。而缺乏這種穩定男性角色陪伴長大的男孩，就會非常想要找一個偶像。那些電影與電視中出現的強壯、有力、高地位的偶像，就填補了他們生命中的真空。現代社會奪走了孩子們的父親，然後再用這些新偶像取代父親的角色。而這些新偶像只要靠暴力就可以解決每一件人生問題。可嘆的是，竟然還有這麼多人懵懵懂懂地不知道我們的孩子為什麼愈來愈暴力。

第四十一章　再造美國的敏感

本書全程檢視了軍事訓練牽涉的各種因素。男性在心理最容易被塑造的年紀入伍，他們在心理上遠離敵人，同時學習仇恨敵人、不把敵人當人。權威威脅他們、群體寬恕他們，同時也給他們壓力。即使如此，他們還是抗拒殺人、無法動手殺人。他們朝著天空開槍、讓自己忙於其他非暴力的任務，以避免自己動手殺人。所以他們必須接受制約訓練。制約訓練成效驚人，但也付出了可觀的心理代價。

本書第八部則將此前各章節討論的戰場殺人種種加以應用，目的是了解社會中的殺人現狀。暴力電影不分性別，瞄準青少年為目標觀眾，而這群目標觀眾也正是軍方認為最容易施以殺人訓練的一群人。暴力電玩接通了年輕人的神經迴路，讓他們能夠朝著人類射擊。娛樂產業採用與軍方一模一樣的方法制約年輕人。平民社會則自取滅亡，亦步亦趨模仿軍方的訓練與制約方法。

別忘了，家庭分崩離析的因素更讓事情雪上加霜。每一個孩子，不論他來自哪一個經濟階層，家中都已經沒有可以把關或諮商的人，也找不到榜樣。這些孩子因此轉而將同齡人奉為權威，有些人甚至把幫派當家庭。

此外，還要注意能在社會中製造心理距離的因素。美國社會逐漸以種族、性別與性別認同為界線分化，這個社會因此被切割為條條塊塊。貧窮區域的人幾乎沒有機會脫貧，對他們來說，那個更大的世界、更大的國家是一片陌生之地。中產階級與上層階級剛好相反。他們到哪裡都不成問題，唯一的例外是貧困地區，這是他們極力避免造訪的區域。而他們要維持與貧困的距離也很容易：他們到哪裡都開車、住在郊區、在好餐廳吃飯。這種區隔當然比不上士兵學習將敵人想成是隻動物、或以gook形容敵方士兵那麼強烈，但是區隔的距離還是存在。

貧富階級在我們社會中唯一的連結點是媒體。但理應匯聚各方的媒體，卻將我們拆開：媒體制約、教導暴力，扶植我們最暗黑的本能，用培養我們最深刻恐懼的刻板暴力形象不斷餵養我們的國家。

我們現在正走在毀滅之路上，這點毫無疑問。我們必須立即找到回家的道路，離開我們身處的黑暗與恐懼之所。

毀滅之路

> 在那種自然狀態下，沒有藝術、文學、社會。更糟的是，因暴力而死的恐懼與危險從不曾間斷。人類的生活是孤獨、貧困、不堪、艱苦、短暫的。
>
> ——托馬斯．霍布斯，《利維坦》（*Leviathan*）

有些人主張，我們可以將本書討論的現代超級暴力電影與超級暴力電玩，視為一種讓暴力與戰爭消失的昇華（sublimation）形式。「昇華」是佛洛伊德發明的術語，指的是將社會無法接受的衝動與欲望轉變成某種社會可以接受的事物，也就是將黑暗或社會無法接受的本我（id）衝動朝著昇華方向移轉。例如，一位有切割肢體衝動的人可能可以成為外科醫生，一位有社會無法接受的暴力衝動的人，可能可以在運動比賽、軍隊或執法單位中發洩這股衝動。但是，觀看電影並不是一種昇華形式。

娛樂產業並沒有替這股能量提供一個社會能接受的發洩管道。事實上，被動接收電影與電視的訊息時，幾乎沒有任何能量得以被宣洩。因此，這種情形可以說根本不是社會能接受或社會期待的能量發洩管道。當然，要是社會期待的管道是在法律權威範圍之外殺人，或是殘殺無辜的人，則屬例外。但這的確是娛樂產業製造的扭曲世界之所欲。

如果電視與電影中的暴力是一種昇華形式，並且這種昇華形式也產生了效果，那麼，人均暴力數應該會降低。但相反地，人均暴力數在這種所謂昇華形式出現的同一個世代，卻增加了近五倍。這不是昇華，甚至也稱不上是純娛樂。這是古典制約、操作型制約與社會學習，三者的共同目標就是讓我們的社會能夠得到執行暴力行為的能力。

當冰上曲棍球或其他運動的選手出現了過去競賽中從未發生的、一定程度的無視法律、暴力、與攻擊性時，我們就應該開始捫心自問了。

當一位高中啦啦隊員的母親因為僱用殺手謀殺女兒入選啦啦隊的競爭對手而遭定罪時、當一位奧運花式滑冰選手的「安全人員」為了排除競爭而將雇主的對手打傷時，我們就應該開始領悟，我們的社會已經逐漸遭到制約，成為一遇上問題就訴諸暴力解決的社會。當密西根州佛林特鎮（Flint）的一位幼稚園學生在學校殺人、當阿肯色州瓊斯伯洛鎮（Jonesboro）的兩名中學生槍擊兩名老師與十三名小女孩、當科羅拉多州小頓鎮（Littleton）的兩名高中生創下青少年大規模殺人紀錄、當一位維吉尼亞理工學院的學生創下校園殺人紀錄時，我們就應該開始明白，我們已經將一整個世代的孩子減敏感，我們正在做的事情，事實上就是教導孩子殺人。

回家之路：再造美國的敏感

> 男性力量、男性支配權力、男性氣概、男性性行為及男性的攻擊性都不是先天決定的，它們是透過制約決定的……透過制約產生的就可以透過解制約消除。男人是可以改變的。
>
> ——凱薩琳．葉欽（Catherine Itzin），《色情：女性、暴力與民權》（*Pornography: Women, Violence and Civil Liberties*）

所以，答案是什麼？離開我們身處的黑暗與恐懼之所，回家的路在哪裡？

也許，現在是「再造」美國敏感的時候了。

制定美國憲法的先賢，將持有與攜帶武器寫入憲法第二修正案時，大概想都沒有想到，「武器」的觀念日後竟然可以包含能夠瞬間弭平一整個城市的大規模毀滅武器。同理，廿世紀末之前，沒有人會想到，言論自由的觀念竟然可以包含大規模制約與減敏感的機制。我們的社會在一九三〇年代開始討論管制取得高爆炸藥的利弊得失，到了今天，就算是最積極擁護第二修正案各項權利的人士，也不會主張人民可以擁有一卡車的高爆炸藥、槍砲、神經毒氣或核武器。同樣的，我們的社會因為憲法第一修正案部分規定受到科技的影響而要付出的代價為何，也許現在正是開始討論的時候了。

我們的社會已經不需要管制獵刀、戰斧、或燧發步槍，其道理和我們已經不需要限制平面媒體是一樣的。但是，管制比平面媒體與燧發槍更進步的科技，可能就有點道理。科技愈進步、就愈需要管制。以武器科技而論，這代表我們需要管制炸藥、槍砲、與機槍，更重要的是，需要限制孩童取得這些武器。而以媒體科技而論，這也許代表我們可以開始思考限制孩童接觸電視、電影與電玩中出現的暴力視覺影像。

科技以許多方式大幅發展，改變了暴力在我們社會中存在的脈絡。拜科技進步之賜，更多種類的娛樂方式如電影、電視、影片、電玩、多媒體、互動電視、專業雜誌與網際網路等才得以普及。娛樂因此變成一種私密行為。這在許多方面是好事，但在其他許多方面，這可能是個人身心異常行為得以發展、滋長與持續不墜的根源。保護言論自由與持槍權利的傳統，在我們國家已經存在兩百年了。但很明顯的是，我們的開國先賢立憲時，其實並沒有考慮到上述科技進步的因素（更不要說他們不懂操作型制約！）。

媒體評論者麥可・梅德維德（Michael Medved）認為，某種形式的言論審查（自我審查或正式、合法的審查）有其必要，而且其結果不見得那麼糟糕。他舉的例子是好萊塢執行電影審查的時期、同時也是誕生《飄》與《北非諜影》等藝術成就最高的作品的時期。賽門・簡金斯（Simon Jenkins）在一則刊登於倫敦泰晤士報的專欄說：

> 審查是外在規定，因此是一種對專業的詛咒。但若是社群感覺群體穩定遭到威脅，例如

出現黑心食品、危險藥物、槍砲或煽動社會邪惡的影片等，該群體很自然的就會採取強制制裁措施。電影工作者像其他所有的藝術工作者一樣，認為自己應該豁免於該項制裁措施，因為這些產業是觀察者，站在社會之外觀察社會。但其實他們手中的豁免許可性質並非是擁有，而是租借而來、可以被撤銷的。

但是再造敏感之路，也許不應該透過正式審查，當然也不應該透過對成年人的審查。但就像我們管制孩童取得槍枝、藥物、色情物品、酒精飲料、性、汽車、燃放煙火與菸草，我們也應該開始處理販售暴力影像媒體給孩童的問題。

我們必須了解的是，我們的社會已經陷入一個身心異常的漩渦中，這個漩渦的所有作用力都在向內收縮、而且愈收愈緊，成為一個暴力與毀滅的循環。

造成我們淪落至此的原因不僅複雜，而且是多方因素互動造成的。我們若要再造敏感，處方也一樣複雜、也一樣需要多方因素互動配合。槍枝、藥物、貧窮、幫派、戰爭、種族主義、性別歧視、核心家庭消失等，只是少數讓人類生活貶值的因素而已。而目前關於安樂死、墮胎與死刑的辯論，都顯示我們的社會因為對於生與死的道德界線看法不同而導致分裂。上述每一個因素都多多少少將我們帶入毀滅，而任何一個全面向犯罪宣戰的措施，都需要將上述所有因素納入考慮。但今日的社會中有一個新的因素正在產生影響；美軍士兵射擊率從二戰時期的百分之十五到廿，升高到越戰時期的百分之九十到九十五，也正是同一個因素在發生作用。這個新的因素就是媒體包藏的減敏感與賦予一般人殺人的能力。

正如麥可．梅德維德所言，電視工作者總是想要說服觀眾，電視是「兩個讓人不舒服的矛盾世界中最好的那個。」電視公司主管多年來一再宣稱，電視不會影響觀眾的行動或改變觀眾的行為，對他們來說，這已經是老生常談，指出這點實在沒有什麼新意，也稱不上是什麼深刻見解。但是美國的大公司幾十年來付給電視公司幾十億美金，為的不就是希望在那幾秒鐘或一分鐘內影響觀眾的行動或改變觀眾的行為？媒體主管對贊助廠商說，只要方式正確，就可以在短短幾秒鐘內控制美國人將賺來的辛苦錢花掉的方式。但他們面對國會或監督團體時卻主張，觀眾看了電視節目後，改變了自己處於高度情緒化、可能產生暴力的環境時的應對方式時，電視台不應該負任何責任。但事實是，到一九九四年為止，美國已經有兩百多份研究報告證實電視與暴力間的確具有關聯性。

對媒體不利的科學證據相當驚人。英國諾丁罕大學兒童發展部門主管伊莉莎白．紐森（Elizebeth Newson）教授於一九九四年發表了一份由廿五位心理學家與兒科醫師連署的報告。他們表示：

我們之中許多人非常重視關於表達自由的自由派理想，但現在我們覺得自己過於天真，因為我們沒有想到這些具有破壞性、又能輕易免費取得的節目，會對孩童造成這麼大的影響。社會必須負擔不讓孩童接觸到這些節目的必要責任，就像社會也必須保護孩童免於其他類型的虐待一樣。限制孩童在家觀看這些節目則是承擔這種責任的作法。

紐森教授與其同僚呼籲立法限制「影像惡棍」，在英國引起了軒然大波。相信「媒體呈現的暴力與暴力犯罪的確有關聯性」這個科學研究成果的科學家愈來愈多，就吸引了一批又一批的科學家公開加入這個陣營，紐森與其同僚也是其一。

華盛頓大學流行病學教授布藍登．山特華爾（Brandon Centerwall）在一九九三年春季號的《公共利益》（*The Public Interest*）期刊上發表了一篇文章，其所提出的壓倒性證據可以說具體而微地呈現了上述科學研究的成果。他的文章以兩個例子證明電視節目的影響，第一是位於加拿大郊區的獨立社區引進電視節目，第二是南非白人政府於一九七五年開放過去禁止播放的英語電視節目。這兩個例子都顯示，兒童暴力犯罪於開放後顯著增加。

山特華爾指出，攻擊衝動就像大部分的人類現象一樣，是以鐘型曲線分布，任何改變帶來的顯著影響都發生在曲線邊緣。他表示：

> 「鐘型曲線」分佈的本質就是平均的小變量預示極端的主要變量。因此，假設電視節目導致總人口的百分之八從低於發生攻擊衝動的平均值移動到高於發生攻擊衝動的平均值，就代表全國殺人犯罪的比率會成長一倍。

從統計上來說，總人口的百分之八具有攻擊天性是非常小的比率。凡是在百分之五以下的比率在統計上甚至可以列為不重要。但是，以人性來說，殺人犯罪率成長一倍的攻擊卻可以帶來非常嚴重的影響。山特華爾的結論是：

> 證據指出，假設電視科技從未出現，每一年美國會減少一萬件殺人犯罪、七萬件強姦罪與七十萬件傷害攻擊罪。暴力犯罪會減少一半。

這是既明確又有力的證據。美國心理學會的暴力與青少年委員會於一九九三年達成的結論是，「毫無疑問，觀看電視節目呈現的暴力，與逐漸接受攻擊態度與攻擊行為之間具有關聯性。」

醫學團體與心理健康團體沒有必要也沒有動機去扭曲資料。一般來說，這兩個團體的唯一宗旨是公共健康。任何成員背棄了這個宗旨，州政府的執照審核委員會就可能展開調查。而電視、電影與電玩產業，以及這些業者身邊的一群（非醫學專業的）辯護者卻不必負任何責任。他們不僅可以暢所欲言，而且一般來說可以做任何事情，只要做的不是有證據可以起訴的犯罪行為就好。

最後一點非常重要，原因是若媒體暴力產業將這件事操作成「辯論專家」的辯論，他們就一定會贏。但是，這絕非辯論專家可以決定的議題。這是一個娛樂產業對決醫學與心理健康團體的議題。

但在所有證據面前，將媒體中的暴力去美化（deglamorization）並予以譴責終究勢不可免。我們的社會抗暴的方式很簡單，就是自我防衛；在媒體賦予摧毀我們的生命、城市與文明的暴力犯罪能力時，我們就會憤而起身反抗。當抗暴發動時，其過程可能就與這幾年禁藥與菸草被去美化類似，理由也大同小異。

綜觀歷史，每個國家、公司與個人都運用例如國家的權利、生存空間、自由市場經濟與憲法權利等聽起來偉大的觀念，隱藏自己的行動。但是，他們做的其實終究是為自己打算，而其結果——不論是有意或無意——就是殺戮無辜的男人、女人與小孩。他們以「菸草產業」或「娛樂產業」形容自己，用意是在成為責任分散的一環，而我們也同意他們這麼做。但事實上，他們終究是一個個的人，做出各自的道德決定，成為毀滅他們同胞的一分子。

我們社會中愈漲愈高的的暴力狂潮必須停下來。每發生一次暴力事件，就會將暴力程度推高一級。戰場殺人的研究告訴我們，士兵若有親戚或朋友在戰場上死傷，他就會更容易在戰場上殺人與犯下戰爭罪行。只要有一人因為暴力犯罪而死傷，他就會成為朋友與家人往後暴力的焦點。每一次毀滅行為都會蠶食其他人的自我克制。每一次暴力行為都會像癌症一樣，吃掉社會的結構，並且以無止盡的循環不斷散播、複製恐怖與毀滅。暴力精靈根本沒有辦法塞回瓶中，只能當機立斷，在此時此處砍斷。只有如此，我們才能緩緩展開一段療癒與再造敏感的過程。

這是做得到的。我們曾經成功做到過。正如理查．海克勒觀察的，歷史上的確可以找到一個運用限制暴力賦能技術的例子：雖然波斯箭手以最不愉快的方式讓古代希臘人認識了弓箭科技，但古希臘人此後四百年仍然拒絕使用弓箭。[65]

諾亞．霈林（Noel Perrin）在《放下槍砲》（*Giving Up the Gun*）一書中，描述葡萄牙在西元一五〇〇年代將火器引進日本後，日本人卻禁止使用火器的故事。原因是日本人很快就明白，以火藥推進的武器會威脅他們社會與文化的結構，所以他們非常積極地保護自己的生活方式。在封建時代的日本，每一位領主除了銷毀既有火器外，還規定製造或進口新火器的人得處以死刑。三百年後培理指揮官（Commodore Perry）強迫日本開埠時，日本人甚至沒有製造火器的技術。類似的情形也發生在中國，中國人發明了火藥，卻決定不在戰爭中使用火藥。

但是，限制殺人技術中讓人最感到振奮的例子全都發生在廿世紀。一般來說，全世界自從一次大戰發生使用毒氣造成的悲劇之後，就停止使用毒氣。禁止大氣核試爆條約與禁止佈署反衛星武器經過了數十年波折，到現在依然成效卓著。此外，美國與前蘇聯從冷戰結束後，也在以固定速率銷毀核武器存量。我們既然可以降低造成大規模毀滅性的工具，自然也可以降低大規模減敏感的工具。

海克勒指出，「人類以道德理由減少使用軍事科技，一直有前例可循，但幾乎沒有人注意。」這些前例指引我們一條道路，讓我們知道，當我們思考戰爭、殺人以及人類在我們社會中的價值等問題時，我們是可以有所取捨的。我們這幾年動用了選擇權，讓人類從核子毀滅的邊緣離開。同樣地，我們的社會也可以離開那些促使人類殺人的科技。教育與理解是第一步。我們可能要經歷一段黑暗的日子，但結果可能是我們會生活在一個更健康、更有自我意識的社會。

如果我們失敗了，可能要面對兩種後果：走上蒙古人與納粹第三帝國的滅亡道路，或是走上黎巴嫩與前南斯拉夫的內戰道路。如果一代接一代的人繼續在愈來愈強大的減敏感環境中長大，使得他們

---

65 指西元前四九九年至西元前四四九年間，波斯與希臘發生的兩次戰爭。

的同類繼續承受痛苦與傷害，那麼，除了上述兩條道路，人類不可能有其他選擇。因此，我們必須再把安全栓放回社會上。

我們以前不了解、但我們現在必須了解的是人類作戰與殺人的原因，但同樣重要的是，我們也必須了解人類不願作戰、不願殺人的原因。我們只有在了解人類行為的基礎上，才有機會影響人類行為。本書的要旨是，每個人心中都有一種力量，使得每個人都會抗拒殺人，就算他自己命在旦夕也不例外。自從人類有信史以來，這種力量就一直存在。而軍事史則可以視為一部社會強迫其成員克服這種抗拒殺人的力量，以求在戰場上殺人更有效率的信史。

但是在生存本能（也就是佛洛伊德說的 Eros）另一端，還有一種力量與之相抗衡：死亡本能（也就是佛洛伊德說的 Thanatos）。我們在本書中已經討論過這兩種本能力量在歷史上廣泛而不間斷的較量情形。

我們也知道了如何促使死亡本能發揮作用。我們知道如何拿掉人類的心理安全栓，幾乎就像我們將武器的保險從「關」變成「開」一樣容易。我們必須了解，人類的心理安全栓是什麼、在哪裡可以找得到，以及將它放回去的方法。這就是殺戮學的研究宗旨，也是寫作本書的目的。

戰爭中的殺人心理

了解戰爭中的士兵心態，找出影響人類殺戮行為的各種力量
（《論殺戮》新版）

On Killing: The Psychological Cost of Learning to Kill in War and Society

作者　戴夫．葛司曼 Dave Grossman
譯者　霍大
責任編輯　曾婉瑜
行銷企劃　劉妍伶
封面設計　張天薪
版面構成　張凱揚、賴姵伶

發行人　王榮文
出版發行　遠流出版事業股份有限公司
地址　104005 臺北市中山區中 山北路 2 段 11 號 13 樓
客服電話　02-2571-0297
傳真　02-2571-0197
郵撥　0189456-1
著作權顧問　蕭雄淋律師

2024 年 01 月 01 日 二版一刷
定價 新台幣 420 元（如有缺頁或破損，請寄回更換）

ISBN　978-626-361-398-0
遠流博識網　http://www.ylib.com E-mail: ylib@ylib.com

國家圖書館出版品預行編目 (CIP) 資料

戰爭中的殺人心理 : 了解戰爭中的士兵心態 , 找出影響人類殺戮行為的各種力量 / 戴夫 . 葛司曼 (Dave Grossman) 著 ; 霍大譯 . -- 二版 . -- 臺北市 : 遠流出版事業股份有限公司 , 2024.01
面 ;　公分
譯自 : On killing : the psychological cost of learning to kill in war and society
ISBN 978-626-361-398-0(平裝)
1.CST: 軍事心理學 2.CST: 戰鬥 3.CST: 暴力行為
590.14　　　112019215
